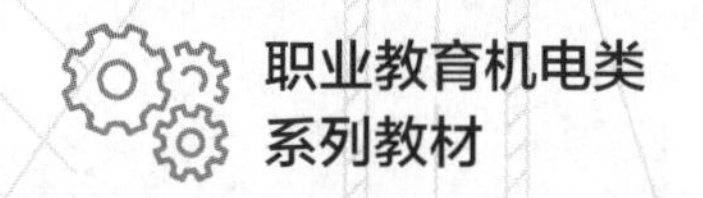

职业教育机电类
系列教材

液压与气动技术

第4版 | 附微课视频

毛好喜 / 主编
欧幸福 刘智 刘俊 / 副主编
李秀忠 / 主审

E L E C T R O M E C H A N I C A L

人民邮电出版社
北京

图书在版编目（CIP）数据

液压与气动技术 : 附微课视频 / 毛好喜主编. -- 4版. -- 北京 : 人民邮电出版社, 2021.8（2021.9重印）
职业教育机电类系列教材
ISBN 978-7-115-56372-9

Ⅰ. ①液… Ⅱ. ①毛… Ⅲ. ①液压传动－高等职业教育－教材②气压传动－高等职业教育－教材 Ⅳ. ①TH137②TH138

中国版本图书馆CIP数据核字(2021)第066354号

内 容 提 要

本书是以介绍液压传动为主、气压传动为辅的机械类和机电类专业的教学用书。全书共 7 章，内容包括液压传动和流体力学基础、液压动力元件、液压执行元件、液压控制元件与液压基本回路、液压辅助元件、典型液压系统分析、气压传动技术等。书中以二维码的形式插入大量的微课动画或视频，章后附有本章小结及思考与练习题，便于读者学习。大部分章节后面安排了必要的实验和相关技能训练，方便读者在学习知识和技能训练的过程中，初步形成解决液压与气压系统实际问题的综合职业能力和自学能力。

本书可作为高等职业技术院校、高等专科学校、职工大学、函授学院和成人教育学院等大专层次的机械类及机电类专业的教学用书，也可供有关工程技术人员参考。

◆ 主　　编　毛好喜
　副 主 编　欧幸福　刘　智　刘　俊
　主　　审　李秀忠
　责任编辑　王丽美
　责任印制　王　郁　彭志环
◆ 人民邮电出版社出版发行　　北京市丰台区成寿寺路 11 号
　邮编　100164　　电子邮件　315@ptpress.com.cn
　网址　https://www.ptpress.com.cn
　三河市祥达印刷包装有限公司印刷
◆ 开本：787×1092　1/16
　印张：14.5　　　　2021 年 8 月第 4 版
　字数：351 千字　　2021 年 9 月河北第 2 次印刷

定价：49.80 元

读者服务热线：(010)81055256　印装质量热线：(010)81055316
反盗版热线：(010)81055315
广告经营许可证：京东市监广登字 20170147 号

前言 第4版

液压与气动技术是利用有压流体（压力油或压缩空气）为能源介质来实现各种机械的传动和自动控制的技术，它在工业生产的各个领域均有广泛的应用，是机械设备中发展速度最快的技术之一。特别是近年来，液压与气动技术和微电子、计算机技术相结合，进入了一个新的发展阶段，液压与气动元件制造技术的水平进一步提高，液压与气动技术不仅在传动方面的地位日益重要，而且以其优良的静态、动态性能在机械控制方面也占有重要位置。

《液压与气动技术》一书自出版以来，受到了众多高职高专院校师生的欢迎。为了更好地满足广大高职高专院校的学生对液压与气动知识学习的需要，作者结合近几年的教学改革实践，在广泛征求、汇集相关教学单位的意见和建议的基础上，对本书第3版进行了更具创新和特色的修订，这次修订的主要内容如下。

- 对本书第3版中部分章节所存在的一些问题进行了校正和修改。
- 增加了基于可编程控制器（PLC）的气动控制系统开发步骤和设计方法等相关内容。
- 增加了气动控制系统中运用工业机器人技术的开发步骤和设计方法等相关内容。
- 以二维码的形式插入大量的微课动画或视频，可通过手机等移动终端设备扫描观看，便于读者学习。

本书在编写过程中，贯彻教、学、练有机结合的指导思想，始终贯彻以学生为中心，以培养学生液压与气压传动知识的工程应用能力为主线，以培养学生实践动手能力为目标。理论内容以“必需、够用”为度，尽量做到少而精，体现“学以致用”的教学理念，用到什么知识就介绍什么知识，用到多少就介绍多少，力求反映液压与气动技术的新成果，突出液压、气动系统在不同类型设备中的使用特点。在文字的表述上，力求准确、通俗、简洁，便于学生自学。

本书由佛山职业技术学院毛好喜任主编，佛山职业技术学院欧幸福、刘智、刘俊任副主编，由李秀忠教授任主审，李秀忠教授提出了许多宝贵的修改意见，在此深表感谢。同时对在本书编写中给予支持和帮助的有关同志也一并表示感谢。

由于编者水平有限，书中难免有疏漏和不足之处，敬请广大读者批评指正，以便进一步修改完善。

编者

2021年1月

目录

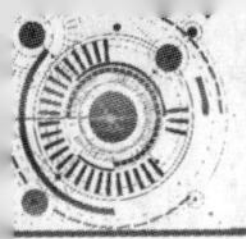

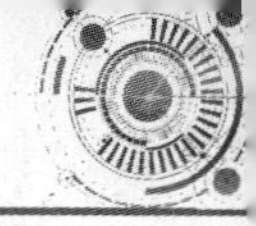

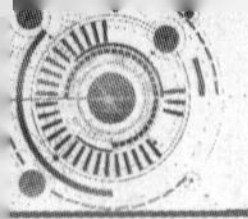

第 1 章

液压传动和流体力学基础

液压与气压传动技术是机械设备中发展速度最快的技术之一，特别是近年来，随着机电一体化技术的发展，液压与气压传动与微电子、计算机技术相结合，进入了一个新的发展阶段。

液压与气压传动是以液压油或压缩空气作为工作介质进行能量转换、传递和控制的一种传动方式。它们实现传动和控制的方法基本相同，都是利用各种元件组成需要的基本控制回路，再由若干基本回路组成能够完成一定功能的传动系统。

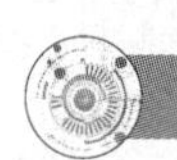

1.1 液压传动的概念及工作原理

1.1.1 液压传动的基本概念

一台机器主要由动力装置、传动装置、操纵或控制装置、执行装置四部分构成。动力装置的性能一般都不可能满足执行装置各种工况的要求，这种矛盾就由传动装置来解决。

所谓传动，就是指能量（动力）由动力装置传向执行装置，驱动执行装置对外做功。一般工程技术中使用的动力传递方式有机械传动、电气传动、气压传动、液体传动以及由它们组合而成的复合传动。

液体传动，是以液体作为工作介质进行能量（动力）传递的传动方式。液体传动分为液力传动和液压传动两种形式。液力传动主要利用液体的动能来传递能量；而液压传动则利用液体的压力能来传递能量。本书主要介绍以液压油为工作介质的液压传动技术。

1.1.2 液压传动的基本原理

下面以液压千斤顶的工作过程来说明液压传动的基本原理。

图 1-1（a）所示为液压千斤顶工作原理图。从图 1-1（a）可以看出，当向上提手柄 1 使小缸活塞 3 上移时，小液压缸 2 因容积增大而产生真空、形成负压，油箱中的油液在大气压的作用下被压入至小液压缸 2 的下腔（无杆腔）；当按压手柄 1 使小缸活塞 3 下移时，下腔（无

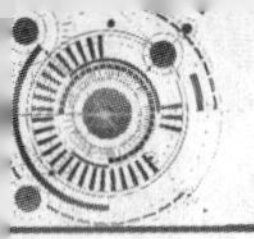

杆腔）中的液压油因受挤压而导致压力上升，压力超过单向阀 7 的弹簧力后，下腔中的液压油进入大液压缸 9 的下腔，当油液压力升高到能够克服重物的重力时，即可举起重物。图 1-1（b）所示为液压千斤顶实物图。

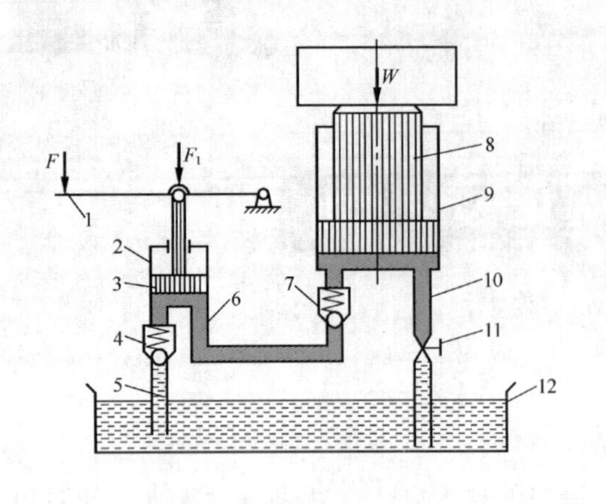

（a）

（b）

1—手柄　2—小液压缸　3—小缸活塞　4、7—单向阀　5、6、10—管道
8—大缸活塞　9—大液压缸　11—截止阀　12—油箱

图 1-1　液压千斤顶工作原理及实物图

由液压千斤顶工作原理分析可知，液压传动是以密闭系统内液体（液压油）的压力能来传递运动和动力的一种传动形式，其过程是先将原动机的机械能转换为便于输送的液体的压力能，再将液体的压力能转换为机械能，从而对外做功。

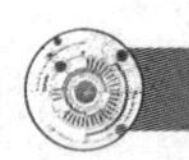

1.2　液压传动系统的组成及其元件的总体布局

1.2.1　液压传动系统的组成

图 1-2 所示为一驱动机床工作台的液压传动系统。该系统的工作原理为：在图 1-2（a）所示位置，液压泵 3 由电动机驱动后，从油箱 1 中吸油，油液经过滤器 2 进入液压泵 3 的吸油腔，并经液压泵 3、节流阀 4、换向阀 5 进入液压缸 7 左腔，液压缸 7 右腔的油液经换向阀 5 流回油箱，液压缸活塞在压力油的作用下驱动工作台右移。反之，通过换向阀 5 换向（阀芯左移），压力油进入液压缸 7 的右腔，液压缸 7 左腔的油液经换向阀 5 流回油箱，液压缸活塞在压力油的作用下驱动工作台左移。

由上面的例子可以看出，液压传动系统主要由以下几个部分组成。

① 能源装置：把原动机输入的机械能转换成液体压力能的装置，一般最常见的是液压泵，为系统提供压力油，如图 1-2 所示的液压泵 3。

② 执行装置：把液体的压力能转换成机械能的装置，一般指做直线运动的液压缸和做回转运动的液压马达等，如图 1-2 所示的液压缸 7。

③ 控制调节装置：对液压系统中液体的压力、流量和流动方向进行控制和调节的装置，如图 1-2 所示的溢流阀 11、节流阀 4、换向阀 5 等。这些元件的不同组合就组成了具有不同

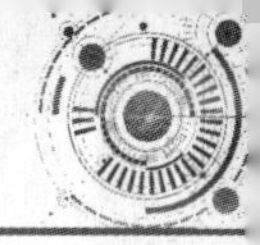

功能的液压系统。

④ 辅助装置：指除以上 3 种以外的其他装置，如油箱、过滤器、蓄能器、冷却器、加热器、油管、压力表等，它们对保证液压系统可靠和稳定地工作有重大作用。

⑤ 工作介质：系统中传递能量的液体，即液压油。

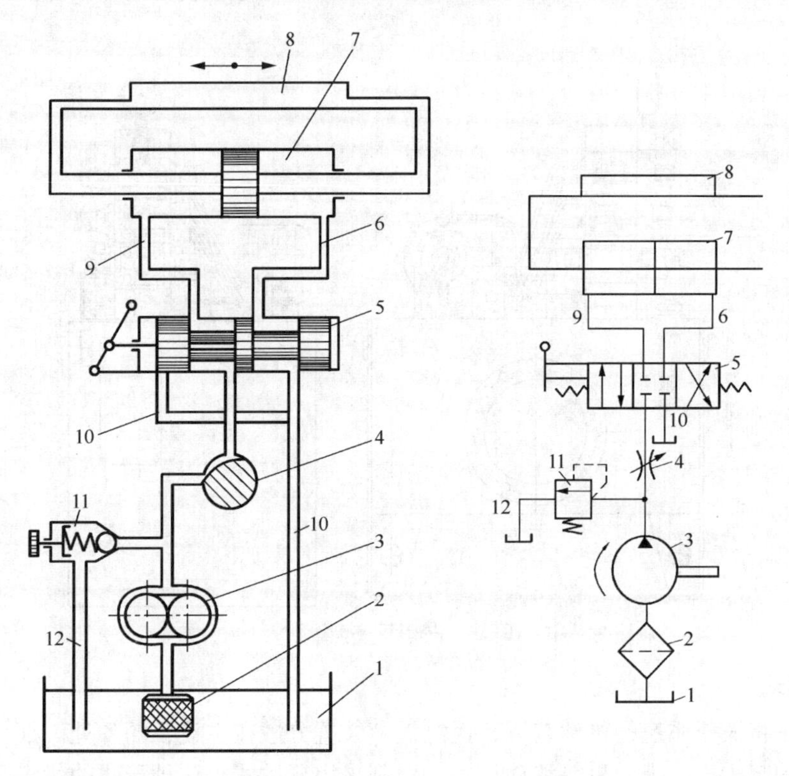

（a）驱动机床工作台液压传动系统半结构图　　（b）驱动机床工作台液压传动系统符号图

1—油箱　2—过滤器　3—液压泵　4—节流阀　5—换向阀

6、9、10、12—管道　7—液压缸　8—工作台　11—溢流阀

图 1-2　驱动机床工作台的液压传动系统

1.2.2　液压传动系统的图形符号

液压传动系统的工作原理图主要有两种表示方式：一种采用半结构式或结构式图形表示，如图 1-2（a）所示，这种图形直观性强，易理解，但难以绘制；另一种用液压图形符号表示，如图 1-2（b）所示，这种图形简单明了，易于绘制和交流。图形符号只表示元件的功能，不表示具体结构和参数。详细的液压元件图形符号在本书后面的内容中有详细介绍，要求熟记。

1.2.3　液压传动系统元件的总体布局

液压传动系统元件的总体布局分为四部分，即执行元件、液压油箱、液压泵装置和液压控制调节装置。液压油箱装有空气滤清器、过滤器、液面指示器和清洗孔等。液压泵装置包括不同类型的液压泵、驱动器及联轴器等。液压控制调节装置是指组成液压系统的各种阀类元件及其连接体。除执行元件外，液压系统元件的连接形式有集中式（液压站）和分散式。

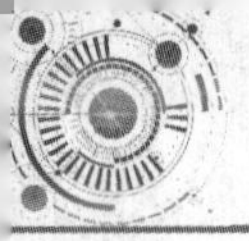

1. 集中式（液压站）

集中式（液压站）是将液压系统的供油装置、控制调节装置独立于主设备之外，单独设置一个液压站，如图 1-3 所示。组合机床、冷轧机、锻压机、电炉等一般都采用集中式。这种形式的优点是安装维修方便，液压装置的振动、发热等与主设备隔开；缺点是增加了占地面积。

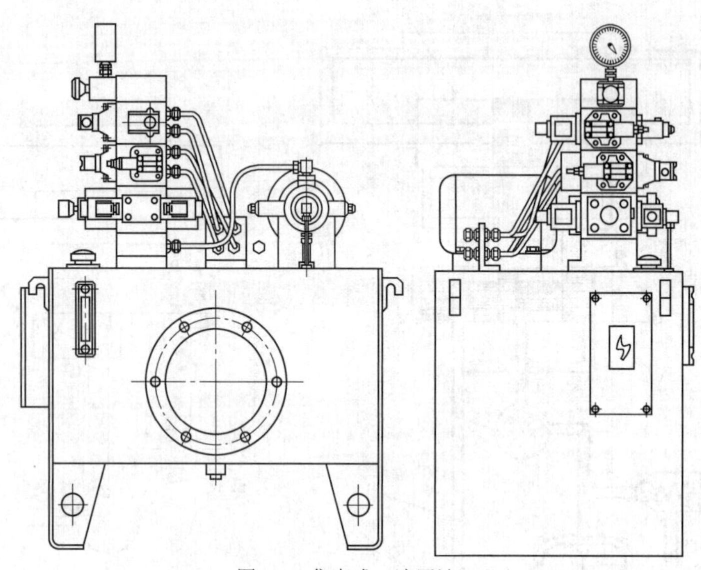

图 1-3　集中式（液压站）

2. 分散式

分散式是将液压系统的供油装置、控制调节装置分散在主设备的各处。部分数控机床，工程机械中的起重机、推土机等移动设备一般都采用分散式。这种形式的优点是结构紧凑，泄漏油易回收，节省占地面积等；缺点是安装维修不方便，供油装置的振动、液压油的发热等都将对机床的工作精度产生不良影响。

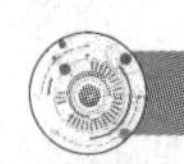

1.3　液压传动系统的应用和特点

1.3.1　液压传动的工程应用

在工业生产的很多领域都会应用到液压与气压传动技术。例如，在工程机械（挖掘机）、矿山机械、压力机械（压力机）和航空机械中多采用液压传动，机床上的传动系统部分也常用到液压传动；而在包装机械、印染机械、食品机械等方面应用较多的则是气压传动，电子工业采用的传动方式也多为气压传动。

以下是液压传动技术在机械工业中的应用实例。

① 机床行业：机床是液压传动技术的典型应用。在现代数控机床（CNC）中，如图 1-4 所示，刀具和工件由液压设备夹紧，滑台进给和主轴转动也可以由液压驱动。图 1-5 所示为油压机，其主要部件的驱动由液压完成。

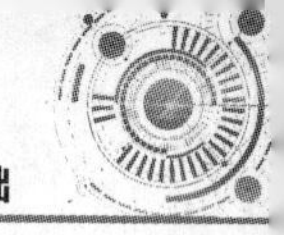

图 1-4　数控机床

图 1-5　油压机

② 工程机械：液压传动技术在工程机械中的应用非常广泛。图 1-6 所示为液压挖掘机，其挖掘作业（直线驱动）和挖掘机本身的运动（旋转驱动）都采用液压驱动。

图 1-6　液压挖掘机

③ 汽车行业：用于橡胶轮胎钢丝分离的轮胎拉线机如图 1-7 所示，其主要部件均采用液压传动装置。

④ 轻工、化工机械：小型棉纺厂、轧花厂常用的立式打包机如图 1-8 所示，其动力传递也采用液压驱动的方式来进行。

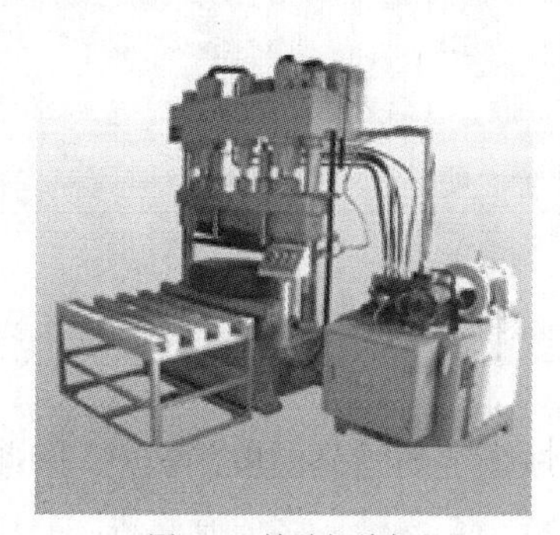

图 1-7　轮胎拉线机

图 1-8　立式打包机

液压传动在机械行业中的应用见表 1-1。

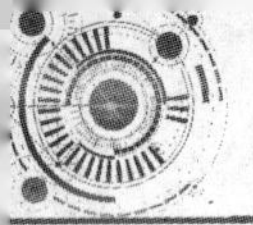

表 1-1　　液压传动在机械行业中的应用

行业名称	应用场合举例
机床行业	磨床、铣床、刨床、拉床、压力机、自动机床、组合机床、数控机床、加工中心等
工程机械	起重机、叉车、液压千斤顶挖掘机、装载机、推土机、自动铺路机等
汽车工业	环卫车、自卸式汽车、平板车、高空作业车等
农业机械	联合收割机控制系统、拖拉机悬挂装置等
轻工、化工机械	打包机、注塑机、校直机、橡胶硫化机、胶片冷却机、造纸机等
冶金机械	电炉控制系统、轧钢机控制系统等
矿山机械	凿岩钻机、巷道掘进台车、液压支架等
建筑机械	塔吊、打桩机、平地机等
船舶港口机械	起货机、锚机、舵机等
铸造机械	砂型压实机、加料机、压铸机等

1.3.2　液压传动系统的优点

液压传动与机械传动、电气传动相比，具有以下优点。

① 功率体积比大。这是液压传动相对于其他传动形式最显著的优点。在同等的功率下，液压装置的体积小，结构紧凑。液压马达的体积和重量只有同等功率电动机的 12%左右。

② 液压装置工作比较平稳。由于惯性小、反应快，液压装置易于实现快速启动、制动和频繁的换向。

③ 液压装置能在大范围内实现无级调速，它还可以在运行的过程中进行调速。

④ 液压传动易于实现自动化。它对液体压力、流量或流动方向易于进行调节或控制。当将液压传动和电气控制、比例控制或伺服控制结合起来使用时，能够实现较为精确的控制，当辅助以通信技术以后，也能方便地实现远程控制。

⑤ 液压装置易于实现过载保护。当液压缸和液压马达工作时超过所设定的工作压力后都能自动卸荷，这比电气传动和机械传动更容易办到。

⑥ 由于液压元件已实现了标准化、系列化和通用化，液压系统的设计、制造、使用和维护都比较方便。

⑦ 用液压传动实现直线运动远比用机械传动简单。

1.3.3　液压传动系统的缺点

① 液压传动在工作过程中常有较多的能量损失（摩擦损失、泄漏损失等），长距离传动时更是如此，工作效率不如电气传动和机械传动高。

② 液压传动对油温变化比较敏感，它的工作稳定性很容易受到温度的影响，因此它不宜在很高或很低的温度条件下工作。

③ 为了减少泄漏，液压元件在制造精度上要求较高，因此它的造价较高，而且对工作介质的污染比较敏感。

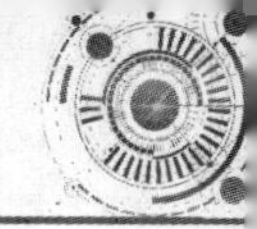

④ 液压传动出现故障时不易排除。

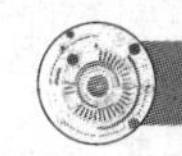

1.4　液压油

1.4.1　液压油的作用和种类

液压传动最常用的工作介质是液压油，此外，还有乳化型传动液和合成型传动液等。

1．液压油的作用

液压油主要有以下几种作用。

① 传递运动与动力。将泵的机械能转换成液体的压力能并传至各处，由于油本身具有黏性，因此，在传递过程中会产生一定的能量损失。

② 润滑。液压元件内各移动部位都可受到液压油充分润滑，从而降低元件磨损。

③ 密封。油本身的黏性对细小的间隙有密封作用。

④ 冷却。系统损失的能量会变成热量，被油带出。

2．液压油的种类

液压油主要有下列两种。

① 矿物油系液压油。矿物油系液压油主要是在精制的石蜡基的原油中加入抗氧化剂和防锈剂而制成的，是用途较广的一种。其缺点为耐火性差。

② 耐火型液压油。耐火型液压油是专用于有引起火灾危险的场合的乳化型液压油，有水中油滴型（O/W）和油中水滴型（W/O）两种。水中油滴型（O/W）的润滑性差，还会侵蚀油封和金属；油中水滴型（W/O）化学稳定性很差。

1.4.2　液压油的物理性质

1．密度

单位体积液体的质量称为液体的密度，用符号 ρ 表示。体积为 V、质量为 m 的液体的密度为

$$\rho = \frac{m}{V} \tag{1-1}$$

矿物油系工业液压油的密度为 850～950kg/m^3，W/O 型液压油的密度为 920～940kg/m^3，O/W 型液压油的密度为 1050～1100kg/m^3。液压油密度越大，泵吸入性越差。

矿物油系液压油的密度随温度的上升而有所减小，随压力的升高而稍有增加，但变动值很小，可以认为是常值。我国采用 20℃时的密度作为油液的标准密度。

2．可压缩性

液体在压力作用下体积发生变化的性质，称为液体的可压缩性。液压油在低、中压时可视为非压缩性液体，在高压时压缩性不可忽视，纯油的可压缩性是钢的 100～150 倍。

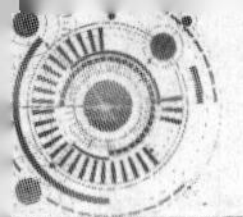

3. 黏性

（1）黏性的定义

液体在外力作用下流动（或有流动趋势）时，分子间的内聚力要阻止分子相对运动而产生一种内摩擦力，这种现象叫作液体的黏性。液体只有在流动（或有流动趋势）时才会呈现出黏性，静止液体是不呈现黏性的。

黏性使流动液体内部各处的速度不相等，如图 1-9 所示，若两平行平板间充满液体，下平板不动，而上平板以速度 u_0 向右平动，则由于液体的黏性作用，紧靠下平板和上平板的液体层速度分别为 0 和 u_0。

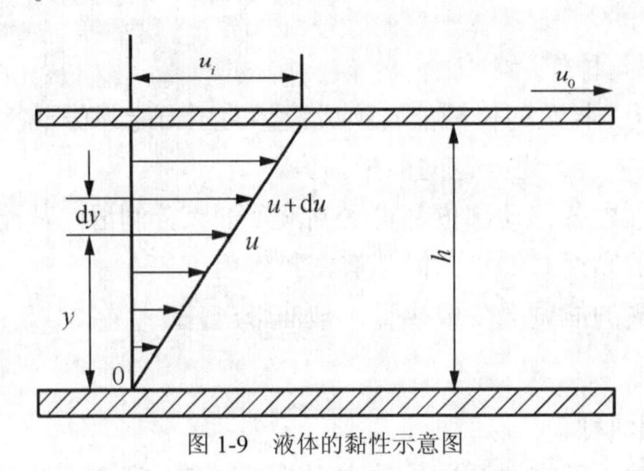

图 1-9　液体的黏性示意图

（2）黏性的度量

液压油黏性的大小用黏度来度量。黏度的表示方法主要有两种。

① 动力黏度：又称绝对黏度，用符号 μ 表示，单位为 Pa·s（帕·秒）。

② 运动黏度：液体的动力黏度与其密度的比值，称为液体的运动黏度，用符号 ν 表示，即

$$\nu=\frac{\mu}{\rho} \tag{1-2}$$

运动黏度的单位为 m^2/s，过去常用单位为 St（斯，cm^2/s）和 cSt（厘斯，mm^2/s）。

$$1m^2/s = 10^4St = 10^6cSt$$

液压油的牌号，采用液压油在 40℃温度下运动黏度的平均值（以 $10^{-6}m^2/s$ 为单位）来表示，如牌号为 L-HL22 的普通液压油，其在 40℃时运动黏度的平均值为 $22\times10^{-6}m^2/s$。

（3）黏度与压力的关系

压力增大时，液压油黏度增大。在一般液压系统使用的压力范围内，液压油黏度随压力变化的数值很小，可以忽略不计。

（4）黏度与温度的关系

液压油的黏度对温度的变化十分敏感，温度升高，黏度下降，造成泄漏和磨损增加、效率降低等；温度降低，黏度增大，造成流动困难及泵吸油困难等。图 1-10 所示为几种国产液压油的黏度-温度曲线。

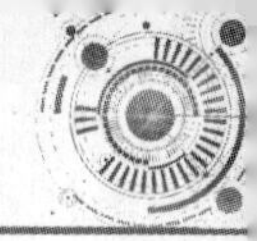

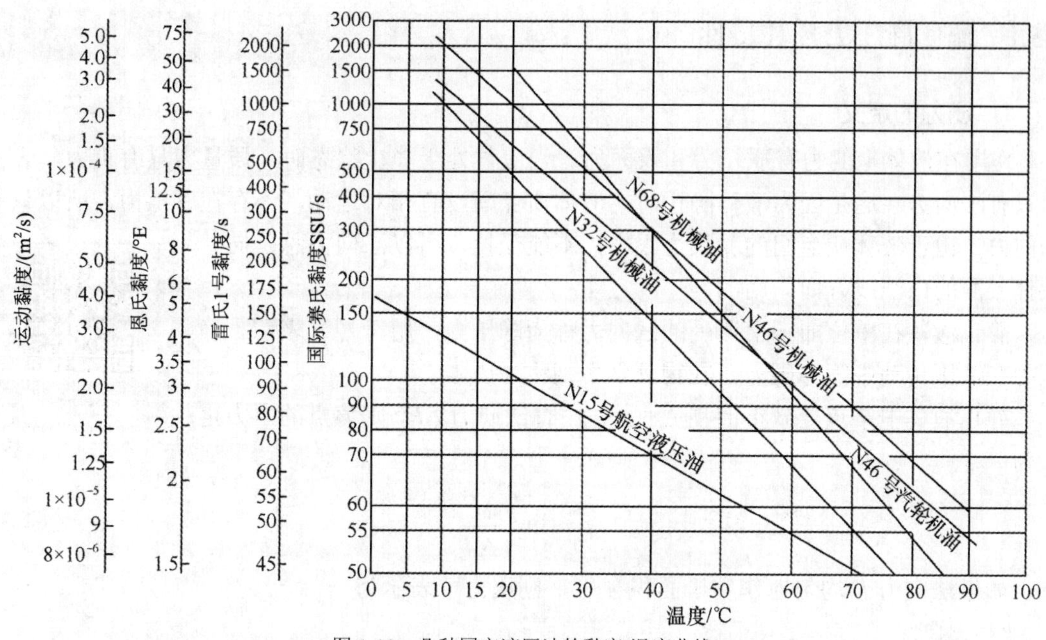

图 1-10　几种国产液压油的黏度-温度曲线

1.4.3　液压油的选用

液压油的选择，首先是油液品种的选择。选择液压系统的液压油一般需考虑以下几点。

① 液压系统的工况条件（主要指温度和压力）。

② 液压系统的工作环境（工作环境可分为四种，即室内、固定液压设备，露天、寒区或严寒区、行走液压设备，地下、水上的液压设备，在高温热源和明火附近的液压设备）。

③ 综合经济分析。

液压油的品种确定之后，接着就是选择油的黏度等级。在选择黏度时应注意以下几方面的情况。

① 根据工作机械的不同要求选用。

② 根据液压泵的类型选用。

③ 根据液压系统的工作压力选用。当系统工作压力较高时，宜采用黏度较高的液压油，以减少泄漏，提高容积效率；反之，宜选用黏度较低的液压油。

④ 根据液压系统的环境温度选用。液压油的黏度对温度很敏感。为了保证在工作温度下有合适的黏度，在温度较高时，宜选用黏度较高的液压油；反之，宜选用黏度较低的液压油。

⑤ 根据工作部件的运动速度选用。液压系统工作部件运动速度的高低与油液流速的高低是一致的。为了减少压力损失，运动速度较高时，宜选用黏度较低的液压油；反之，宜选用黏度较高的液压油。

1.5　流体静力学基础

流体静力学主要是讨论流体静止时的平衡规律以及这些规律的应用。“流体静止”指的是流体内部质点间没有相对运动，不呈现黏性。

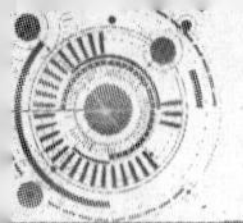

1.5.1 流体静压力及其特性

1. 压力的定义

作用在液体上的力有质量力和表面力。当液体处于静止状态时，质量力只有重力，表面力只有法向力。这是因为液体静止时，液体质点间没有相对运动，不存在摩擦力，所以只有法向力。由于液体质点间的凝聚力很小，不能受拉，所以法向力总是向着液体表面的内法线方向作用的。

静止液体在单位面积上所受的法向力称为静压力，用符号 p 表示。静压力在液压传动中简称压力，在物理学中则称为压强。

静止液体中某点处微小面积 ΔA 上作用有法向力 ΔF，则该点的压力定义为

$$p=\lim_{\Delta A\to 0}\frac{\Delta F}{\Delta A} \tag{1-3}$$

如果法向力 F 均匀地作用于面积 A 上，则压力可表示为

$$p=\frac{F}{A} \tag{1-4}$$

2. 压力的表示方法及单位

（1）压力的表示方法

压力的表示方法有两种：一种是以绝对真空作为基准所表示的压力，称为绝对压力；另一种是以大气压力作为基准所表示的压力，称为相对压力。由于大多数测压仪表所测得的压力都是相对压力，故相对压力也称为表压力。

绝对压力与相对压力的关系为

绝对压力 = 相对压力 + 大气压力

绝对压力小于大气压力时，相对压力的负值称为真空度，即

真空度 = 大气压力 − 绝对压力 = −（绝对压力 − 大气压力）

由此可知，当以大气压力为基准计算压力时，基准以上的正值是相对压力，基准以下的负值就是真空度。绝对压力、相对压力（表压力）和真空度的关系如图 1-11 所示。

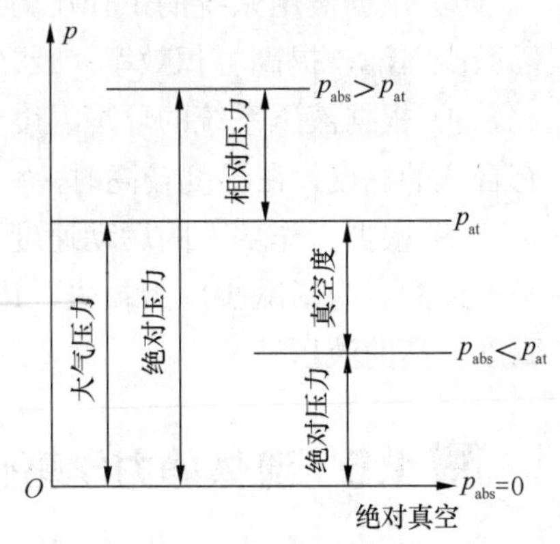

图 1-11　绝对压力、相对压力和真空度的关系

（2）压力的单位

在国际单位制（SI）中，压力的单位为 N/m^2 或 Pa（帕斯卡）。由于 Pa 单位太小，工程上常采用 kPa（千帕）和 MPa（兆帕）。

$$1MPa = 10^3 kPa = 10^6 Pa$$

在液压技术中，原来采用的压力单位有工程大气压（约 101.325kPa）、巴（bar）和千克力每平方厘米（kgf/cm^2）等，其换算关系为

$$1bar \approx 1.02kgf/cm^2 = 10^2 kPa = 0.1MPa$$

3. 液体的静压力特性

液体的静压力具有以下两个重要特性。

① 液体静压力的方向总是与作用面的内法线方向

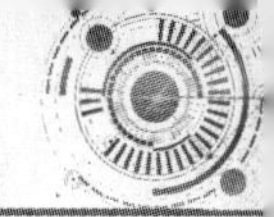

一致。

② 静止液体内任一点的液体静压力在各个方向上都相等。

1.5.2 流体静力学基本方程及其应用

1. 流体静力学基本方程

如图 1-12（a）所示，密闭容器中盛有液体，作用在液面上的压力为 p_0，现在求离液面 h 深处 A 点的压力，在液体内取一个底面包含 A 点的小液柱，设其底部面积为 $\mathrm{d}A$，高为 h。这个小液柱在重力及周围液体的压力作用下，处于平衡状态，其受力情况如图 1-12（b）所示，即 $p\mathrm{d}A-p_0\mathrm{d}A-G=0$，得 $p\mathrm{d}A=p_0\mathrm{d}A+\rho gh\cdot\mathrm{d}A$，则 A 点所受的压力为

$$p=p_0+\rho gh \tag{1-5}$$

式（1-5）中，g 为重力加速度，ρ 为液体密度，此表达式即为液体静压力的基本方程，由此式可知以下几点。

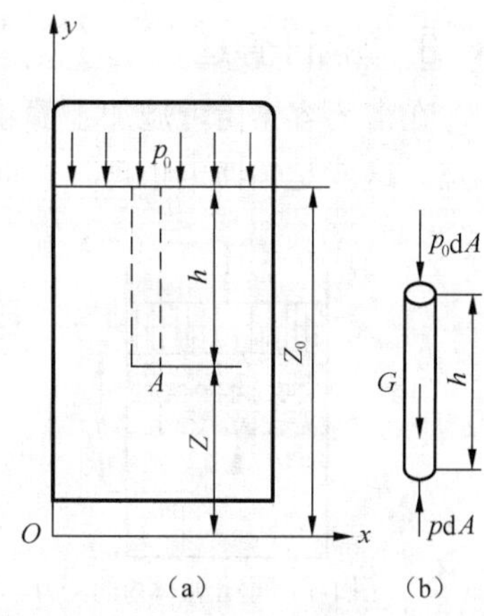

图 1-12　重力作用下的静止液体

① 静止液体内任一点处的压力由两部分组成，一部分是液面上的压力 p_0，另一部分是 ρg 与该点距离液面的深度 h 的乘积。

② 同一容器中同一液体内的静压力随液体深度 h 的增加而线性地增加。

③ 连通器内同一液体中深度 h 相同的各点压力都相等。由压力相等的点组成的面称为等压面。在重力作用下，静止液体中的等压面是一个水平面。

2. 静力学基本方程的物理意义

图 1-12 所示的盛有液体的密闭容器中，若选一基准水平面 Ox，根据静力学基本方程，可以确定距液面深度 h 处 A 点的压力 p，即

$$\frac{p}{\rho g}+Z=\frac{p_0}{\rho g}+Z_0=\text{常数} \tag{1-6}$$

式（1-6）为流体静力学基本方程的另一种形式。其中 Z 表示 A 点单位质量液体的位能；$p/\rho g$ 表示 A 点单位质量液体的压力能。

式（1-6）说明了静止液体中不同质点间的压力能和位能可以互相转换，但各点的总能量保持不变，即能量守恒，这就是静力学基本方程式中包含的物理意义。

【例 1-1】 如图 1-13 所示，容器内盛有油液。已知油的密度 $\rho=900\mathrm{kg/m^3}$，活塞上的作用力 $F=1000\mathrm{N}$，活塞的面积 $A=1\times10^{-3}\mathrm{m^2}$，假设活塞的重量忽略不计。求活塞下方深度为 $h=0.5\mathrm{m}$ 处的压力等于多少。

解：活塞与液体接触面上的压力均匀分布，有

$$p_0=\frac{F}{A}=\frac{1000}{1\times10^{-3}}=1\times10^6\ （\mathrm{N/m^2}）$$

根据静力学基本方程式（1-5），深度为 h 处的液体压力为

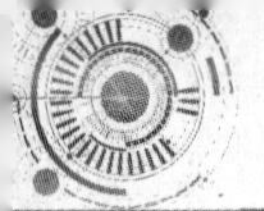

$$p = p_0 + \rho gh \approx 1\times10^6 + 900\times9.8\times0.5$$

$$=1.0044\times10^6\ (\text{N/m}^2) \approx 1\times10^6\ (\text{Pa})$$

从本例可以看出，液体在受外界压力作用的情况下，液体自重所形成的那部分压力 ρgh 相对很小，在液压系统中常可忽略不计，因而可近似认为整个液体内部连通各处的压力是相等的。

认识帕斯卡原理

3. 帕斯卡原理

在密闭容器内，施加于静止液体上的压力将以等值同时传到液体内部各点。这就是帕斯卡原理，也叫静压传递原理，如图 1-14 所示。

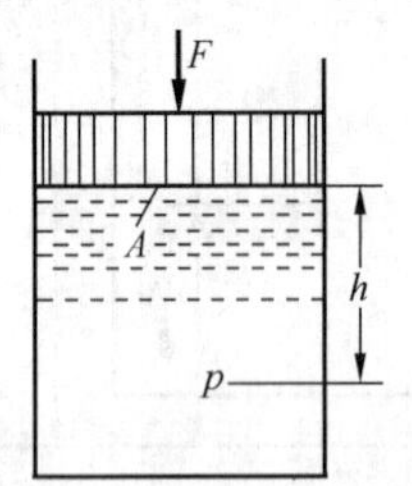

图 1-13 静止液体内的压力

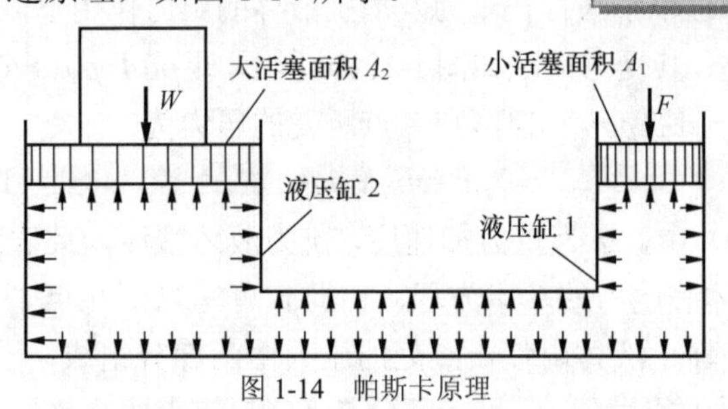

图 1-14 帕斯卡原理

容器内液体各点的压力为

$$p = \frac{W}{A_2} = \frac{F}{A_1} \tag{1-7}$$

即液压系统中的压力是由外界负载决定的，而与流入的流体多少无关。

【例 1-2】 图 1-15 所示为相互连通的两个液压缸，已知大缸内径 $D = 100$mm，小缸内径 $d = 20$mm，大活塞上放一质量为 5000kg 的物体。试求在小活塞上所加的力 F 有多大才能使大活塞顶起物体。

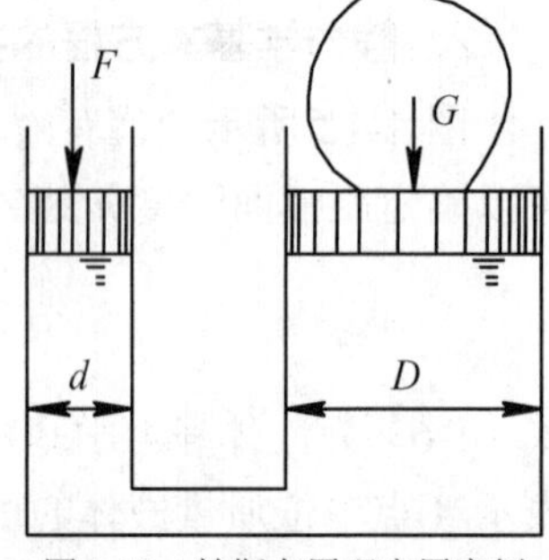

图 1-15 帕斯卡原理应用实例

解：物体的重力为

$$G = mg \approx 5000\times9.8$$

$$= 49000\ (\text{kg}\cdot\text{m/s}^2) = 49000\ (\text{N})$$

根据帕斯卡原理，外力产生的压力在两缸中均相等，即

$$F = \frac{d^2}{D^2}G = \frac{20^2}{100^2}\times49000 = 1960(\text{N})$$

1.6 流体动力学基础

1.6.1 基本概念

1. 理想液体、定常流动

① 理想液体：既无黏性又不可压缩的假想液体。

② 定常流动：液体流动时，若液体中任何一点的压力、速度和密度都不随时间而变化，

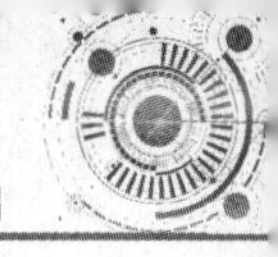

则这种流动就称为定常流动（恒定流动或非时变流动）。

③ 非定常流动：只要压力、速度和密度中有一项随时间而变化，液体就是做非定常流动（非恒定流动或时变流动）。

如图 1-16 所示，从水箱中放水，如果水箱上方有一补充水源，使水位 H 保持不变，则水箱下部出水口流出的液体中各点的压力和速度均不随时间变化，故为定常流动；反之则为非定常流动。

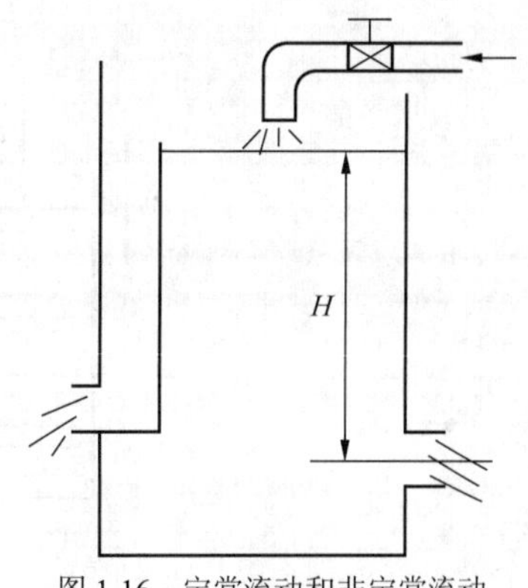

图 1-16　定常流动和非定常流动

2. 流线、通流截面

① 流线：表示某一瞬时液流中各处质点运动状态的一条条曲线，在此瞬时，流线上各质点速度方向与该流线相切，流线只能是一条光滑的曲线。

② 通流截面：流束中与所有流线正交的截面称为通流截面，截面上每点处的流动速度都垂直于这个面。

3. 流量和平均流速

① 流量：单位时间内通过某通流截面的液体的体积称为流量，用 Q 表示。

流量的单位为 m^3/s（立方米/秒），常用单位还有 L/min（升/分）或 mL/s（毫升/秒）。

② 平均流速：假想在通流截面上流速是均匀分布的，则流量 Q 等于平均流速 υ 乘以通流截面面积 A，即

$$Q = \upsilon A \tag{1-8}$$

故平均流速

$$\upsilon = \frac{Q}{A} \tag{1-9}$$

1.6.2　连续性方程及其应用

连续性方程是质量守恒定律在流体力学中的一种表达形式。如果液体做定常流动，且不可压缩，那么任取一流管，如图 1-17 所示，两端通流截面面积为 A_1 和 A_2，流速分别为 υ_1 和 υ_2，则通过任一截面的流量 Q 为

$$Q = A\upsilon = A_1\upsilon_1 = A_2\upsilon_2 = 常数 \tag{1-10}$$

式（1-10）称为不可压缩液体做定常流动时的连续性方程。它说明通过流管任一通流截面的流量相等，当流量一定时，流速和通流截面面积成反比。

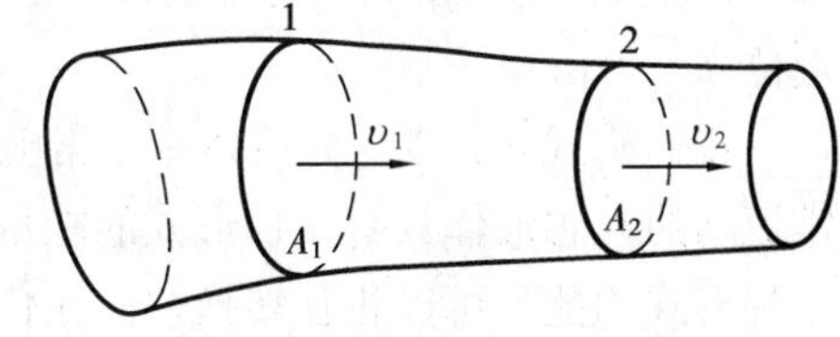

图 1-17　流量连续性方程

【例 1-3】　如图 1-18 所示，已知小活塞的面积 $A_1 = 10cm^2$，大活塞的面积 $A_2 = 100cm^2$，管道的截面积 $A_3 = 2cm^2$。小活塞以 $\upsilon_1 = 1m/min$ 的速度向下移动时，求大活塞上升的速度 υ_2 及管道中液体的流速 υ_3。

解：由连续性方程 $A_1\upsilon_1 = A_2\upsilon_2 = A_3\upsilon_3$ 有

$$\upsilon_2 = \frac{A_1}{A_2} \cdot \upsilon_1 = \frac{10}{100} \times 1 = 0.1 \text{ (m/min)}$$

$$\upsilon_3 = \frac{A_1}{A_3} \cdot \upsilon_1 = \frac{10}{2} \times 1 = 5 \text{ (m/min)}$$

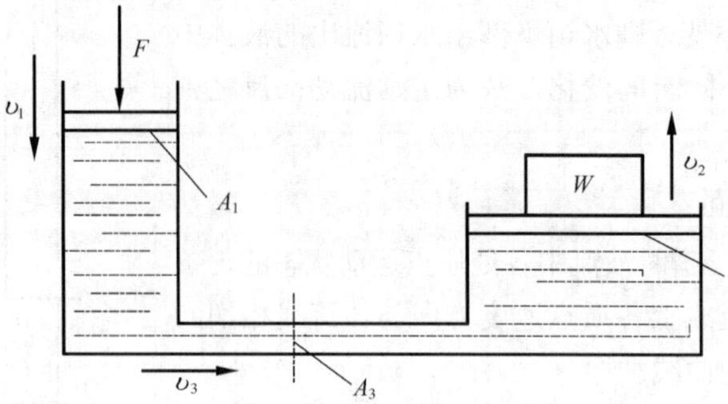

图 1-18　连续性方程应用实例

1.6.3　伯努利方程及其应用

伯努利方程就是能量守恒定律在流动液体中的表现形式。

1. 理想液体的伯努利方程

在没有黏性和不可压缩的定常流动中，任取两通流截面，如图 1-19 所示。依能量守恒定律可得

$$\frac{p_1}{\rho g} + \frac{\upsilon_1^2}{2g} + h_1 = \frac{p_2}{\rho g} + \frac{\upsilon_2^2}{2g} + h_2 \qquad (1\text{-}11)$$

即

$$\frac{p}{\rho g} + \frac{\upsilon^2}{2g} + h = 常数 \qquad (1\text{-}12)$$

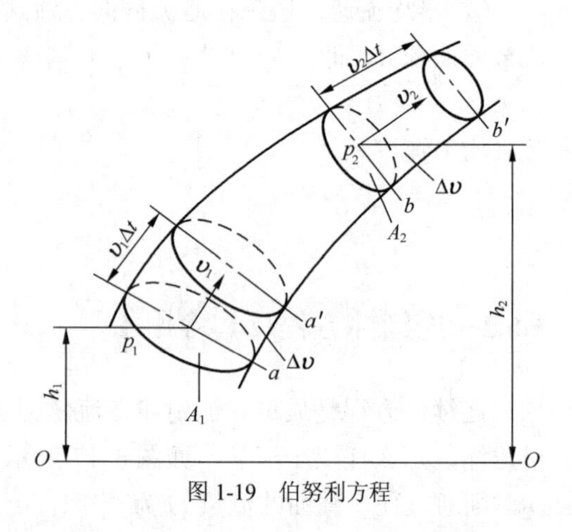

图 1-19　伯努利方程

式（1-12）中，p 为压力（Pa），ρ 为密度（kg/m^3），υ 为流速（m/s），g 为重力加速度（m/s^2），h 为液位高度（m）。

我们称式（1-12）为液体做定常流动的伯努利方程，其物理意义是：在密闭管道内做定常流动的理想液体具有三种形式的能量，即压力能、位能和动能；在沿管道流动的过程中，三种形式的能量可以相互转换，但在任一截面处，其能量的总和为一常数。

如果是在同一水平面内流动的，即 $h_1 = h_2$，则式（1-11）可写成

$$\frac{p_1}{\rho g} + \frac{\upsilon_1^2}{2g} = \frac{p_2}{\rho g} + \frac{\upsilon_2^2}{2g} \qquad (1\text{-}13)$$

式（1-13）表明，沿流线压力越低，速度越高。

2. 实际液体的伯努利方程

实际液体在管道中流动时，由于液体具有黏性，会产生内摩擦力；而管道形状和尺寸的

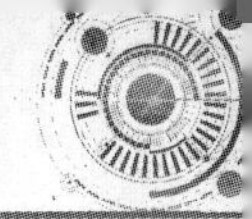

变化，会使液体产生局部扰动，也会造成能量损失。因此，实际液体的伯努利方程为

$$\frac{p_1}{\rho g}+\frac{\alpha_1 \upsilon_1^2}{2g}+h_1=\frac{p_2}{\rho g}+\frac{\alpha_2 \upsilon_2^2}{2g}+h_2+h_w \tag{1-14}$$

式（1-14）中，h_w 为单位质量液体从截面 A_1 流到截面 A_2 过程中的能量损耗；α_1、α_2 为两通流截面的动能修正系数，由于α_1与α_2的值相差甚小，故可令$\alpha_1=\alpha_2=\alpha$。

3. 应用伯努利方程时应注意的事项

① h 和 p 是截面同一点上的两个参数，至于 A_1、A_2 上的点不一定都要取在同一条流线上，但一般对管流而言，计算点都取在轴心线上。把这两个点都取在两截面的轴心处，是为了计算方便。

② 液流是定常流动的。如不是定常流动的，要加入惯性项。

③ 两个计算通流截面应取在平行流动或缓变流动处，但两截面之间的流动不受此限制。两截面间的流动状态，并不影响计算，但影响能量损失的大小。

④ 液流仅受重力作用，即盛液的容器没有牵连加速度的情况下。

⑤ 液体不可压缩，在运动中密度保持不变。

⑥ 流量沿程不变，即没有分流。

⑦ 适当地选取基准面，一般取液平面，这时 p 一般等于大气压力，$\upsilon=0$。

⑧ 截面上的压力应用同一种表示方法，都取相对压力或都取绝对压力。绝对压力小于大气压力时，则相对压力为负值，但用真空度表示时要写正值。如绝对压力为 0.03MPa，则相对压力为−0.07MPa，真空度为 0.07MPa。

⑨ 注意动能修正系数，层流时$\alpha=2$，紊流时$\alpha\approx1$。

【例 1-4】 如图 1-20 所示，油管水平放置，截面 1-1、2-2 处的直径分别为 d_1、d_2，液体在管路内做连续流动，若不计管路内能量损失，分析截面 1-1 和 2-2 处哪一处压力高。

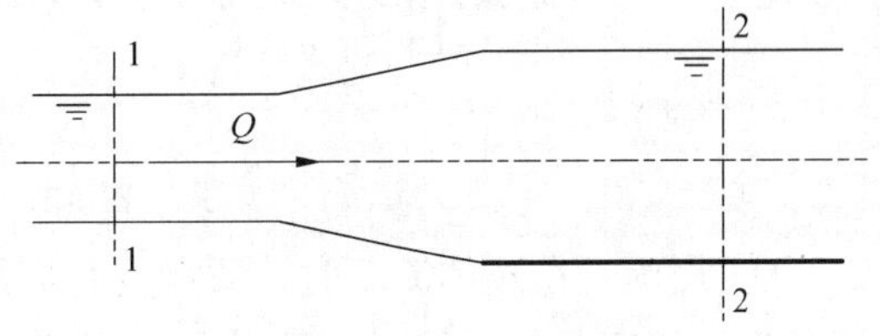

图 1-20　伯努利方程应用实例

解：截面 2-2 处压力比截面 1-1 处压力高。其分析如下。

液体在管道内做连续流动，根据流量连续性方程有

$$Q=A\upsilon=A_1\upsilon_1=A_2\upsilon_2=\text{常数}$$

由图 1-20 可知，显然

$$A_1<A_2$$

故

$$\upsilon_1>\upsilon_2 \tag{1-15}$$

又由理想液体的伯努利方程

$$\frac{p_1}{\rho g}+\frac{\upsilon_1^2}{2g}+h_1=\frac{p_2}{\rho g}+\frac{\upsilon_2^2}{2g}+h_2$$

由于油管水平放置，故可取 $h_1=h_2=0$，即有

$$\frac{p_1}{\rho g}+\frac{\upsilon_1^2}{2g}=\frac{p_2}{\rho g}+\frac{\upsilon_2^2}{2g} \tag{1-16}$$

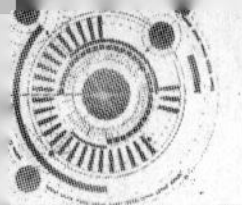

由式（1-15）和式（1-16）可知，$p_2>p_1$，即截面2-2处压力比截面1-1处压力高。

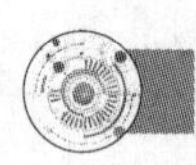

1.7 液体在管道中的流动状态和压力损失

实际液体具有黏性，在流动中由于摩擦而产生能量损失，能量损失主要表现为压力损失。这些损失的能量使油液发热、泄漏增加，系统效率降低、性能变差。因此在设计液压系统时正确计算压力损失，并找出减少压力损失的途径，对于减少发热、提高系统效率和性能都有十分重要的意义。

1.7.1 液体的流动状态及其判别

1. 层流、紊流和雷诺数

19世纪末，英国物理学家首先通过大量的实验发现液体在管道中流动时存在两种不同状态，即层流和紊流，可通过实验观察，如图1-21所示。

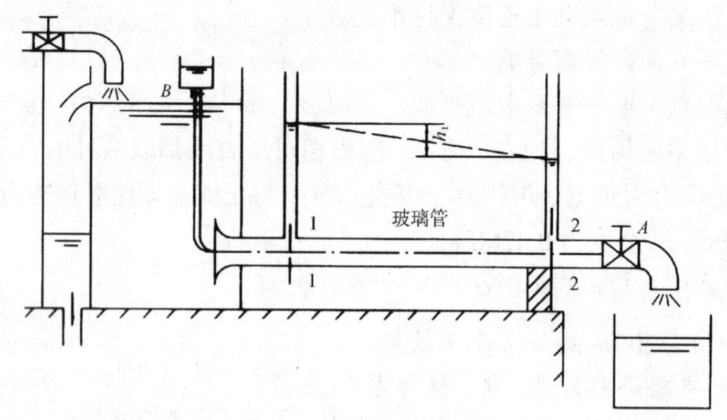

图1-21 层流和紊流实验

① 层流：在液体流动时，质点没有横向脉动，不引起液体质点混杂，层次分明，能够维持稳定的流束状态，这样的流动称为层流。

② 紊流：如果液体流动时质点具有脉动速度，引起流层间质点相互错杂交换，则称为紊流。液体流动时究竟是层流还是紊流，须用雷诺数来判断。

③ 雷诺数：由平均流速υ、管径 d、液体的运动黏度ν 所组成的一个无量纲数，用 Re 表示。

$$Re=\frac{\upsilon d}{\nu} \tag{1-17}$$

实验证明，液体在圆管中的流动状态不仅与管内的平均流速υ有关，还和管径 d、液体的运动黏度ν有关。

2. 层流与紊流的判别

流动液体从层流转变成紊流或从紊流转变成层流的雷诺数称为临界雷诺数，记作Re_c。常用管道的临界雷诺数列于表1-2中。

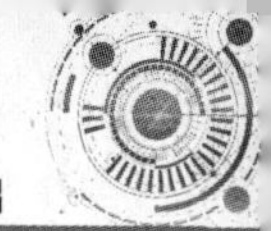

表 1-2　常用管道的临界雷诺数

管道的形状	Re_c	管道的形状	Re_c
光滑的金属圆管	2000～2320	带环槽的同心环状缝隙	700
橡胶软管	1600～2000	带环槽的偏心环状缝隙	400
光滑的同心环状缝隙	1100	圆柱形滑阀阀口	260
光滑的偏心环状缝隙	1000	锥阀阀口	20～100

液体在流动时，流动状态是层流还是紊流，采用雷诺数来判别。在管道几何形状相似的条件下，如果雷诺数相同，则液体的流动状态也相同。当液流的雷诺数 Re 小于临界雷诺数 Re_c 时，液流为层流；反之为紊流。

1.7.2　液体在管中流动的压力损失

液体流动的压力损失有两种，一种是由黏性摩擦引起的损失，这种压力损失称为沿程压力损失；另一种是液流流经局部障碍（如阀口、弯头等），使液流速度和方向发生改变引起的损失，称为局部压力损失。

1. 沿程压力损失

经推导，液体在管中流动引起的沿程压力损失与管径 d、管长 l、液流流速 υ 有关，其表达式为

$$\Delta p_{\mathrm{f}} = \lambda \frac{l}{d} \frac{\rho \upsilon^2}{2} \tag{1-18}$$

式中，λ 为沿程阻力系数。

沿程阻力系数 λ 与液体在管中的流动状态、液体的黏性、流速等有关。

① 层流时沿程阻力系数 λ 的理论值为 $\lambda = 64/Re$。液压油在金属管中流动时，取 $\lambda=75/Re$；在橡胶软管中流动时，取 $\lambda=80/Re$。

② 由于紊流运动复杂，至今对它的规律尚未完全清楚，一般以下列经验公式来确定。

当 $3\times10^3<Re<10^5$ 时　　$\lambda=0.316Re^{-0.25}$

当 $10^5<Re<3\times10^6$ 时　　$\lambda=0.0032+0.221Re^{-0.237}$

当 $Re>3\times10^6$ 时　　$\lambda=\left(3\lg\dfrac{d}{2\Delta}+1.74\right)^{-2}$

式中，Δ 为管壁粗糙度，与管的材料有关。钢管：Δ=0.04mm；铜管：Δ=0.0015～0.01mm；橡胶软管：Δ=0.03mm；铝管：Δ=0.0015～0.06mm；铸铁管：Δ=0.25mm。

2. 局部压力损失

局部压力损失是液流流经阀口、弯管以及通流截面发生突变时，使液流速度的大小、方向发生变化引起的损失。局部压力损失为

$$\Delta p_{\zeta} = \zeta \frac{\rho \upsilon^2}{2} \tag{1-19}$$

式中，ζ 为局部阻力系数。

各种液压阀在额定流量下的压力损失可从有关液压传动设计手册中查到。在计算局部压

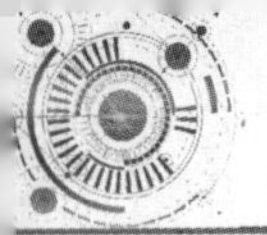

力损失时，局部阻力系数的具体数据也可查阅有关液压设计手册。

3. 管路系统的总压力损失

管路系统的总压力损失等于系统所有沿程压力损失之和与局部压力损失之和的叠加，即

$$\Delta p = \sum \Delta p_f + \sum \Delta p_\zeta = \sum \lambda \frac{1}{d} \frac{\rho \upsilon^2}{2} + \sum \zeta \frac{\rho \upsilon^2}{2} \tag{1-20}$$

式（1-20）中，只有在两个相邻的局部障碍之间有足够距离（距离 L 比管道内径大 10～20 倍）时才能简单相加。当两个相邻局部障碍距离太小时，液流受前一个局部阻力的干扰还未稳定，又进入第二个局部障碍，阻力系数比正常状况大 2～3 倍，因此按式（1-20）计算出的压力损失比实际值小。

在液压传动系统中，管道一般都不长，而控制阀、弯头、管接头引起的局部压力损失则较大。沿程压力损失比局部压力损失小，所以大多数情况下总压力损失以局部压力损失为主。

1.8 液体流经孔口及缝隙的特性

液压传动系统中，油液流经小孔和缝隙的情况较多。例如，液压系统中常用的节流阀、调速阀就是使油液流经小孔或缝隙来调节通过节流阀的流量的；又如，液压元件中有许多相对运动表面，这些相对运动面间都有间隙，压力油通过这些间隙泄漏，使液压系统的容积效率降低。本节讨论液流流经孔口及缝隙的流量-压差特性，以便找出改进节流阀特性以及减小泄漏的措施，提高液压传动系统的性能。

1.8.1 液体流经孔口的流量-压差特性

小孔可分为薄壁小孔和细长小孔，它们的流量-压差特性是不同的。

1. 液体流经薄壁小孔的流量

如图 1-22 所示，小孔的长度与直径的比值小于或等于 0.5（$l/d \leqslant 0.5$）的孔称为薄壁小孔。

图 1-22 中，小孔前后液流的压力、流速分别为 p_1、υ_1 和 p_2、υ_2。小孔直径和长度为 d 和 l，面积为 A_0，取 1-1 和 2-2 截面，则流经小孔的流量为

$$Q = A_c \upsilon_c = C_c C_v A_0 \sqrt{\frac{2\Delta p}{\rho}} \tag{1-21}$$

图 1-22 液体流过薄壁小孔时的流动情况

式中，A_0 为小孔截面积；υ_c 为液体流经小孔时的平均流速；A_c 为液体流经小孔时收缩的截面积；C_c 为截面收缩系数，$C_c = A_c/A_0$；C_v 为速度系数，C_c、C_v 的数值由实验确定，对于薄壁小孔，一般可取 $C_c = 0.61$～0.63，$C_v = 0.97$～0.98；Δp 为孔口前后压差。

2. 液体流经细长小孔的流量

当小孔的长度 l 与直径 d 的比 $l/d>4$ 的小孔称为细长小孔，$0.5<l/d<4$ 的小孔称为短孔，短孔的流量公式与薄壁小孔的流量公式相同，但是流量系数是不同的，计算时可查阅有关资料。

薄壁小孔的流量公式（1-21）和细长小孔的流量公式可以综合写成

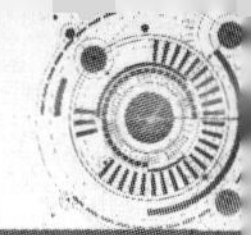

$$Q = CA\Delta p^{\varphi} \tag{1-22}$$

式中，C 为由节流口形式、液体流态和性质决定的系数；A 为孔口通流截面的面积；φ为由节流口形状决定的指数，其值在 0.5～1.0，对薄壁小孔φ=0.5，对细长小孔φ=1.0。

1.8.2　液体流经缝隙的流量–压差特性

液压系统中液压元件各运动件之间的间隙都是缝隙，而且大多数是圆环状缝隙。例如，活塞与缸筒之间的间隙、滑阀阀芯与阀体之间的间隙都是圆环状缝隙。

1．液体流经平行平板缝隙的流量

液体流经平行平板缝隙时最普通的情况是既受到压差$\Delta p=p_1-p_2$ 的作用，又受到平行平板相对运动的作用，如图 1-23 所示。图中，h、b、l 分别为缝隙高度、宽度和长度，并有 $b\gg h$，$l\gg h$。

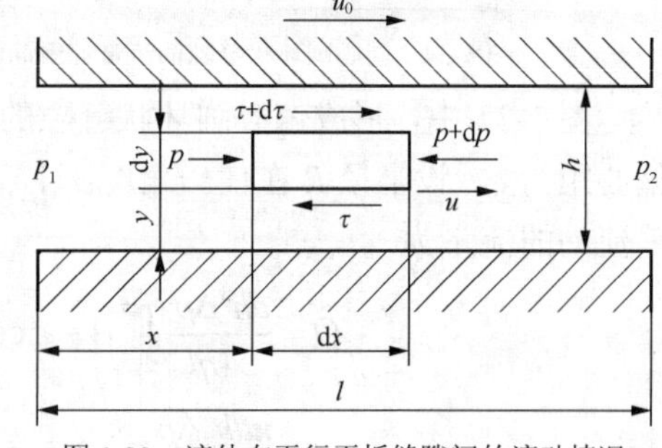

图 1-23　液体在平行平板缝隙间的流动情况

通过平行平板缝隙的流量为

$$Q = \frac{\Delta p b h^3}{12\eta l} \pm \frac{u_0 b h}{2} \tag{1-23}$$

式中，η 为液体的动力黏度。当压差的方向与运动方向一致时取“+”号，当压差方向与运动方向相反时取“－”号。当平行平板间没有相对运动时（即 u_0=0），通过的液流完全由压差引起，这种流动称为压差流动，其流量值为

$$Q = \frac{b h^3 \Delta p}{12\eta l} \tag{1-24}$$

当平行平板两端不存在压差时，通过的液流完全由平板运动引起，这种流动称为剪切流动，其流量值为

$$Q = \frac{u_0}{2} b h \tag{1-25}$$

2．液体流过同心圆环状缝隙的流量

图 1-24 所示为同心圆环状缝隙，缝隙为 h，缝隙内侧圆柱面的直径为 d，沿液流方向缝隙的长度为 l，则同心圆环状缝隙中压差流动的流量为

$$Q = \frac{\pi d h^3}{12\eta l} \Delta p \tag{1-26}$$

3．液体流经偏心圆环状缝隙的流量

实际生产中，由于加工误差、装配误差等原因，往往不都是同心圆环状缝隙，而是图 1-25 所示偏心圆环状缝隙。例如，活塞与缸筒、阀芯与阀体有时可能就不是同心的而是有一定的偏心量，这样就形成了偏心圆环状缝隙。

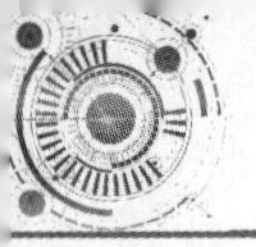

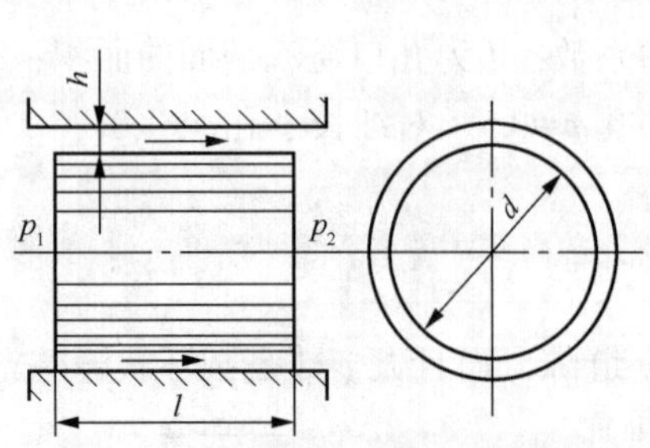

图 1-24　同心圆环状缝隙的流量计算简图

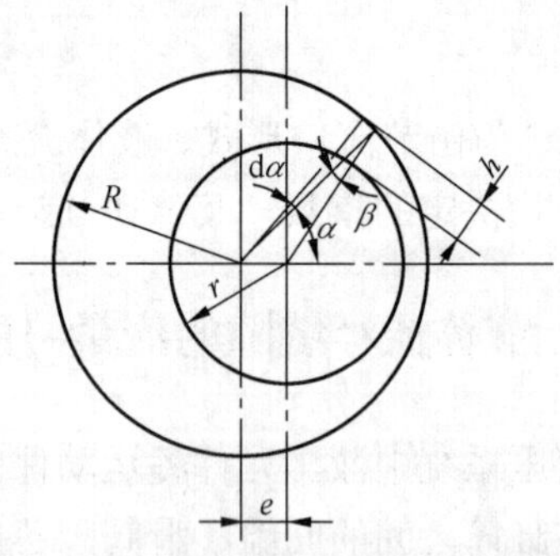

图 1-25　偏心圆环状缝隙流量计算图

图 1-25 中，形成偏心圆环状缝隙的外侧和内侧圆柱表面的半径分别为 R 和 r，两圆柱的偏心距为 e。设半径 R 在任一角度α时，两圆柱表面间的间隙量为 h，则偏心圆环状缝隙中压差流动的流量为

$$\begin{aligned}Q&=\frac{dh^3\Delta p}{24\eta l}\int_0^{2\pi}(1-\varepsilon\cos\alpha)^3\mathrm{d}\alpha+\frac{du_0}{4}h_0\int_0^{2\pi}(1-\varepsilon\cos\alpha)\mathrm{d}\alpha\\&=\frac{\pi dh_0^3\Delta p}{12\eta l}(1+1.5\varepsilon^2)+\frac{\pi dh_0u_0}{2}\end{aligned}\tag{1-27}$$

式中，ε 为相对偏心率，其值为 $e/(R-r)$。当内、外圆柱表面相互间没有轴向相对运动，即 $u_0=0$ 时，其流量为

$$Q=\frac{\pi dh_0^3\Delta p}{12\eta l}(1+1.5\varepsilon^2)\tag{1-28}$$

当$\varepsilon=0$ 时，式（1-28）即为同心圆环状缝隙流量公式；当$\varepsilon=1$ 时，即在最大偏心的情况下，其流量为同心圆环状缝隙的 2.5 倍。因此，为了减少液压元件中的泄漏，应使其配合尽量处于同心的状态。

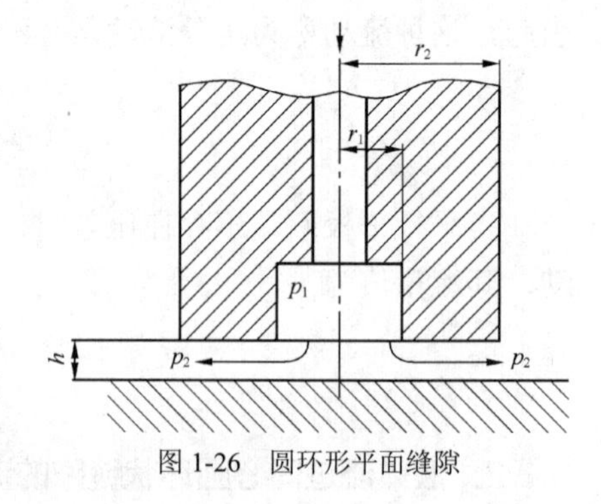

图 1-26　圆环形平面缝隙

4．液体流经圆环形平面缝隙的流量

图 1-26 所示为圆环形平面缝隙，在静压止推平面中会遇到这种情况，例如，轴向柱塞泵中的滑履。如图 1-26 所示，油液经中心孔流入油室，并经圆环形平面缝隙流出。其流量为

$$Q=\frac{\pi h^3\Delta p}{6\eta\ln\dfrac{r_2}{r_1}}\tag{1-29}$$

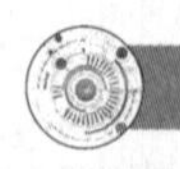

1.9　液压冲击及空穴现象

1.9.1　液压冲击

1．液压冲击产生的原因

在液压系统中，由于某种原因，液体压力会在一瞬间突然升高，产生很高的压力峰值，

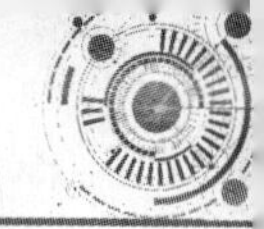

这种现象称为液压冲击。液压冲击产生的压力峰值往往比正常工作压力高好几倍，且常伴有噪声和振动，对液压元件、密封装置、管件都有很大的破坏作用，有时还会引起某些液压元件的误动作。所以应尽量避免和减小液压系统中的液压冲击。

产生液压冲击的原因如下。

① 液流通道迅速关闭或液流迅速换向使液流速度的大小或方向突然发生变化，由于液流的惯性引起液压冲击。

② 运动部件突然制动或换向时，因工作部件的惯性引起液压冲击。

③ 某些液压元件动作不灵敏，使系统压力升高引起液压冲击。

2. 液压冲击产生的过程

如图 1-27 所示，液体自一个较大的容器（如液压缸、蓄能器）沿长度为 l、直径为 d 的管道经阀门以速度 υ 流出，若将阀门突然关闭，此时紧靠阀门处的一层液体首先停止流动，液体的动能转换为压力能，压力升高 Δp。然后，后面各层液体也依次停止流动，动能依次转换为液压能，形成压力波并以速度 c 由 B 向 A 传播。当此压力波传至 A 处以后，因容器足够大，压力变化很小，则压力波只传到 A 处为止。此时由于管中液体的压力高于容器内液体的压力，因此管中液体向容器内流动，A 处一层液体首先恢复到初始压力 p_0，从 A 到 B 各层液体依次恢复到初始压力而形成压力恢复波，并也以速度 c 从 A 到 B 传播。当紧靠阀门 B 处的液体恢复到初始压力 p_0 时，由于液体具有惯性，仍然试图以速度 υ 向容器方向流动，因而使紧靠阀门处的液体压力降低 Δp，形成压力降低波，以速度 c 从 B 向 A 传播。传至 A 处的瞬间，管中各处压力均低于初始压力 p_0，此时，容器内液体的压力高于管中流体的压力，容器中的液体向管内流动，使得 A 处的压力首先恢复到初始压力 p_0，此压力又以速度 c 从 A 传到 B，当传到 B 时，由于阀门关闭，而液流仍以速度 υ 从 A 流向 B，液体又重复上述过程，如此循环往复使管内液体的压力振荡不已。但由于管道变形和液体黏性摩擦要消耗能量，因此振荡过程逐渐衰减，最后趋于稳定。

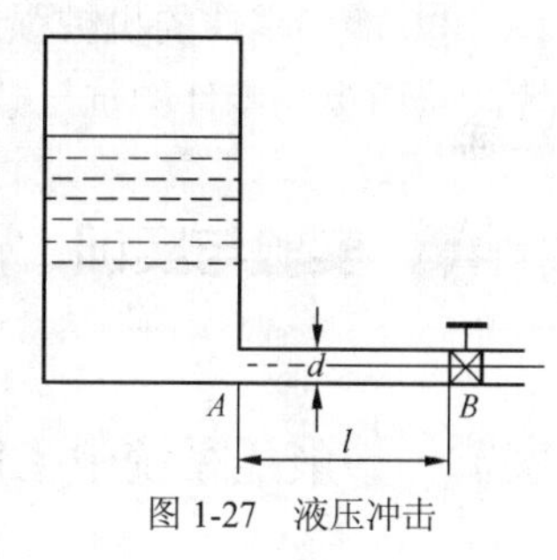

图 1-27　液压冲击

3. 减小液压冲击的措施

由以上分析可知产生液压冲击的原因及其危害。为了减小液压冲击，可采取以下措施。

① 使完全冲击改变为不完全冲击，即可通过减慢阀门关闭速度或减小冲击波传播距离来减小液压冲击。

② 限制管中油液的流速。

③ 用橡胶软管或在冲击源处设置蓄能器，以吸收液压冲击的能量。

④ 在容易出现液压冲击的地方安装限制压力峰值的安全阀。

1.9.2　空穴现象

1. 空穴现象的概念及影响

在液流中，如果某一点的压力低于当时温度下液体的空气分离压，则溶解于液体中的气体会游离出来，形成气泡。这些气泡混合在油液中，使原来充满管道或液压元件中的油液不连续，这种现象称为空穴现象。

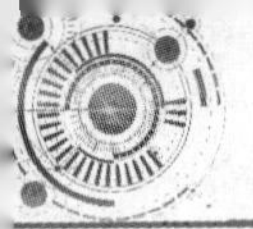

如果液流中发生了空穴现象，当液流中的气泡随液流运动到压力较高的区域时，气泡因承受不了高压而破裂，引起局部液压冲击，产生局部高温、高压会使金属剥落，造成表面粗糙或出现海绵状小洞穴，并且发出强烈的噪声和振动。这种现象称为气蚀。

液压元件中，节流口下游部位、液压泵吸油口（因吸油管直径太小、吸油阻力太大、滤网堵塞或泵的转速太高）容易产生空穴现象。若液压泵产生空穴，会使吸油不足，流量下降，噪声增大，输出的流量和压力剧烈波动，系统无法正常稳定地工作，严重时使泵和机件损坏，寿命大大降低。

2. 减少空穴的措施

为了防止和减少空穴，就要防止液压系统中的压力过度降低，使之不低于液体的空气分离压。具体措施如下所述。

① 减少阀孔前后的压差，一般希望阀孔前后的压力比小于3.5。

② 正确设计和选择泵的结构、参数，适当加大吸油管直径，限制吸油管中液流的流速，尽量避免急剧转弯或局部狭窄，过滤器要及时清洗以防堵塞，对自吸能力较差的泵应采用辅助泵向泵的吸油口供油。

③ 增加零件的机械强度，采用抗腐蚀能力强的金属材料，减小零件加工表面的粗糙度等，从而提高零件的抗气蚀能力。

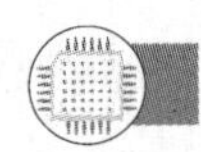

实验与实训

实验一　液压系统中工作压力的形成原理

一、实验目的

容积式液压传动中，工作压力的大小取决于负载，即取决于油液运动的阻力。

本实验要求在各种不同负载工况时，观察液压缸内油液压力的变化情况，从而深入理解液压系统中工作压力和负载的关系；分析液压系统中的负载体现在哪些方面，进而理解液压系统中工作压力的形成机理。

二、实验内容和方案

1. 不同液阻变化对液压泵工作压力的影响

液阻是指在液压传动系统中对油液流动起阻碍作用的环节。通过调节液压系统中节流阀开口度的大小和直动式溢流阀调压弹簧的预紧力可实现对液阻的调节。

液压泵的工作压力是指其出口的泵油压力。

2. 液压缸的外加负载变化对液压缸工作压力的影响

实验应在摩擦阻力和液压阻力不变的情况下进行。

外加负载指直接加在活塞杆上的负载力。实验装置中采用两个液压缸对称布局，图1-28（b）中液压缸可直接作为图1-28（a）中液压缸的外负载，通过调节图1-28（b）中液压缸油口节流阀开口度的大小即可改变负载值。实验过程中同时仔细观察一下活塞开始和停止运动瞬间

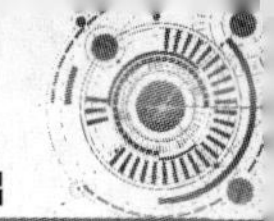

压力的变化。

三、实验设备

本实验在液压与气压传动实训室液压-气动双面实验台上进行，实验部分液压系统原理图如图 1-28 所示。

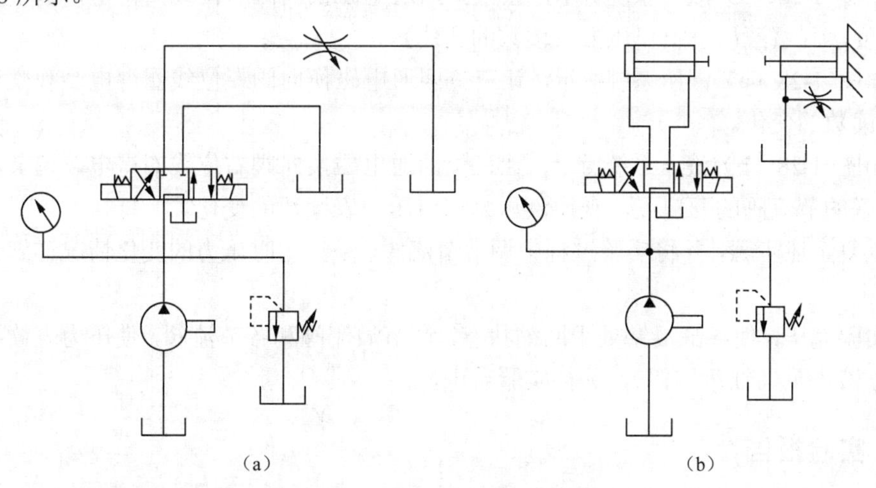

图 1-28　实验部分液压系统原理图

实验所用设备为 GCY 智能型液压-气动双面实验台，实验台液压元件一览表见表 1-3。

表 1-3　　实验台液压元件一览表

序号	元件名称	数量
1	液压泵（叶片泵）	1
2	溢流阀	1
3	三位四通电磁换向阀	1
4	节流阀	1
5	压力调节阀	1
6	压力表	1
7	单杆活塞缸	2

四、实验步骤

1. 实验前调试

① 实验液压油温建议在 10℃以上。若温度过低，可使系统工作一段时间后再测试。

② 启动液压泵前，先使节流阀阀口处于开口度最大的位置，溢流阀手柄放松，三位四通电磁换向阀线圈处于不得电状态，即中位工作；启动液压泵，切换三位四通电磁换向阀两个电磁线圈的得电状态，让液压泵出口的液压油经节流阀或者直接回油箱，以排除系统内的空气。

③ 如图 1-28（a）液压系统所示，将节流阀阀口关闭，让三位四通电磁换向阀右位线圈得电，慢慢调紧溢流阀手柄，看压力表读数的变化，当指针指示压力为 4MPa 的时候停止调

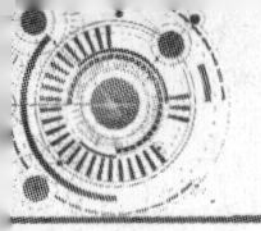

节溢流阀手柄并将节流阀开口度调至最大。如图 1-28（b）液压系统所示，让三位四通电磁换向阀左位线圈得电，当活塞杆回缩至行程终点时慢慢调紧溢流阀手柄，看压力表读数的变化，当指针指示压力为 4MPa 的时候停止调节溢流阀手柄。

2．液阻变化对液压泵工作压力的影响

① 如图 1-28（a）液压系统所示，让三位四通电磁换向阀右位线圈得电，调节节流阀阀口的开口度，观察液压泵出口压力表读数的变化。

② 如图 1-28（a）液压系统所示，让三位四通电磁换向阀左位线圈得电，观察液压泵出口压力表读数的变化。

③ 如图 1-28（b）液压系统所示，让三位四通电磁换向阀右位线圈得电，调节右侧所示液压缸并联的节流阀的开口度，观察液压泵出口压力表读数的变化。

④ 重复上述步骤，并将实验过程中调节节流阀、溢流阀时压力的变化情况详细记录在实训记录本上。

⑤ 实验完毕，使各缸活塞处于回缩状态，调节溢流阀和各节流阀，使压力表读数接近于“0”，关停液压泵（红色按钮），关掉实验台电源。

五、实验报告

实验报告应包含以下几方面的内容。

① 实验目的和主要内容。

② 实验设备和工具。

③ 参数记录与处理。

六、思考题

1．调节溢流阀和各节流阀时压力发生变化的本质是什么？

2．什么可以称之为液压系统的负载？举例说明其他形式的负载并解释压力取决于负载的机理。

3．液压系统中负载体现在哪些方面？

4．当外载等于零时，为何液压缸的工作压力不等于零？此时如何理解“压力取决于负载”这句话的意义？

5．某一液压缸活塞在运动，运动停止时的表压值不同（启动时较高，然后下降并稳定在某值，运动停止时表压值为溢流阀的调定压力）。如何用“压力取决于负载”的概念解释上述现象？

6．在实验时，多缸并联系统中负载不同，为何出现顺序动作？某一液压缸运动时，各缸的工作腔压力是否相等？为什么？

7．液压系统工作时泵的输出压力与执行缸工作腔的压力是否相同？为什么？

本章小结

本章主要介绍了液压传动的工作原理、液压传动系统的组成及特点、液压油的物理性质及选用、液体在管道中的流动状态和压力损失、液体流经孔口及缝隙的特性、液压冲击及空

穴现象等知识。

液压传动系统用液压油作为工作介质，由动力元件、执行元件、控制调节元件、辅助元件等组成。

液压传动系统的工作压力取决于负载，执行元件的运动速度取决于单位时间内进入它的液体的流量大小，液压系统的功率取决于液压系统的工作压力和流量。在液压传动系统中，可近似地认为液体是不可压缩的，液体的密度处处相等。

在液压传动系统中，压力对黏度的影响相对较小，一般不予考虑。在高压液压系统中，泄漏是矛盾的主要方面，液压油要选择黏度相对大一些的；在低压快速液压系统中，流动阻力损失是矛盾的主要方面，液压油的黏度要选小点。

绝对压力 = 相对压力+大气压力。若没有特别说明，液压传动中所说的液压力是指相对压力，即表压力。负的表压力称为“真空度”。

静力学基本方程的物理意义是静止液体中单位质量液体的压力能和位能可以互相转换，但各点的总能量保持不变，即能量守恒。

理想液体伯努利方程的物理意义是在密闭管道内做定常流动的理想液体，具有三种形式的能量，即压力能、位能和动能。在沿管道流动的过程中，三种形式的能量可以相互转换，但在任一截面处，其能量的总和为一常数。

液体流动的压力损失有两种，一种是由黏性摩擦引起的损失，这种压力损失称为沿程压力损失；另一种是液体流经局部障碍（如阀口、弯头等）时，使液流速度和方向发生改变引起的损失，称为局部压力损失。

产生液压冲击的本质原因是液流速度突变，产生气蚀现象的本质原因是系统局部压力过低。

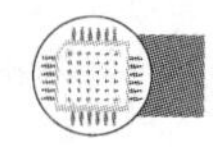

思考与练习

1-1　液压系统通常都由哪些部分组成？各部分的主要作用是什么？

1-2　选用液压油主要应考虑哪些因素？

1-3　液压系统中压力的含义是什么？压力的单位是什么？

1-4　液压系统中压力是怎样形成的？压力的大小取决于什么？

1-5　一个潜水员在海深 300m 处工作，若海水密度 ρ=1000kg/m^3，则潜水员身体受到的静压力等于多少？

1-6　图 1-29 所示液压千斤顶大活塞直径为 120mm，小活塞直径为 10mm，杠杆尺寸 a=25mm，b=30mm。如果要顶起质量 m=500kg 的重物，需要多大的力 F？

1-7　连续性方程的本质是什么？它的物理意义是什么？

1-8　写出理想液体的伯努利方程，并说明它的物理意义。

1-9　图 1-30 所示的连通器，中间有一活动隔板 T，已知活塞面积 $A_1 = 1\times10^{-3}\text{m}^2$，$A_2 = 5\times10^{-3}\text{m}^2$，$F_1$ = 100N，G = 1000N，活塞自重不计，问：

（1）当中间用隔板 T 隔断时，连通器两腔压力 p_1、p_2 各是多少？

（2）当把中间隔板抽去，使连通器连通时，两腔压力 p_1、p_2 各是多少？力 F_1 能否顶起重物 G？

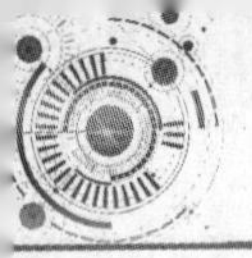

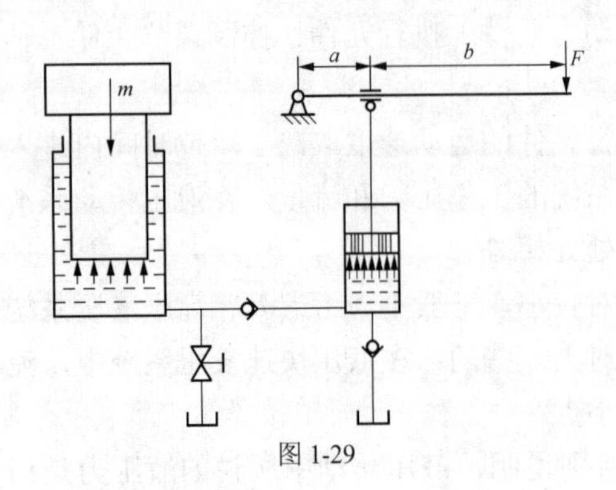

图 1-29

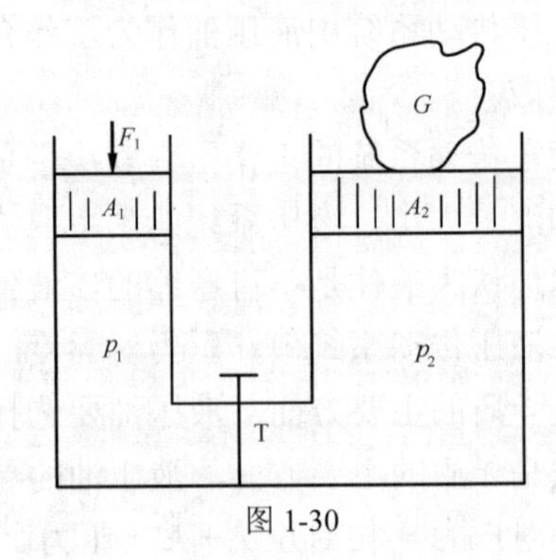

图 1-30

1-10　如图 1-31 所示，液压泵从油箱吸油。液压泵排量 $V = 72\text{cm}^3/\text{r}$，转速 $n = 1500\text{r/min}$，油液黏度 $\nu = 40\times10^{-4}\text{m}^2/\text{s}$，密度 $\rho = 900\text{kg/m}^3$。吸油管长度 $l = 6\text{m}$，吸油管直径 $d = 30\text{mm}$，在不计局部压力损失时，试求为保证泵吸油口真空度不超过 $0.4\times10^5\text{Pa}$，液压泵吸油口高于油箱液面的最大值 H，并回答此 H 是否与液压泵的转速有关。

1-11　如图 1-32 所示，一流量计在截面 1-1、2-2 处的通流截面面积分别为 A_1、A_2，测压管读数差为 Δh，求通过管路的流量 Q。

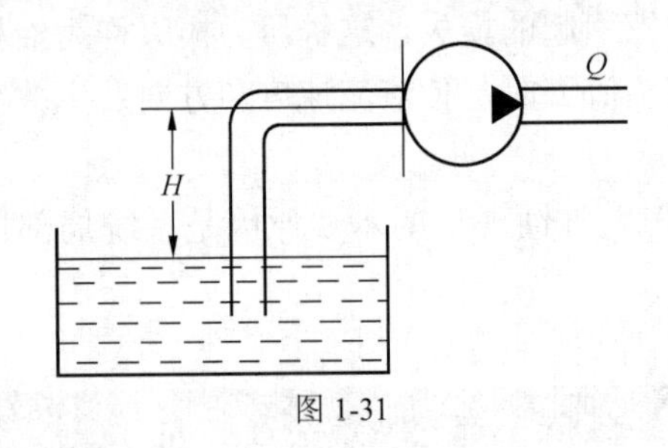

图 1-31

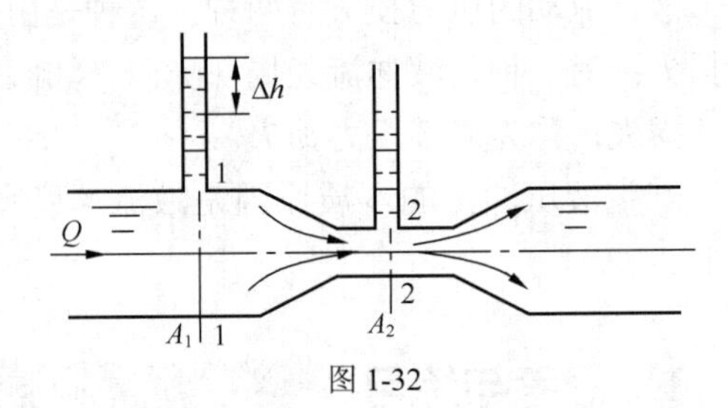

图 1-32

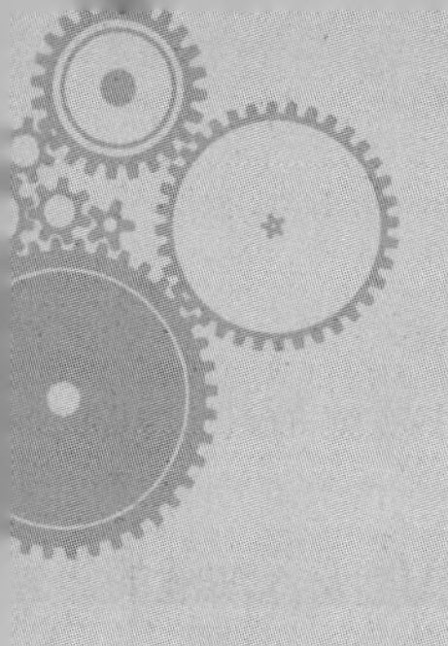

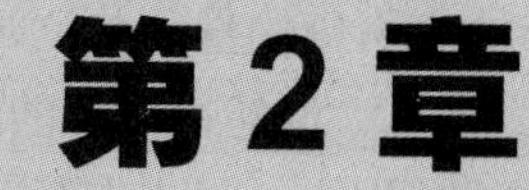

第 2 章 液压动力元件

液压动力元件是液压传动系统不可缺少的核心元件，其主要作用是向整个液压系统提供动力源。液压传动系统以液压泵作为向系统提供一定流量和压力的液压油的动力元件，液压泵将原动机输出的机械能转换为工作液体的压力能，是一种能量转换装置。

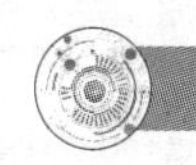

2.1 液压泵的工作原理

2.1.1 容积式液压泵的工作原理

1. 单柱塞液压泵的工作原理

液压泵是一种能量转换装置，把电动机的旋转机械能转换为液压能输出。液压泵都是依靠密封容积变化的原理来进行工作的，故一般称为容积式液压泵。图 2-1 所示为一单柱塞液压泵的工作原理图。图中柱塞 2 装在缸体 3 中形成一个密封油腔（容积为 *a*），柱塞在弹簧 4 的作用下始终压紧在偏心轮 1 上。原动机驱动偏心轮 1 旋转使柱塞 2 做往复运动，使密封油腔 *a* 的大小发生周期性的交替变化。当油腔 *a* 由小变大时就形成真空，油箱中的油液在大气压作用下，经吸油管顶开单向阀 6 被压入油腔 *a* 而实现吸油；反之，当油腔 *a* 由大变小时，油腔 *a* 的油液压力升高并顶开单向阀 5 流入系统而实现压油。这样液压泵就将原动机输入的机械能转换成液体的压力能，原动机驱动偏心轮不断旋转，液压泵就不断地吸油和压油。

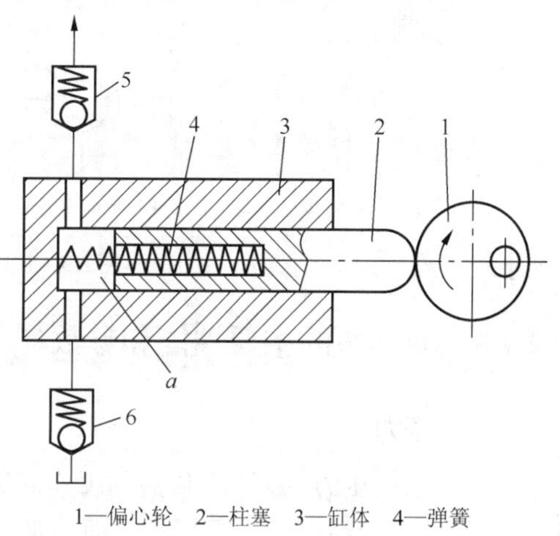

1—偏心轮　2—柱塞　3—缸体　4—弹簧
5、6—单向阀

图 2-1　单柱塞液压泵的工作原理图

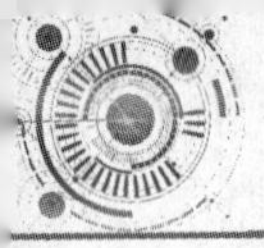

2. 容积式液压泵的特点

① 容积式液压泵具有若干个密封且又可以周期性变化的容腔。泵的输出流量与此空间的容积变化量及单位时间内的变化次数成正比，与其他因素无关。

② 油箱内液体的绝对压力必须恒等于或大于大气压力。这是容积式液压泵能吸入油液的外部条件。因此为保证液压泵能正常吸油，油箱必须与大气相通或采用密闭的充压油箱。

③ 容积式液压泵具有相应的配流机构。将吸油腔和压油腔隔开，保证液压泵有规律地连续吸排液体。例如，在图 2-1 中，吸油时，阀 5 关闭，阀 6 开启；压油时，阀 5 开启，阀 6 关闭。

2.1.2 常用容积式液压泵

常用的容积式液压泵类型按排量是否可调可分为定量泵和变量泵，按结构分类如图 2-2 所示。

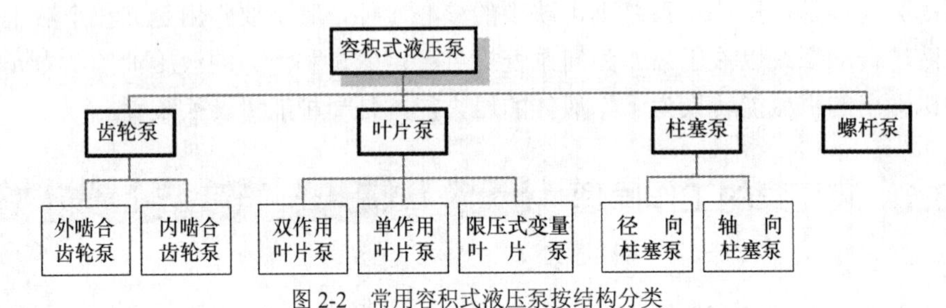

图 2-2 常用容积式液压泵按结构分类

常用容积式液压泵的图形符号如图 2-3 所示。

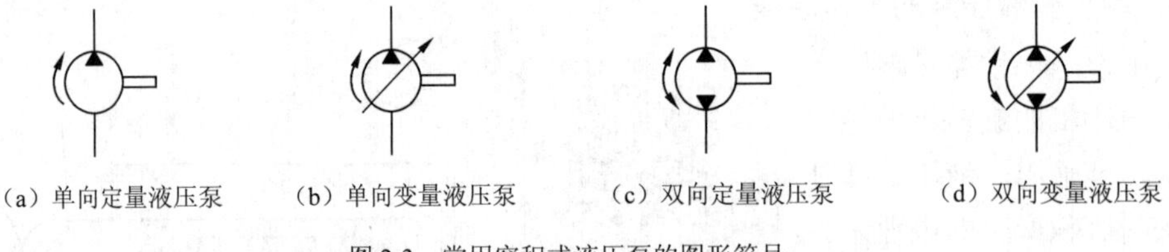

图 2-3 常用容积式液压泵的图形符号

2.1.3 液压泵的主要性能和参数

1. 压力

① 工作压力 p：液压泵实际工作时的输出压力称为工作压力。工作压力取决于外负载的大小和排油管路上的压力损失，而与液压泵的流量无关。

② 额定压力 p_n：液压泵在正常工作条件下，按试验标准规定连续运转的最高压力值称为液压泵的额定压力。

③ 最高允许压力 p_m：在超过额定压力的条件下，根据试验标准规定，允许液压泵短暂运行的最高压力值称为液压泵的最高允许压力。

2. 排量和流量

① 排量 V：在无泄漏的条件下，液压泵每转一周，所排出液体的体积称为液压泵的排

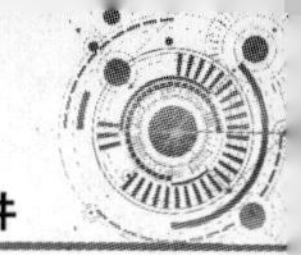

量。常用单位为 mL/r。排量可以调节的液压泵称为变量泵，排量不可以调节的液压泵则称为定量泵。

② 理论流量 Q_t：理论流量是指在不考虑液压泵泄漏的条件下，在单位时间内所排出的液体体积。

液压泵的理论流量 Q_t 为

$$Q_t = Vn \tag{2-1}$$

式中，V 为液压泵的排量，n 为原动机转速（r/s）。

③ 实际流量 Q：液压泵在某一具体工况下，单位时间内所排出的液体体积称为实际流量，它等于理论流量 Q_t 减去泄漏和压缩损失后的流量 ΔQ，即

$$Q = Q_t - \Delta Q \tag{2-2}$$

④ 额定流量 Q_n：在正常工作条件下，按试验标准规定（如在额定压力和额定转速下）必须保证的流量。

3. 效率和功率

液压泵的效率有容积效率和机械效率两部分。

① 容积效率 η_V。液压泵因泄漏而产生的损失，使液压泵的实际输出流量总是小于其理论流量。液压泵的实际输出流量 Q 与其理论流量 Q_t 之比即为其容积效率，即

$$\eta_V = \frac{Q}{Q_t} \tag{2-3}$$

液压泵的实际输出流量 Q 为

$$Q = Q_t \eta_V = Vn\eta_V \tag{2-4}$$

② 机械效率 η_m 表示液压泵因机械摩擦而在转矩上的损失。它等于液压泵的理论转矩 T_t 与实际输入转矩 T 之比，即

$$\eta_m = \frac{T_t}{T} \tag{2-5}$$

③ 输入功率 P_i 指作用在液压泵主轴上的机械功率，当输入转矩为 T_i、角速度为 ω 时，则有

$$P_i = T_i \omega \tag{2-6}$$

④ 输出功率 P 指液压泵在工作过程中的实际吸、压油口间的压差 Δp 和输出流量 Q 的乘积，即

$$P = \Delta p Q \tag{2-7}$$

⑤ 液压泵的总效率 η 是实际输出功率与其输入功率的比值，即

$$\eta = \frac{P}{P_i} = \frac{\Delta p Q}{T_i \omega} = \eta_m \eta_V \tag{2-8}$$

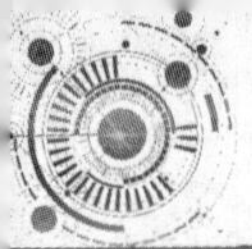

2.1.4 液压泵与原动机功率的匹配

1. 液压泵的选用

液压泵的选择，通常是先根据对液压泵的性能要求来选定其形式，再根据液压泵所应保证的压力和流量来确定它的具体规格。

液压泵的工作压力是根据执行元件的最大工作压力来决定的，考虑到各种压力损失，泵的最大工作压力$p_{泵}$可按下式确定：

$$p_{泵} \geqslant k_{压} \cdot p_{缸} \tag{2-9}$$

式中，$p_{泵}$为液压泵所需要提供的最大工作压力（Pa）；$k_{压}$为系统中压力损失系数，取1.3～1.5；$p_{缸}$为液压缸的最大工作压力（Pa）。

液压泵的输出流量取决于系统所需最大流量及泄漏量，即

$$Q_{泵} \geqslant k_{流} \cdot Q_{缸} \tag{2-10}$$

式中，$Q_{泵}$为液压泵所需输出的最大流量（L/min）；$k_{流}$为系统的泄漏系数，取1.1～1.3；$Q_{缸}$为液压缸所需的最大流量（L/min）。

若为多液压缸同时动作，$Q_{缸}$应为同时动作的几个液压缸所需的最大流量之和。

在$p_{泵}$、$Q_{泵}$求出以后，就可具体选择液压泵的规格。选择时应使实际选用泵的额定压力大于所求出的$p_{泵}$值，通常可放大25%。泵的额定流量略大于或等于所求出的$Q_{缸}$值即可。

2. 电动机参数的选择

驱动液压泵所需的电动机功率可按下式确定：

$$P_M = \frac{p_{泵} \cdot Q_{泵}}{600\eta} \tag{2-11}$$

式中，P_M为电动机所需的功率（kW）；$p_{泵}$为泵所需提供的最大工作压力（10^5Pa）；$Q_{泵}$为泵所需输出的最大流量（L/min）；η为泵的总效率。

各种泵的总效率大致为：齿轮泵0.6～0.7，叶片泵0.6～0.75，柱塞泵0.8～0.85。

【例2-1】 已知某液压系统如图2-4所示。工作时，活塞上所受的外负载为$F = 9720$N，活塞有效工作面积$A = 0.008\text{m}^2$，活塞运动速度$v = 0.04$m/s。应选择额定压力和额定流量为多少的液压泵？驱动它的电动机功率应为多少？

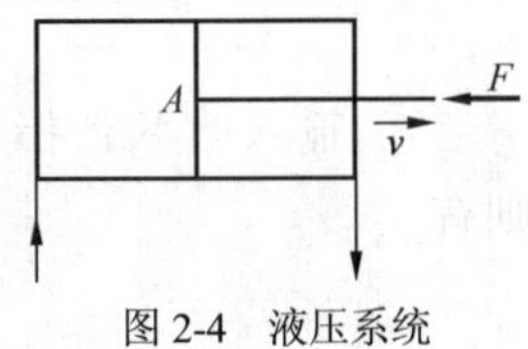

图2-4 液压系统

解： 首先确定液压缸中最大工作压力$p_{缸}$为

$$p_{缸} = \frac{F}{A} = 12.15\times10^5\text{（Pa）} = 1.215\text{（MPa）}$$

选择$k_{压} = 1.3$，计算液压泵所需提供的最大工作压力为

$$p_{泵} = 1.3 \times 1.215 \approx 1.58\text{（MPa）}$$

再根据运动速度计算液压缸所需的最大流量为

$$Q_{缸} = vA = 0.04 \times 0.008 = 3.2 \times 10^{-4}\text{（m}^3\text{/s）}$$

选取$k_{流} = 1.1$，计算泵所需提供的最大流量为

$$Q_{泵} = 1.1 \times 3.2 \times 10^{-4} = 3.52 \times 10^{-4}\text{（m}^3\text{/s）} = 21.12\text{（L/min）}$$

查液压泵的样本资料，选择 CB-B25 型齿轮泵。该泵的额定流量为 25L/min，略大于 $Q_泵$；该泵的额定压力约为 2.5MPa，大于泵所需要提供的最大工作压力。

选取泵的总效率 $\eta = 0.7$，驱动泵的电动机功率为

$$P_M = \frac{p_泵 \cdot Q_泵}{600\eta} = \frac{15.8\times25}{600\times0.7} \approx 0.94\text{（kW）}$$

由上式可见，在计算电动机功率时用的是泵的额定流量，而没有用计算出来的泵的流量，这是因为所选择的齿轮泵是定量泵，定量泵的流量是不能调节的。

【例 2-2】 在图 2-4 所示的液压系统中，已知负载 $F = 30000$N，活塞有效面积 $A = 0.01\text{m}^2$，空载时的快速前进速度为 0.05m/s，负载工作时的前进速度为 0.025m/s，选取 $k_压 = 1.5$，$k_流 = 1.3$，$\eta = 0.75$。试从下列已知泵中选择一台合适的泵，并计算其相应的电动机功率。

已知泵如下：

YB-32 型叶片泵，$Q_额 = 32$L/min，$p_额 = 6.3$MPa；

YB-40 型叶片泵，$Q_额 = 40$L/min，$p_额 = 6.3$MPa；

YB-50 型叶片泵，$Q_额 = 50$L/min，$p_额 = 6.3$MPa。

解：

$$p_缸 = \frac{F}{A} = \frac{30000}{0.01} = 30\times\text{（Pa）}$$

$$p_泵 = k_压 \cdot p_缸 = 1.5\times30\times10^5 = 45\times10^5\text{（Pa）}$$

因为快速前进的速度快，所需流量也大，所以泵必须保证流量能满足快进的要求，此时流量按快进计算，即

$$Q_缸 = v_{快进} \cdot A = 0.05\times0.01 = 5\times10^{-4}\text{（m}^3\text{/s）}$$

$$Q_泵 = k_流 \cdot Q_缸 = 1.3\times5\times10^{-4} = 6.5\times10^{-4}\text{（m}^3\text{/s）} = 39\text{（L/min）}$$

在 $p_泵$、$Q_泵$求出后，就可从已知泵中选择一台。

因为求出的 $p_泵 = 45\times10^5$Pa（约 45kgf/cm^2），而求出的 $Q_泵 = 39$L/min，所以应选择 YB-40 型叶片泵。

电动机功率为

$$P_M = \frac{p_泵 \cdot Q_泵}{600\eta} = \frac{45\times40}{600\times0.75} = 4\text{(kW)}$$

若 YB-40 型叶片泵的转速为 960r/min，则可根据计算出来的电动机功率 4kW 和转速 960r/min，从样本中选择合适的电动机。

例 2-2 要求选用一个泵，既要满足空载快速行程要求（此时压力较低，流量较大），又要满足负载工作行程要求（此时压力较高，流量相对较小），所以在计算时压力和流量均须取大值。

2.2 齿轮泵

齿轮泵是液压系统中广泛采用的一种液压泵，一般做成定量泵，可分为外啮合齿轮泵和内啮合齿轮泵，其中以外啮合齿轮泵应用最广。图 2-5 所示为 CB-B 型外啮合齿轮泵的外形，

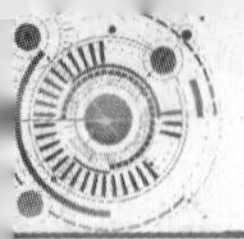

该齿轮泵采用三片式结构，其内部结构如图 2-6 所示。

图 2-5　CB-B 型外啮合齿轮泵的外形

图 2-6　CB-B 型外啮合齿轮泵内部结构

2.2.1　外啮合齿轮泵

1．外啮合齿轮泵的工作原理

图 2-7 所示为外啮合齿轮泵的工作原理图，它由装在壳体内的一对齿轮组成，齿轮两侧有端盖（图中未示出），壳体、端盖和齿轮的各个齿间槽组成了许多密封工作腔。

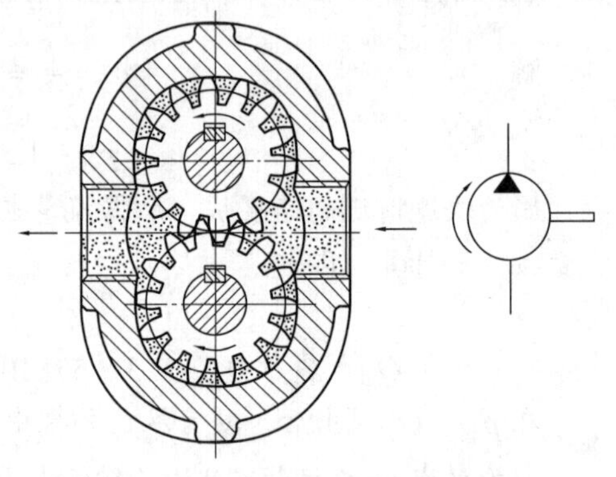

图 2-7　外啮合齿轮泵的工作原理图

当齿轮按图示箭头方向旋转时，由于相互啮合的轮齿逐渐退出啮合，右侧吸油腔的密封工作容积逐渐增大，形成部分真空，因此油箱中的油液在外界大气压力的作用下，经吸油管进入吸油腔，将齿间槽充满，并随着齿轮旋转，把油液带到左侧压油腔内。在压油腔一侧，由于轮齿在这里逐渐进入啮合，密封工作腔容积不断减小，油液便被挤出去，从压油腔输送到压力管路中。在外啮合齿轮泵的工作过程中，只要两齿轮的旋转方向不变，其吸、压油腔的位置也就确定不变。这里啮合点处的齿面接触线一直分隔高、低压两腔，起着配油作用，因此在齿轮泵中不需要设置专门的配流机构，这是和其他类型容积式液压泵的不同之处。

2．外啮合齿轮泵结构上存在的主要问题及解决办法

（1）困油

齿轮泵要平稳工作，齿轮啮合的重合度必须大于 1，也就是要求在一对齿轮即将退出啮合前，后面的一对齿轮就要进入啮合。就在两对轮齿同时啮合的这一小段时间内，留在齿间的油液困在两对轮齿和前后泵盖所形成的一个密闭空间中，如图 2-8（a）所示。

当齿轮继续旋转时，这个空间的容积就逐渐减小，直到两个啮合点 A、B 处于节点两侧的对称位置时，如图 2-8（b）所示，封闭容积减至最小。由于油液的可压缩性很小，当封闭空间的容积减小时，被困的油受挤压，压力急剧上升，油液从零件接合面的缝隙中强行挤出，使齿轮和轴承受很大的径向力；当齿轮继续旋转，这个封闭容积又逐渐增大到最大时，如图 2-8（c）所示，容积增大又会造成局部真空，使油液中溶解的气体分离，产生空穴现象。这些都将使齿轮泵产生强烈的噪声，这就是困油现象。

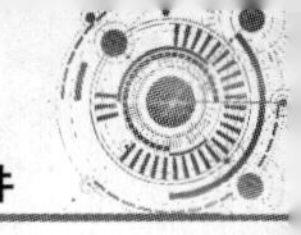

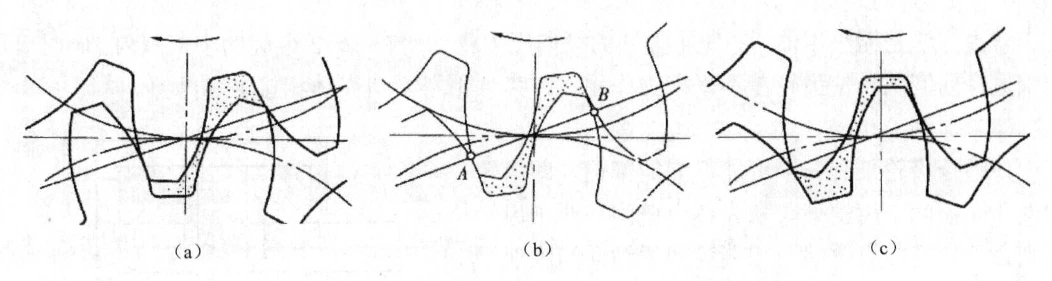

图 2-8　齿轮泵的困油现象

解决方法是在齿轮泵的两侧端盖上开卸荷槽，如图 2-9 中虚线所示。在端盖上开卸荷槽的原则是当封闭容积由大变小时，它要与压油腔相通；当封闭容积由小变大时，它要与吸油腔相通；两槽间距应保证吸、压油腔始终隔开。

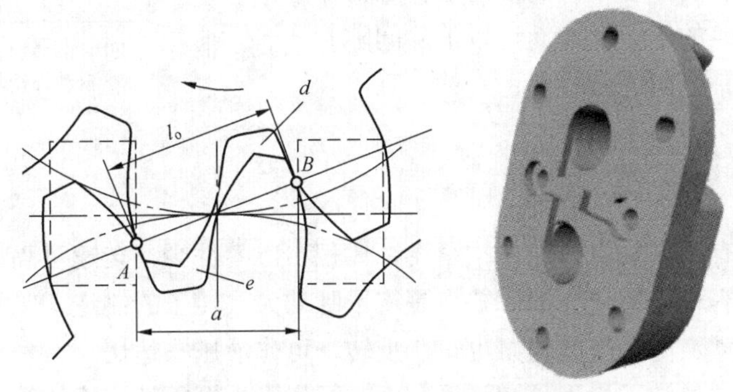

图 2-9　齿轮泵两侧端盖上开设的卸荷槽

（2）径向不平衡力

在齿轮泵中，作用在齿轮外圆上的压力是不相等的，在压油腔和吸油腔处，齿轮外圆和齿廓表面承受着工作压力和油液压力，在齿轮和壳体内壁的径向间隙中，可以认为压力由压油腔压力逐渐分级下降至吸油腔压力，如图 2-10 所示。这些液体压力综合作用的结果，相当于给齿轮一个径向的作用力（即不平衡力），使齿轮和轴承受载，这就是径向不平衡力。工作压力越大，径向不平衡力也越大，甚至可以使齿轮轴发生弯曲，使齿顶和壳体发生接触，同时加速轴承的磨损，降低轴承的寿命。

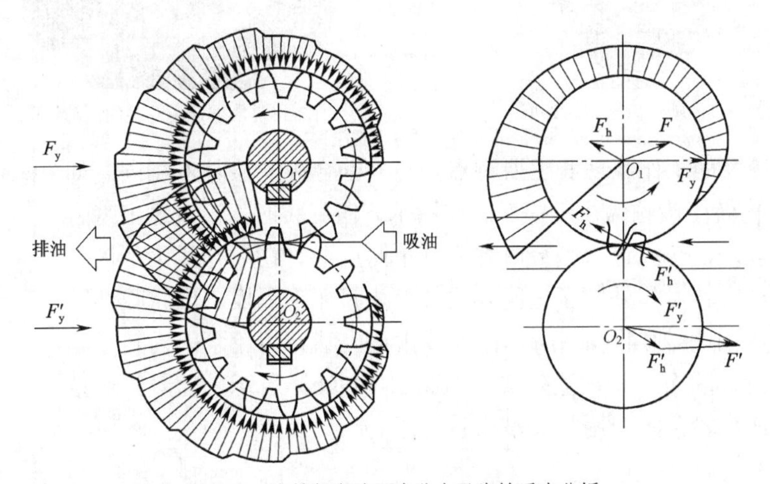

图 2-10　齿轮径向液压力分布及齿轮受力分析

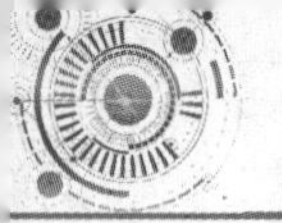

解决方法是缩小压油口，使压力油的径向压力仅作用在1～2个齿的小范围内。同时可适当增大径向间隙，使齿轮在不平衡力作用下，齿顶不至于与壳体相接触和摩擦。

（3）泄漏

外啮合齿轮泵有三个可能泄漏的部位，即齿轮端面和端盖间、齿轮外圆和壳体内壁间、两个齿轮的啮合处。其中齿轮端面和端盖间的轴向间隙泄漏占总泄漏量的75%～80%。

解决方法是减少端面的泄漏。一般采用齿轮端面间隙自动补偿的办法，图2-11所示为采用浮动轴套进行齿轮端面间隙自动补偿的原理。将泵的出口压力油引入齿轮轴上的浮动轴外侧，在液体压力作用下，轴套紧贴齿轮的侧面，因而可以消除间隙并可补偿齿轮侧面和轴套间的磨损量。

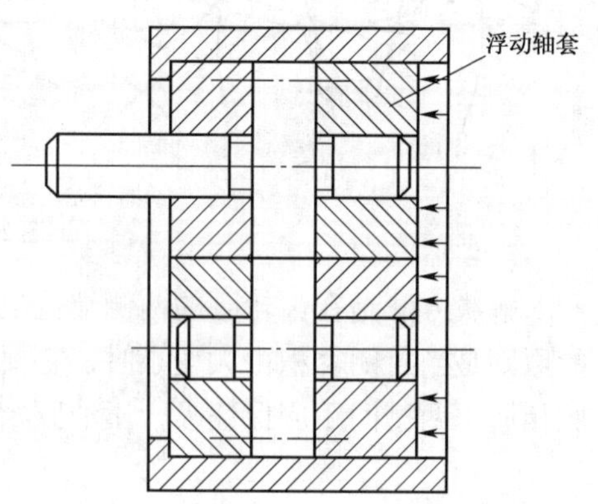

图2-11　采用浮动轴套进行齿轮端面间隙自动补偿的原理

2.2.2　内啮合齿轮泵

内啮合齿轮泵有许多优点，如结构紧凑，体积小，零件少，转速可高达10000r/min，运转平稳，噪声低，容积效率较高等。缺点是流量脉动大，转子的制造工艺复杂等，目前已采用粉末冶金压制成型。内啮合齿轮泵可正、反转，可作液压马达用。

内啮合齿轮泵的外转子齿形是圆弧形，内转子齿形为短幅外摆线的等距线，故又称为内啮合摆线齿轮泵，也叫转子泵。目前常用的内啮合齿轮泵，按其齿形曲线分为渐开线齿轮泵和摆线齿轮泵两种。图2-12所示为内啮合齿轮泵的外形，图2-13所示为其内部结构。

图2-12　内啮合齿轮泵的外形

图2-13　内啮合齿轮泵的内部结构

内啮合齿轮泵的工作原理和主要特点，与外啮合齿轮泵基本相同。如图2-14所示，内转子齿轮为主动齿轮，按图示方向旋转时，轮齿退出啮合时容积增大而吸油，轮齿进入啮合时容积减小而压油。在渐开线齿形内啮合齿轮泵腔中，内转子和外转子之间要安装一块月牙形隔板，以将吸油腔和压油腔隔开，如图2-14（a）所示。摆线齿形内啮合齿轮泵的内转子和外转子相差一齿，因而不需设置隔板，如图2-14（b）所示，随着工业技术的发展，摆线齿轮泵的应用将会越来越广泛。

内啮合齿轮泵的工作原理

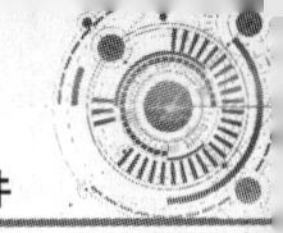

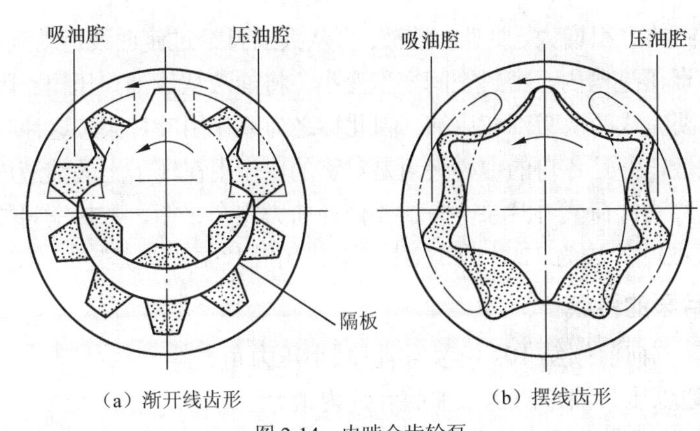

（a）渐开线齿形　　（b）摆线齿形

图 2-14　内啮合齿轮泵

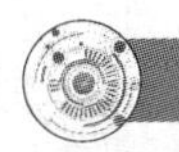

2.3　叶片泵

叶片泵的结构较齿轮泵复杂。因其工作压力较高，且流量脉动小，工作平稳，噪声较小，寿命较长，所以被广泛应用于专业机床、自动线等中低压液压系统中。叶片泵分单作用叶片泵和双作用叶片泵。

2.3.1　双作用叶片泵

1．结构和原理

双作用叶片泵的工作原理如图 2-15 所示，其外形如图 2-16 所示。它是由定子 1、转子 2、叶片 3 和配油盘（图中未画出）等组成的。转子和定子中心重合，定子内表面近似为椭圆柱形，该近似椭圆形由 2 段长半径的大圆弧、2 段短半径的小圆弧和 4 段过渡曲线组成。

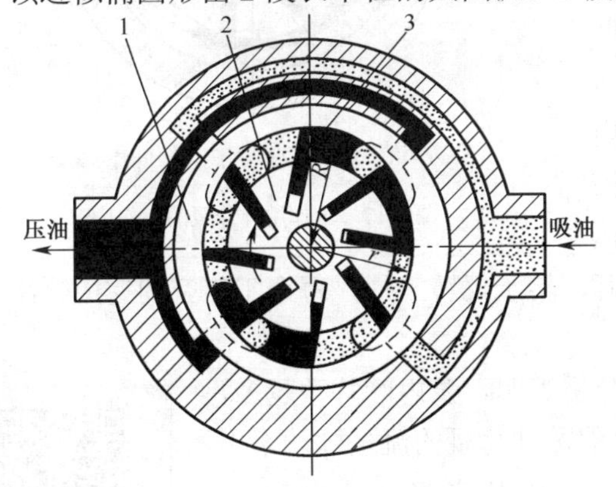

1—定子　2—转子　3—叶片

图 2-15　双作用叶片泵的工作原理

图 2-16　双作用叶片泵的外形

当转子转动时，叶片在离心力和槽底部压力油的作用下，在转子槽内向外移动而压向定子内表面，在叶片、定子的内表面、转子的外表面和两侧配油盘间就形成若干个密封空间。当转子按图 2-15 中箭头所示方向顺时针旋转时，处在小圆弧上的密封空间经过渡曲线而运动到大圆弧的过程中，

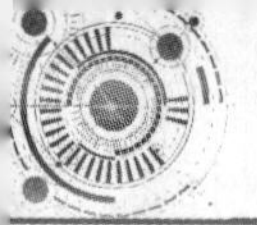

叶片外伸，密封空间的容积增大，要吸入油液；再从大圆弧经过渡曲线运动到小圆弧的过程中，叶片被定子内壁逐渐压进槽内，密封空间容积变小，将油液从压油口压出。因而，转子每转一周，每个工作空间要完成两次吸油和压油，因此称之为双作用叶片泵。这种叶片泵由于有两个吸油腔和两个压油腔，并且各自的中心夹角是对称的，作用在转子上的油液压力相互平衡，因此双作用叶片泵又称为卸荷式叶片泵。为了要使径向力完全平衡，密封空间数（即叶片数）应当保持偶数，一般取叶片数为12片或16片。双作用叶片泵大多是定量泵。

2. 双作用叶片泵的特点

① 叶片沿旋转方向前倾斜10°～14°，以减小压力角。

② 叶片底部通以压力油，防止压油腔叶片内滑。

③ 转子上的径向负荷平衡。

④ 防止压力跳变，配油盘上开有三角槽（眉毛槽），同时避免困油。

⑤ 双作用泵不能改变排量，只作定量泵用。

2.3.2 单作用叶片泵

1. 结构和原理

单作用叶片泵的工作原理如图2-17所示。单作用叶片泵的定子具有圆柱形内表面，定子和转子间有偏心距 e，叶片装在转子槽中，并可在槽内滑动。当转子回转时，由于离心力的作用，叶片紧靠在定子内壁。这样在定子、转子、叶片和两侧配油盘间就形成若干个密封的工作区间。当转子按图2-17中箭头所示的方向回转时，在图2-17的右部，叶片逐渐伸出，叶片间的工作空间逐渐增大，从吸油口吸油，这就是吸油腔。在图2-17的左部，叶片被定子内壁逐渐压进槽内，工作空间逐渐减小，将油液从压油口压出，这就是压油腔。在吸油腔和压油腔间有一段封油区，把吸油腔和压油腔隔开，转子每转一周，每个工作空间完成一次吸油和压油，故称单作用叶片泵。

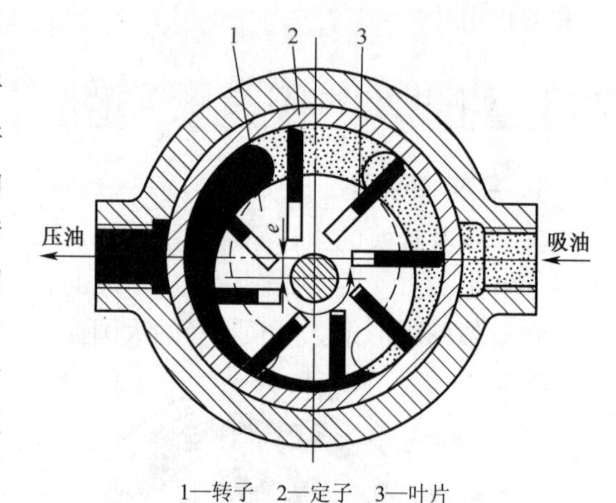

1—转子　2—定子　3—叶片

图2-17　单作用叶片泵的工作原理

单作用叶片泵的流量是有脉动的，理论分析表明，泵内叶片数越多，流量脉动率越小；奇数叶片泵的流量脉动率比偶数叶片泵的流量脉动率小。所以，单作用叶片泵的叶片数均为奇数，一般为13片或15片。

单作用叶片泵

2. 单作用叶片泵的特点

① 叶片后倾。

② 转子上受不平衡径向力，压力增大，不平衡力增大，不宜用于高压液压系统。

③ 单作用叶片泵均为变量泵结构。

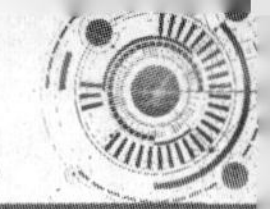

2.3.3　限压式变量叶片泵

1. 结构和原理

限压式变量叶片泵是单作用叶片泵。根据前面介绍的单作用叶片泵的工作原理，改变定子和转子间的偏心距 e，就能改变泵的排量。限压式变量叶片泵能根据泵油压力大小自动改变偏心距 e 的大小，从而改变输出流量。当压力低于某一可调节的限定压力时，泵的输出流量最大；当压力高于限定压力时，随着压力的增加，泵的输出流量线性地减少。其工作原理如图 2-18 所示，其外形如图 2-19 所示。

图 2-18 中，1 为转子，在转子槽中装有叶片，2 为定子，3 为配油盘上的吸油窗口，其余元件名称参见图注。泵的出口经通道 7 与柱塞缸 6 相通。在泵未运转时，定子在调压弹簧 9 的作用下，紧靠柱塞 4，并使柱塞 4 靠在流量调节螺钉 5 上。这时，定子和转子有一偏心距 e_0。调节流量调节螺钉 5 的位置，便可改变 e_0。当泵的出口压力 p 较低时，则作用在柱塞 4 上的液压力也较小。若此液压力小于上端的调压弹簧作用力，当柱塞的面积为 A，调压弹簧的刚度为 k_s，预压缩量为 x_0 时，有

$$pA < k_s x_0$$

限压式变量叶片泵的工作原理

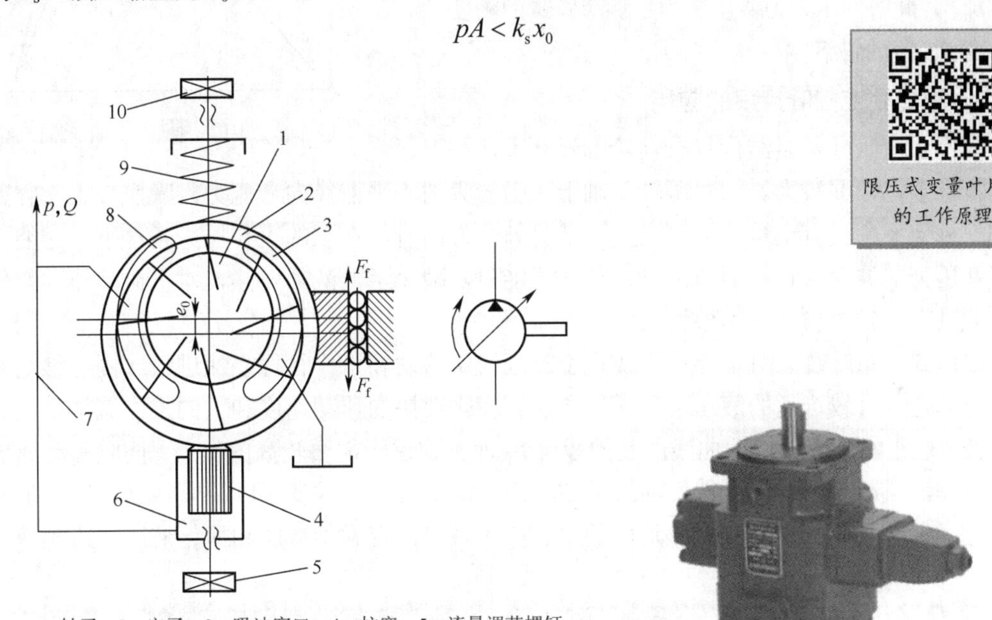

1—转子　2—定子　3—吸油窗口　4—柱塞　5—流量调节螺钉
6—柱塞缸　7—通道　8—压油窗口　9—调压弹簧　10—调压螺钉

图 2-18　限压式变量叶片泵的工作原理

图 2-19　YBX 型外反馈限压式变量叶片泵外形

此时，定子相对于转子的偏心距最大，排量最大，在转速一定的时候输出流量达到最大。随着外负载的增大，液压泵的出口压力 p 也将随之提高，当压力升至与弹簧力相平衡的控制压力 p_B 时，有

$$p_B A = k_s x_0$$

当压力进一步升高，就有 $pA > k_s x_0$，这时若不考虑定子移动时的摩擦力，液压作用力就要克服弹簧力推动定子向上移动，随之泵的偏心距减小，排量减小，在转速不变的时候，泵的输出流量也随之减小。p_B 称为泵的限定压力，即泵处于最大流量时所能达到的最高限定压

力，调节调压螺钉 10，可改变弹簧的预压缩量 x_0，即可改变 p_B 的大小。

设定子的最大偏心距为 e_0，偏心距减小时，弹簧的附加压缩量为 x，则定子移动后的偏心量 e 为

$$e = e_0 - x$$

定子的受力平衡方程式为

$$pA = k_s(x_0 + x)$$

可以看出，泵的工作压力越高，偏心距越小，泵的输出流量也越小。

2. 特性曲线

图 2-20 所示为限压式变量叶片泵的特性曲线。

AB 段：工作压力 $p<p_B$，输出流量 Q_A 不变，但供油压力增大，泄漏流量ΔQ 也增加，故实际流量 Q_p 减少。

BC 段：工作压力 $p>p_B$，弹簧压缩量增大，偏心距减小，泵的输出流量减少。当定子的偏心距 $e=0$ 时，则 $p_C=p_{max}$，此时的压力为截止压力。调节弹簧的刚度 k_s，可改变 BC 段的斜率。

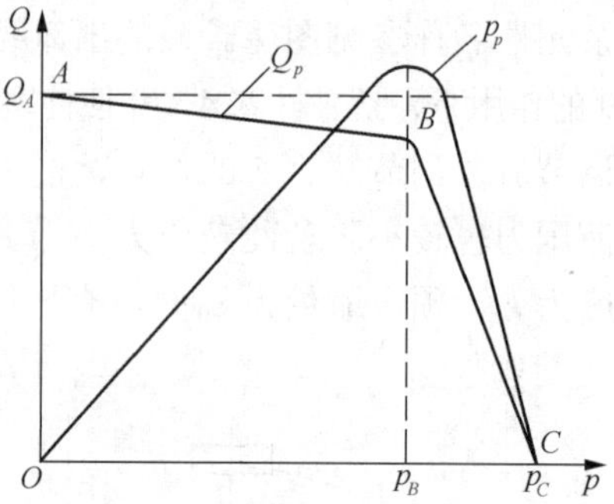

图 2-20　限压式变量叶片泵的特性曲线

3. 限压式变量叶片泵的应用

限压式变量叶片泵结构复杂，轮廓尺寸大，相对运动的机件多，泄漏较大。同时，转子轴上承受较大的不平衡径向液压力，噪声较大，容积效率和机械效率都没有定量叶片泵高。而从另外一方面看，在泵的工作压力条件下，它能按外负载和压力的波动来自动调节流量，节省了能量，减少了油液的发热，对机械动作和变化的外负载具有一定的自适应调整性。

限压式变量叶片泵对于那些要实现空行程快速移动和工作行程慢速进给（慢速移动）的液压驱动是一种较合适的液压泵。一般快速行程需要快的移动速度和大的工作流量，负载压力较低，这正好对应了特性曲线的起始段 AB；而工作进给需要较高的压力，同时移动速度较慢，所需流量减少，对应了特性曲线的 BC 段。因此，限压式变量叶片泵特别适用于那些要求执行元件有快速、慢速和保压阶段的中、低压系统，有利于节能和简化液压回路。

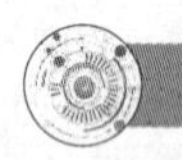

2.4　柱塞泵

柱塞泵是通过柱塞在缸体中做往复运动形成密封容积的变化来实现吸油与压油的一种液压泵。与齿轮泵和叶片泵相比，柱塞泵有许多优点：第一，构成密封容积的零件为圆柱形的柱塞和缸孔，加工方便，可得到较高的配合精度，密封性能好，泵的内泄漏很小，在高压条件下工作具有较高的容积效率，所允许的工作压力高；第二，只需改变柱塞的工作行程就能改变流量，易于实现变量；第三，柱塞泵中的主要零件均受压应力作用，材料强度性能可得到充分利用。

由于柱塞泵的结构紧凑，工作压力高，效率高，流量调节方便，故在需要高压、大流量、大功率的液压系统中和流量需要调节的场合，如在龙门刨床、拉床、液压机、工程机械、矿山冶金机械、船舶等设备中，得到广泛应用。

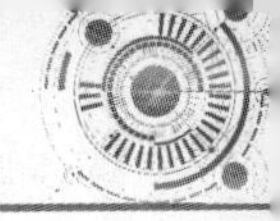

柱塞泵按柱塞相对于驱动轴位置的排列方向不同，可分为轴向柱塞泵和径向柱塞泵两种。轴向柱塞泵又分为直轴式（斜盘式）和斜轴式两种，其中直轴式应用较广。

2.4.1 径向柱塞泵

径向柱塞泵是将柱塞径向排列在缸体内，缸体由原动机带动连同柱塞一起转动，周期性改变密闭容积的大小，达到吸、压油的目的。

径向柱塞泵的工作原理如图 2-21 所示，其外形如图 2-22 所示。柱塞 1 径向排列装在缸体 2 中，缸体由原动机带动连同柱塞 1 一起旋转，柱塞 1 在离心力或压力油的作用下抵紧定子 4 的内壁。当缸体按图 2-21 中箭头所示方向回转时，由于缸体和定子之间有偏心距 e，因此柱塞绕经上半周时要向外伸出，柱塞底部的容积则逐渐增大，形成真空，经过衬套 3（衬套 3 压紧在缸体内，并和缸体一起回转）上的油孔从配油轴 5 的吸油孔吸油；当柱塞转到下半周时，定子内壁将柱塞向里推，柱塞底部的容积逐渐减小，向配油轴的压油孔压油，当缸体回转一周时，每个柱塞底部的密封容积完成一次吸油和压油，缸体连续运转，即完成吸、压油工作。

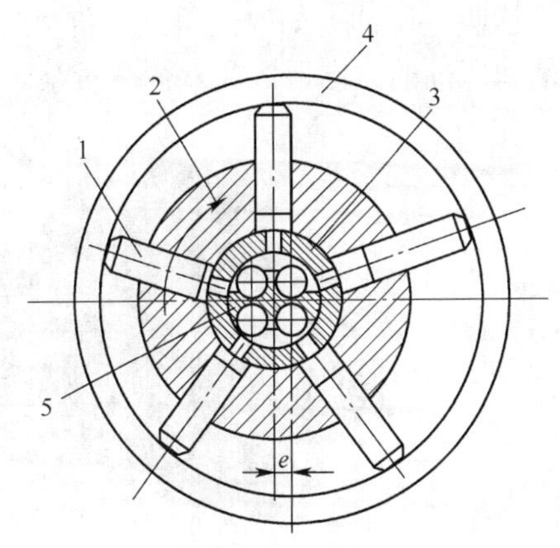

1—柱塞　2—缸体　3—衬套　4—定子　5—配油轴

图 2-21　径向柱塞泵的工作原理

图 2-22　径向柱塞泵的外形

径向柱塞泵的配油轴 5 是固定不动的，图 2-23 所示为配油轴的结构。油液从配油轴上半部的两个进油孔 a_1 和 a_2 流入，从下半部两个压油孔 b_1 和 b_2 压出。为了实现配油，配油轴在与衬套 3 接触的部位开有上下两个缺口，从而形成吸油口和压油口，而其余的部分则形成封油区。

径向柱塞泵的输出流量受偏心距 e 大小的控制。若偏心距 e 做成可调的（一般可使定子做水平移动以调节偏心距 e），径向柱塞泵就成为变量泵；偏心的方向改变，进油口和压油口也随之变换，就形成了双向变量泵。

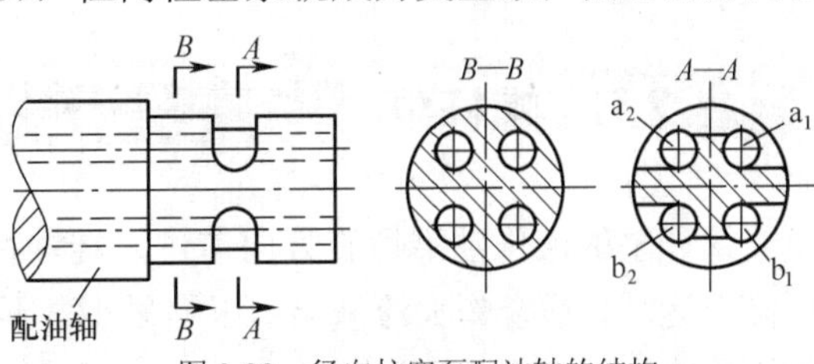

图 2-23　径向柱塞泵配油轴的结构

径向柱塞泵的柱塞是沿转子的径向方向分布的，所以泵的外形结构尺寸大；配油轴的结构较复杂，自吸能力较差；配油轴受到的径向作用力不平衡，易单向弯曲并加剧磨损，限制了径向柱塞泵转速和压力的提高。因此，目前径向柱塞泵的应用较少。

2.4.2 轴向柱塞泵

1. 结构和原理

轴向柱塞泵是将多个柱塞轴向配置在一个共同缸体的圆周上，并使柱塞中心线和缸体中心线平行的一种泵。轴向柱塞泵有两种形式：直轴式（斜盘式）和斜轴式（摆缸式），图2-24所示为直轴式轴向柱塞泵的工作原理，其外形如图2-25所示。

直轴式轴向柱塞泵的工作原理

这种泵主要由缸体1、配油盘2、柱塞3和斜盘4组成。柱塞沿圆周均匀分布在缸体内。斜盘与缸体轴线倾斜一角度 γ，缸体内的柱塞通过滑靴装在斜盘上且缸体与斜盘同角速度转动，配油盘2固定不转，由于斜盘的作用，迫使柱塞在缸体内做往复运动，并通过配油盘的配油窗口进行吸油和压油。对于图2-24所示回转方向，当缸体转角在 π～2π 范围内时，柱塞向外伸出，柱塞底部的密封工作容积增大，通过配油盘的吸油窗口吸油；在0～π范围内时，柱塞被斜盘推入缸体，使密封容积减小，通过配油盘的压油窗口压油。缸体每转一周，每个柱塞各完成一次吸、压油。如改变斜盘倾角 γ，可改变液压泵的排量；改变斜盘倾斜方向，就能改变吸油和压油的方向，成为双向变量泵。

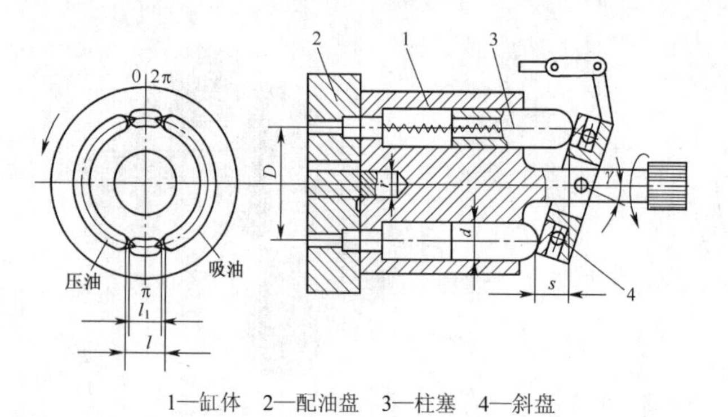

1—缸体 2—配油盘 3—柱塞 4—斜盘

图2-24 直轴式轴向柱塞泵的工作原理

图2-25 直轴式轴向柱塞泵外形

2. 轴向柱塞泵的特点

① 柱塞和缸体配合间隙容易控制，密封性好，容积效率高，可达0.93～0.95。
② 采用滑靴与回程盘装置，避免球头的头接触。
③ 轴向柱塞泵为高压泵，结构复杂，价格高，对使用环境要求高。
④ 柱塞数通常为7、9、11，单数，以减小脉动。
⑤ 排量取决于泵的斜盘倾角 γ。

2.5 螺杆泵

螺杆泵的液压油沿螺旋方向前进，转轴径向负载各处均相等，脉动小，运动时噪声低；可高速运转，适合作大流量泵；压缩量小，不适合高压的场合。一般用作燃油泵和润滑油泵，而不用作液压泵。

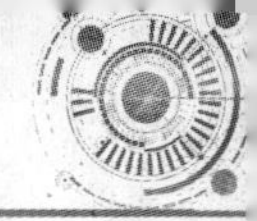

1. 结构和原理

螺杆泵的工作机构由互相啮合且装于定子内的三根螺杆组成，中间一根为主动螺杆，由电动机带动，旁边两根为从动螺杆；另外还有前、后端盖等主要零件，其工作原理及实物如图 2-26 所示。螺杆的啮合线把主动螺杆和从动螺杆的螺旋槽分割成多个相互隔离的密封工作腔。随着螺杆的旋转，这些密封工作腔一个接一个地在左端形成，不断地从左向右移动。主动螺杆每转一周，每个密封工作腔便移动一个螺旋导程。因此，在左端吸油腔，密封油腔容积逐渐增大，进行吸油，而在右端压油腔，密封油腔容积逐渐减小，进行压油。由此可知，螺杆直径越大，螺旋槽越深，泵的排量就越大；螺杆越长，吸油腔和压油腔之间密封层次越多，泵的额定压力就越高。螺杆泵的主动螺杆 3 和从动螺杆 4 的螺旋面在垂直于螺杆轴线的横截面上是一对共轭摆线，故又称为摆线螺杆泵。

螺杆泵的工作原理

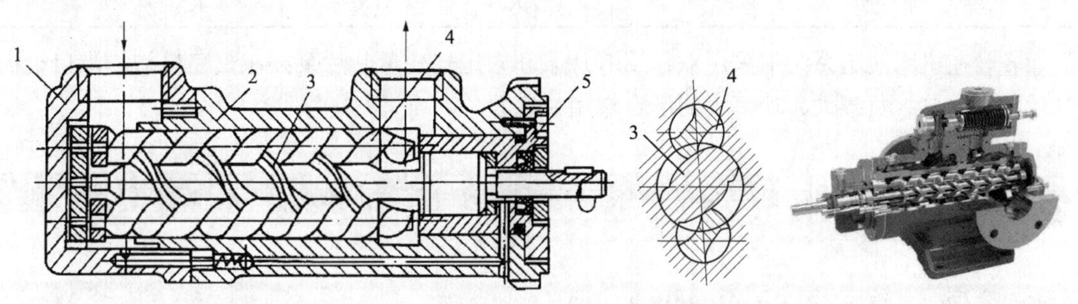

1—后盖　2—壳体　3—主动螺杆（凸螺杆）　4—从动螺杆（凹螺杆）　5—前盖

图 2-26　螺杆泵的工作原理及实物

2. 螺杆泵的特点

① 结构简单紧凑，体积小。

② 动作平稳，噪声小。

③ 流量和压力脉动小。

④ 转动惯量小，快速运动性能好。

⑤ 螺杆形状复杂，加工比较困难。

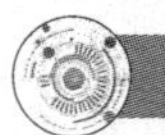

2.6　常用液压泵的性能比较及选用

液压泵是为液压系统提供一定流量和压力的液压动力元件，它是每个液压系统不可缺少的核心元件。合理地选择液压泵，对于降低液压系统的能耗、提高液压系统的效率、降低噪声、改善工作性能和保证液压系统的可靠工作都十分重要。

选用液压泵的原则是根据主机工况、功率大小和系统对工作性能的要求，首先确定液压泵的类型，然后按系统所要求的压力、流量大小确定规格型号。

表 2-1 列出了液压系统中常用液压泵的性能比较。

表 2-1　　液压系统中常用液压泵的性能比较

性能	外啮合齿轮泵	双作用叶片泵	限压式变量叶片泵	径向柱塞泵	轴向柱塞泵	螺杆泵
输出压力	低压	中压	中压	高压	高压	低压
排量调节	不能	不能	能	能	能	不能
效率	低	较高	较高	高	高	较高
输出流量脉动	很大	很小	一般	一般	一般	最小
自吸特性	好	较差	较差	差	差	好
对油的污染敏感性	不敏感	较敏感	较敏感	很敏感	很敏感	不敏感
噪声	大	小	较大	大	大	最小

一般在机床液压系统中采用双作用叶片泵和限压式变量叶片泵；在筑路机械、港口机械中采用齿轮泵；负载大、功率大的场合选用柱塞泵。

实验与实训

实验二　液压泵工作压力的调节

一、实验目的

1．了解液压泵的工作原理。

2．调节液压泵的工作压力。

二、实验内容和方案

为了了解液压泵工作压力调节的基本原理，需要利用液压与气压传动实训室相关设备搭建一套简易的液压泵压力调节系统。拟搭的液压泵工作压力调节系统原理图如图 2-27 所示。

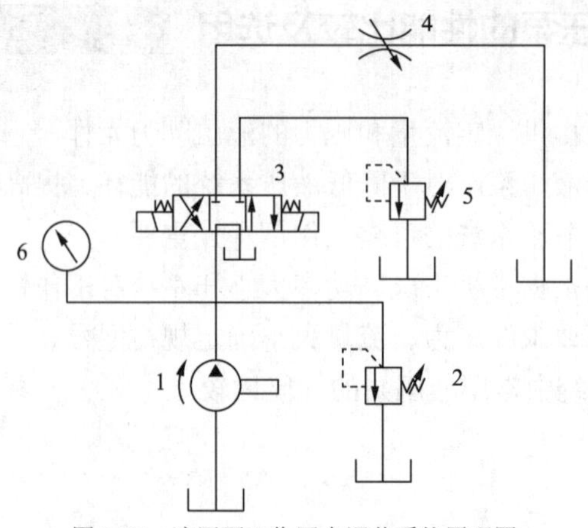

图 2-27　液压泵工作压力调节系统原理图

三、实验设备

GCY 智能型液压-气动双面实验台，实验台液压元件一览表见表 2-2。

表 2-2　　实验台液压元件一览表

图 2-27 中序号	元件名称	数量
1	液压泵（叶片泵）	1
2	溢流阀	1
3	三位四通电磁换向阀	1
4	节流阀	1
5	压力调节阀	2
6	压力表	1

四、实验步骤

（1）准备操作

① 读懂实验原理图，并与实验设备相对照。

② 三位四通电磁换向阀线圈处于失电状态，将溢流阀、压力调节阀手柄调松。

③ 启动液压泵，正常运转一段时间，反复切换三位四通电磁换向阀左右线圈的得电状态，排尽各元件内的空气。让三位四通电磁换向阀右边线圈得电，将节流阀阀口完全关闭，慢慢调紧溢流阀手柄，至压力表读数为 5MPa 时停止。然后把节流阀阀口完全打开。最后让电磁阀线圈都处于失电状态，等待下一步实验操作。

（2）实验操作

① 让三位四通电磁换向阀左位得电，慢慢调紧压力调节阀手柄，观看液压泵出口压力表的读数变化并做好记录，最后将压力调节阀手柄完全放松。

② 让三位四通电磁换向阀右位得电，慢慢关闭节流阀阀口，观看液压泵出口压力表的读数变化并做好记录，最后将节流阀阀口完全打开。

③ 测试结束后，放松溢流阀，让三位四通电磁换向阀线圈都处于失电状态，停止液压泵电动机。

④ 清理设备、工具，整理现场。

五、实验报告

实验报告应包含以下几方面内容。

① 实验目的和主要内容。

② 实验设备和工具。

③ 参数记录与处理。

六、思考题

1．实验油路中溢流阀起什么作用？

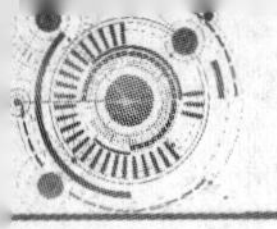

2．系统中为什么节流阀、压力调节阀、溢流阀都能调节液压泵的工作压力？

3．从实验中节流阀、压力调节阀和溢流阀调节液压泵工作压力的过程来看，你从中受到什么启发？

实验三　齿轮泵的拆装

该实验是完成液压元件部分教学中的一个重要环节，它对掌握液压泵的工作原理、工作特性、结构特点及分析其产生故障的原因有很大的意义。

一、实验目的

1．通过对指定液压系统常用液压泵的拆装，熟悉这些泵的结构，加深对其工作原理的理解，熟悉它们的使用场合。

2．在教师的指导下，分析和研究泵易出现的几种故障、产生故障的原因及排除故障的方法。

3．通过拆装实验，培养学生的动手能力和深入分析问题的能力。

二、实验方法

1．实验前，学生应先复习教师在课堂内讲授的该部分内容。

2．实验时，先由学生自己动手将系统拆开并进行观察和思考，然后将泵装好，拆装完一种泵后，再拆装另一种泵。

3．实验结束前，由指导教师对本次实验进行简要的小结。

三、实验内容及要求

（1）外啮合齿轮泵的拆装步骤

通过拆装 CB-B 型外啮合齿轮泵，了解齿轮泵的内部结构及组成，掌握齿轮泵的工作原理及结构特点，正确选择和使用齿轮泵。

CB-B 型外啮合齿轮泵的内部结构如图 2-28 所示。

① 松开 6 个紧固螺钉 9，分开端盖 4 和 8；从泵体 7 中取出主动齿轮及轴、从动齿轮及轴。

② 分解端盖与轴承、齿轮与轴、端盖与油封。

装配顺序与拆卸顺序相反。

（2）主要零件分析

① 泵体 7：泵体的两端面开有封油槽 16，此槽与吸油口相通，用来防止泵内油液从泵体与泵盖接合面外泄，泵体与齿顶圆的径向间隙为 0.13～0.16mm。

② 端盖 4 与 8：前后端盖内侧开有卸荷槽（图 2-9 中虚线），用来消除困油现象。端盖 4 上吸油口大，压油口小，用来减小作用在轴和轴承上的径向不平衡力。

③ 齿轮 6：两个齿轮的齿数和模数都相等，齿轮与端盖间轴向间隙为 0.03～0.04mm，轴向间隙不可以调节。

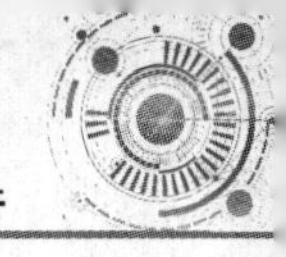

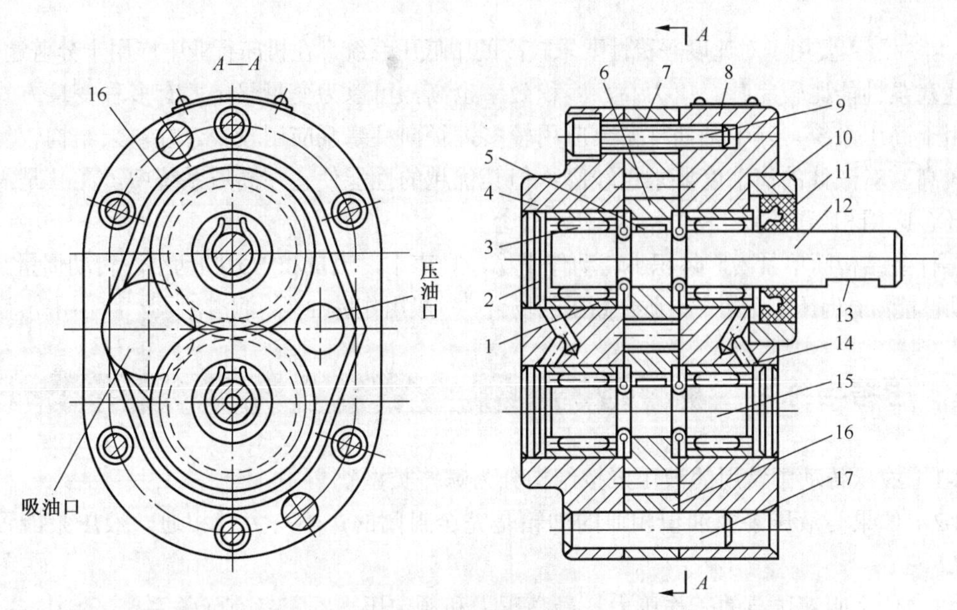

1—轴承外环　2—堵头　3—滚子　4—后端盖　5—键　6—齿轮　7—泵体　8—前端盖
9—螺钉　10—压环　11—密封环　12—主动轴　13—键槽　14—泄油孔
15—从动轴　16—封油槽　17—定位销

图 2-28　CB-B 型外啮合齿轮泵的内部结构

（3）思考题

① 卸荷槽的作用是什么？

② 齿轮泵的密封工作区是指哪一部分？

③ 该齿轮泵有无配流装置？它是如何完成吸、压油分配的？

④ 该齿轮泵中存在几种可能产生泄漏的途径？为了减小泄漏，该泵采取了什么措施？

⑤ 该齿轮泵采取什么措施来减小泵轴上的径向不平衡力？

⑥ 该齿轮泵是如何消除困油现象的？

本章小结

本章主要介绍了容积式液压泵的工作原理、性能参数以及几种常用容积式液压泵的结构特点和应用等知识。液压泵是液压系统的动力源，它将输入的机械能转换为工作液体的压力能，为液压系统提供一定流量和压力的液体。

流量和压力是液压泵的两个基本参数。额定压力体现了液压泵的工作能力，而运行过程中的工作压力是随负载变化的。

液压泵的效率主要包括容积效率和机械效率。容积效率反映了泄漏量的大小，影响实际流量；而机械效率反映了机械摩擦损失，影响驱动泵所需的转矩。

齿轮泵容积效率较低，存在不平衡径向力和困油现象，使压力提高受到限制，只能为定量泵，且流量脉动和噪声也较大，但其结构简单，价格低，抗污染能力强，故适用于运动平稳性能要求不高的中低压系统或辅助系统。

叶片泵分为单作用叶片泵和双作用叶片泵两类。单作用叶片泵可以是变量泵，但存在不平衡径向力和困油问题；双作用叶片泵所受的径向力平衡，输出流量均匀，噪声低，但只能作为定

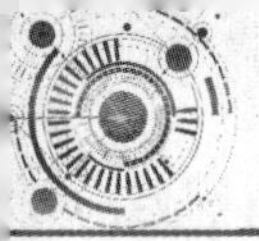

量泵。叶片泵主要用于对速度平稳性要求较高的中低压系统，在机床行业中应用十分普遍。

柱塞泵性能比较完善，压力高，容积效率也高，可以为变量泵，并有多种变量方式。它主要用于高压系统，其中轴向柱塞泵应用较多，径向柱塞泵应用较少。柱塞泵结构较复杂，价格较高，对液体的清洁度要求也较高；但其优越的性能使它在高压系统中，尤其是需要变量的场合应用相当广泛。

螺杆泵结构简单紧凑，体积小，动作平稳，噪声小，流量和压力脉动小，转动惯量小，快速运动性能好，但压缩量小，不适合高压的场合，一般用作燃油泵、润滑油泵，而不用作液压泵。

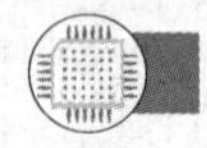

思考与练习

2-1 液压传动中常用的液压泵按结构分为哪些类型？

2-2 如果与液压泵吸油口相通的油箱是完全封闭的，不与大气相通，液压泵能否正常工作？

2-3 什么叫液压泵的工作压力、最高压力和额定压力？三者有何关系？

2-4 什么叫液压泵的排量、流量、理论流量、实际流量和额定流量？它们之间有什么关系？

2-5 齿轮泵的密封容积是怎样形成的？

2-6 什么是困油现象？外啮合齿轮泵、双作用叶片泵和轴向柱塞泵存在困油现象吗？它们是如何消除困油现象的影响的？

2-7 某液压泵的输出压力为5MPa，排量为10mL/r，机械效率为0.95，容积效率为0.9。当转速为1000r/min时，泵的输出功率和驱动泵的电动机功率各为多少？

2-8 某液压泵的转速为950r/min，排量为168mL/r，在额定压力为29.5MPa和同样转速下，测得的实际流量为150L/min，额定工作情况下的总效率为0.87，求：

（1）泵的理论流量；

（2）泵的容积效率和机械效率；

（3）泵在额定工作情况下，所需的电动机驱动功率。

2-9 已知液压泵的输出压力p为10MPa，泵的排量V为100mL/r，转速n为1450r/min，容积效率η_V为0.95，机械效率η_m为0.9。计算：

（1）该泵的实际流量Q；

（2）驱动该泵的电动机功率。

2-10 已知泵的额定流量为100L/min，额定压力为2.5MPa，当转速为1450r/min时，机械效率为0.9。由实验测得，当泵出口压力为零时，流量为106L/min；压力为2.5MPa时，流量为100.7L/min，求：

（1）泵的容积效率；

（2）如泵的转速下降到500r/min，在额定压力下工作时，估算泵的流量为多少；

（3）上述两种转速下泵的驱动功率。

2-11 已知某液压系统工作时所需最大流量$Q = 5\times10^{-4}\text{m}^3/\text{s}$，最大工作压力$p = 40\times10^5\text{Pa}$，取$k_{压} = 1.3$，$k_{流} = 1.1$，试从下列泵中选择液压泵。若泵的效率$\eta = 0.7$，计算电动机功率。

CB-B50型泵，$Q_{额} = 50\text{L/min}$，$p_{额} = 25\times10^5\text{Pa}$。

YB-40型泵，$Q_{额} = 40\text{L/min}$，$p_{额} = 63\times10^5\text{Pa}$。

第 3 章

液压执行元件

液压执行元件是液压系统中的重要组成部分，其功能是将液压泵供给的液压能转变为机械能输出，驱动工作机构做功。常用的液压执行元件有液压缸和液压马达两种类型，具有结构简单、传力大、运动惯性小和容易实现往复运动控制等优点，与杠杆、连杆、齿轮齿条和凸轮等机构配合能实现多种机械运动，在液压系统中得到广泛应用。

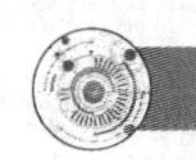

3.1 液压缸

3.1.1 液压缸的作用和分类

1. 液压缸的作用

液压缸又称油缸或作动筒，是将液体压力能转换为机械能的执行元件，主要用来输出直线往复运动（也包括往复摆动运动）。

2. 液压缸的分类

液压缸按其结构形式，可以分为活塞式液压缸、柱塞式液压缸和摆动式液压缸三类。活塞式液压缸和柱塞式液压缸实现直线往复运动，输出推力和速度，摆动式液压缸则能实现一定角度的往复摆动，输出转矩和角速度。液压缸除可单个使用外，还可以几个组合起来或和其他机构组合起来使用，以完成特殊的功用。

3.1.2 活塞式液压缸

活塞式液压缸分为双杆式活塞缸和单杆式活塞缸两种。

1. 双杆式活塞缸

双杆式活塞缸的活塞两端各有一根直径相等的活塞杆伸出，如图 3-1 所示。它根据安装方式不同又可以分为缸体固定式和活塞杆固定式两种，如图 3-2 所示。

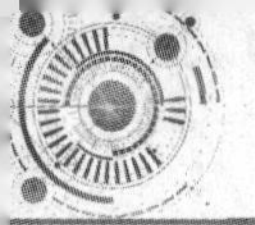

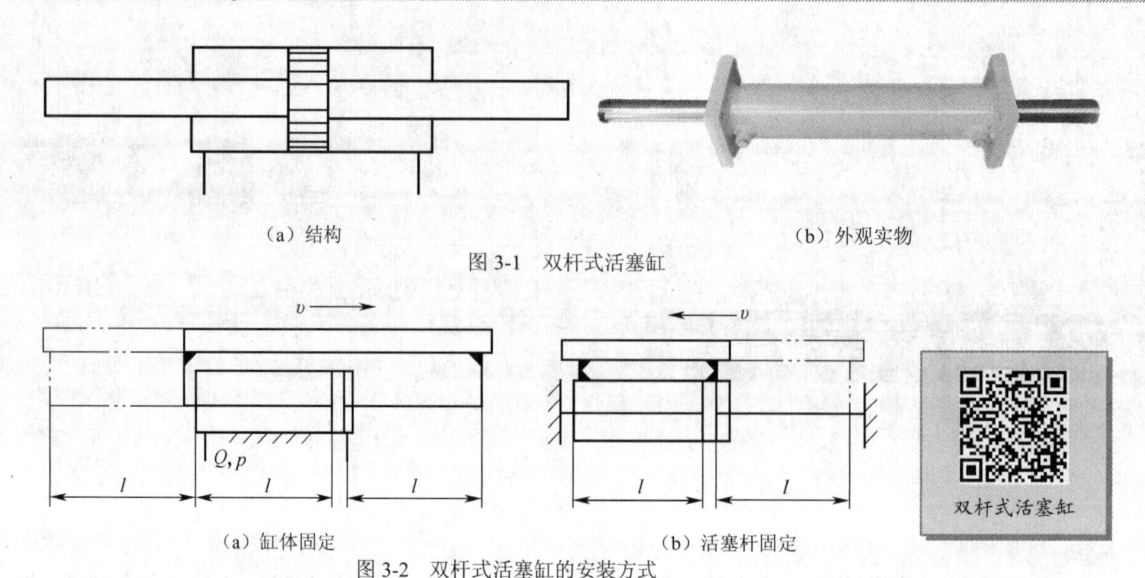

（a）结构　（b）外观实物

图 3-1　双杆式活塞缸

（a）缸体固定　（b）活塞杆固定

图 3-2　双杆式活塞缸的安装方式

由于双杆式活塞缸两端的活塞杆直径通常是相等的，因此它左、右两腔的有效工作面积也相等。当分别向左、右腔输入相同压力和相同流量的油液时，液压缸左、右两个方向的推力和速度相等。当活塞的直径为 D，活塞杆的直径为 d，液压缸进、出油腔的压力为 p_1 和 p_2，输入流量为 Q 时，双杆式活塞缸的推力 F 和速度 υ 为

$$F = A(p_1 - p_2)\eta_m = \frac{\pi}{4}(D^2 - d^2)(p_1 - p_2)\eta_m \tag{3-1}$$

$$\upsilon = \frac{Q}{A}\eta_V = \frac{4Q}{\pi(D^2 - d^2)}\eta_V \tag{3-2}$$

式中，A 为活塞的有效工作面积；η_m、η_V 为液压缸的机械效率和容积效率。

2. 单杆式活塞缸

单杆式活塞缸按液压力的作用方式可分为单作用液压缸和双作用液压缸。对于单作用液压缸，液压力只能使液压缸单向运动，返回靠外力（自重或弹簧力等）作用，如图 3-3（a）所示。对于双作用液压缸，液压缸正反两个方向的运动均靠液压力，如图 3-3（b）所示。其外形分别如图 3-4（a）、（b）所示。

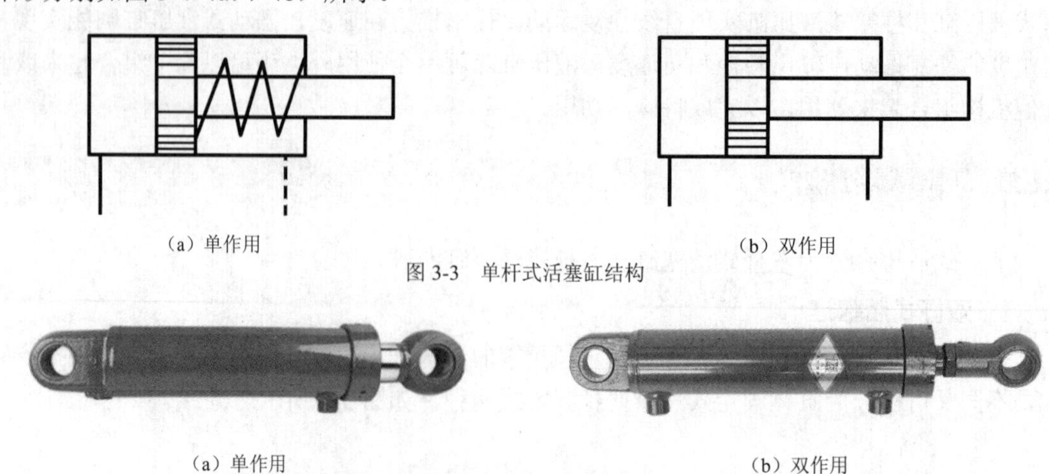

（a）单作用　（b）双作用

图 3-3　单杆式活塞缸结构

（a）单作用　（b）双作用

图 3-4　单杆式活塞缸实物外形

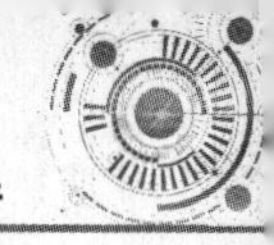

单杆式活塞缸由于活塞两端有效面积不等，如果以相同流量的压力油分别进入液压缸的左、右腔，活塞的运动速度与进油腔的有效工作面积成反比，即油液进入无杆腔时有效工作面积大，速度慢，进入有杆腔时有效工作面积小，速度快；而活塞上产生的推力则与进油腔的有效工作面积成正比。如图 3-5 所示，若输入液压缸的油液流量为 Q，液压缸进、出油腔的压力分别为 p_1 和 p_2，当油液从图 3-5（a）所示的左腔（无杆腔）输入时，其活塞上所产生的推力 F_1 和速度 v_1 为

$$F_1=(A_1p_1-A_2p_2)\eta_{\mathrm{m}}=\frac{\pi}{4}\left[(p_1-p_2)D^2+p_2d^2\right]\eta_{\mathrm{m}} \tag{3-3}$$

$$v_1=\frac{Q}{A_1}\eta_V=\frac{4Q}{\pi D^2}\eta_V \tag{3-4}$$

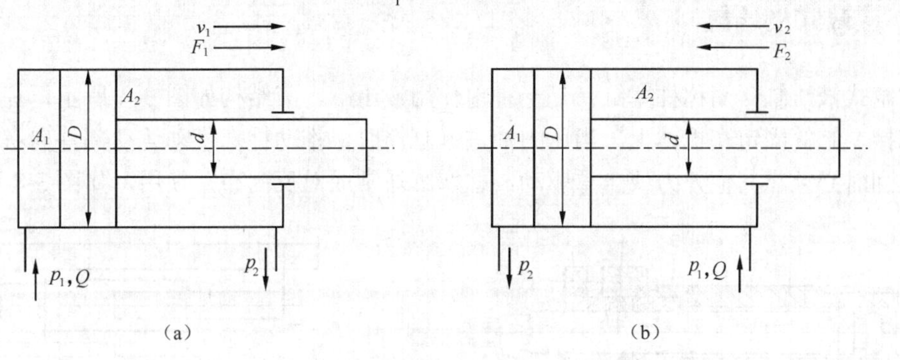

图 3-5　单杆式活塞缸工作原理

当油液从图 3-5（b）所示的右腔（有杆腔）输入时，其活塞上所产生的推力 F_2 和速度 v_2 为

$$F_2=(A_2p_1-A_1p_2)\eta_{\mathrm{m}}=\frac{\pi}{4}\left[(p_1-p_2)D^2-p_1d^2\right]\eta_{\mathrm{m}} \tag{3-5}$$

$$v_2=\frac{Q}{A_2}\eta_V=\frac{4Q}{\pi(D^2-d^2)}\eta_V \tag{3-6}$$

由式（3-3）和式（3-5）可知，由于 $A_1>A_2$，所以 $F_1>F_2$。若把两个方向上的输出速度 v_2 和 v_1 的比值称为速度比，记作 λ_v，则

$$\lambda_v=\frac{v_2}{v_1}=\frac{1}{1-(d/D)^2} \tag{3-7}$$

因此，活塞杆直径越小，λ_v 越接近于 1，活塞两个方向的速度差值也就越小。如果活塞杆较粗，活塞两个方向运动的速度差值就较大。在已知 D 和 λ_v 的情况下，也就可以较方便地确定 d。

3. 差动液压缸

如果向单杆式活塞缸的左、右两腔同时通压力油，如图 3-6 所示，即所谓的差动连接。作差动连接的单杆式活塞缸称为差动液压缸。开始工作时差动液压缸左、右两腔的油液压力相同，但是由于左腔（无杆腔）的有效面积大于右腔（有杆腔）的有效面积，故活塞向右运动，同时使右腔中排出的油液（流量）也进入左腔，加大了流入左腔的油液（流量），从而也

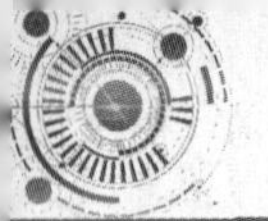

加快了活塞移动的速度。差动液压缸活塞推力 F_3 和运动速度 v_3 分别为

$$F_3 = p(A_1 - A_2)\eta_m = p_1\frac{\pi}{4}d^2\eta_m \tag{3-8}$$

$$v_3 = \frac{4Q}{\pi d^2}\eta_V \tag{3-9}$$

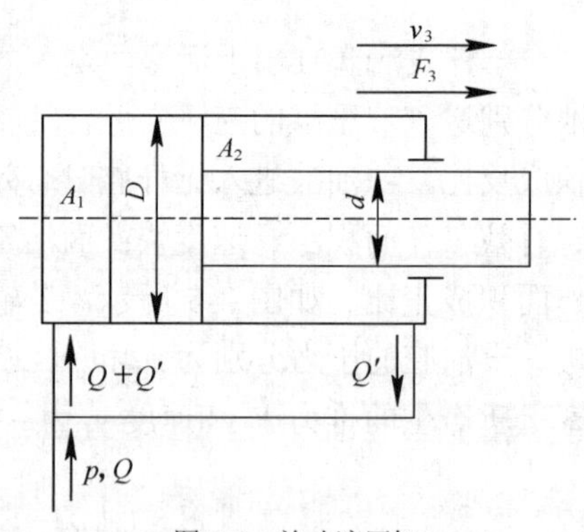

图 3-6　差动液压缸

由式（3-8）和式（3-9）可知，差动连接时液压缸的推力比非差动连接时小，速度比非差动连接时大。利用这一点，可在不加大油液流量的情况下得到较快的运动速度。这种连接方式被广泛应用于组合机床的液压动力滑台和其他机械设备的快速运动中。

3.1.3　柱塞式液压缸

柱塞式液压缸（简称柱塞缸）是一种单作用液压缸，其结构如图 3-7 所示，柱塞与工作部件连接，缸筒固定在机体上。当压力油进入缸筒时，推动柱塞带动运动部件向右运动，但反向退回时必须靠其他外力或自重驱动。柱塞缸通常成对反向布置使用，如图 3-8 所示。

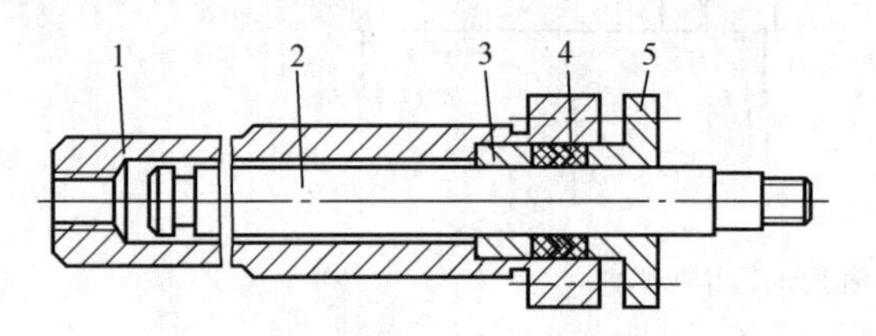

1—缸筒　2—柱塞　3—导向套　4—密封圈　5—压盖

图 3-7　柱塞缸结构图

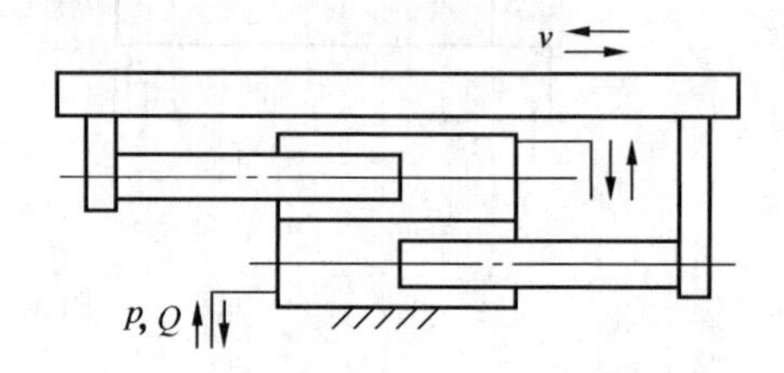

图 3-8　柱塞缸成对反向布置示意图

当柱塞的直径为 d，输入液压油的流量为 Q，压力为 p 时，其柱塞上所产生的推力 F 和速度 v 为

$$F = pA\eta_m = p\frac{\pi}{4}d^2\eta_m \tag{3-10}$$

$$v = \frac{Q}{A}\eta_V = \frac{4Q}{\pi d^2}\eta_V \tag{3-11}$$

柱塞式液压缸的主要特点是柱塞与缸筒无配合要求，缸筒内孔不需精加工，甚至可以不加工。运动时由缸盖上的导向套来导向，所以它特别适合用在行程较长的场合。

3.1.4　增压缸

在某些短时或局部需要高压的液压系统中，常用增压缸与低压大流量泵配合作用。单作用式增压缸的工作原理如图 3-9（a）所示，输入低压力为 p_1 的液压油，输出高压力为 p_2 的液压油，增大的压力关系为

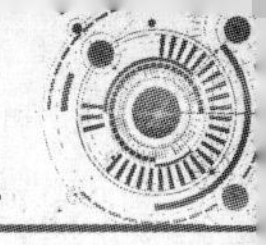

$$p_2 = p_1\left(\frac{D}{d}\right)^2 \tag{3-12}$$

单作用式增压缸不能连续向系统供油。图 3-9（b）所示为双作用式增压缸，可由两个高压端连续向系统供油。

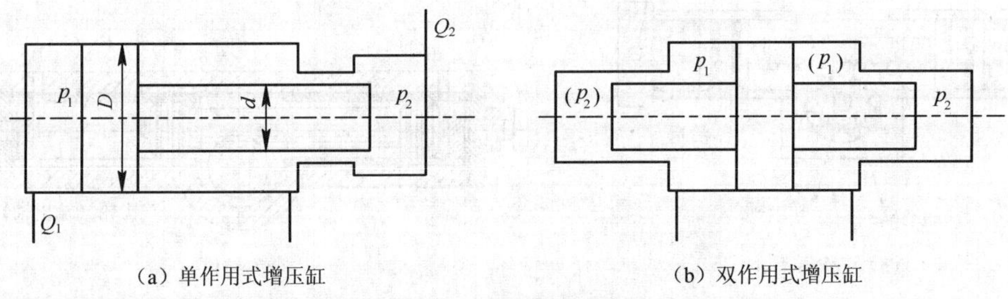

（a）单作用式增压缸　　（b）双作用式增压缸

图 3-9　增压缸

3.1.5　摆动式液压缸

摆动式液压缸也称摆动液压马达或简称摆动缸。当它通入压力油时，它的主轴能输出一定角度的摆动运动，常用于夹紧装置、送料装置、转位装置以及需要周期性进给的系统中。摆动式液压缸主要分为叶片式、齿轮齿条式和螺旋式三种结构形式。

叶片式摆动液压缸
工作原理

1. 叶片式摆动液压缸

图 3-10（a）所示为单叶片式摆动液压缸，它的摆动角度较大，可达 300°。当压力油从 A 孔进入 A1 腔内，在叶片 1 的左面产生液压力，推动与叶片 1 连接在一起的输出轴 2 逆时针方向回转，缸内 B1 腔的回油经 B 口排出；反之当压力油从 B 口进入缸内时，则输出轴 2 顺时针方向回转并输出转矩。

图 3-10（b）所示为双叶片式摆动液压缸，它的摆动角度较小，一般为 180°，它的输出转矩是单叶片式的两倍，而旋转角速度则是单叶片式的一半。

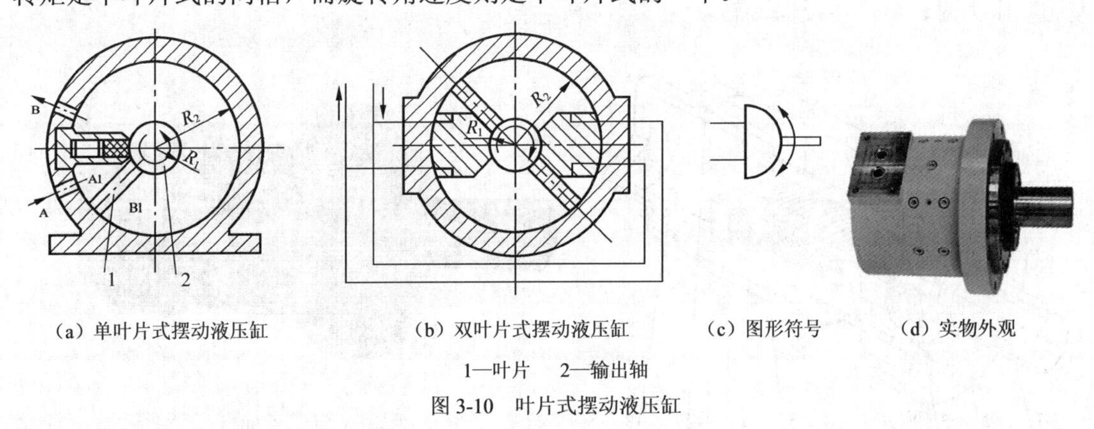

（a）单叶片式摆动液压缸　（b）双叶片式摆动液压缸　（c）图形符号　（d）实物外观

1—叶片　2—输出轴

图 3-10　叶片式摆动液压缸

2. 齿轮齿条式摆动液压缸

图 3-11（a）所示为齿轮齿条式摆动液压缸的工作原理图，两活塞通过齿条连在一起，压力油从 A 口（或 B 口）进油，从 B 口（或 A 口）回油，产生活塞的往复直线运动，经齿轮齿条机

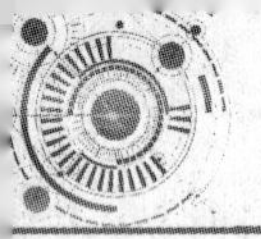

构变为输出轴（与齿轮同轴）的摆转运动。图3-11（b）所示为齿轮齿条式摆动液压缸的结构，图中液压缸两端的调节螺钉可调节活塞行程，从而在一定范围内调节摆角的大小，活塞上的密封可防止a腔或b腔的压力油外漏。

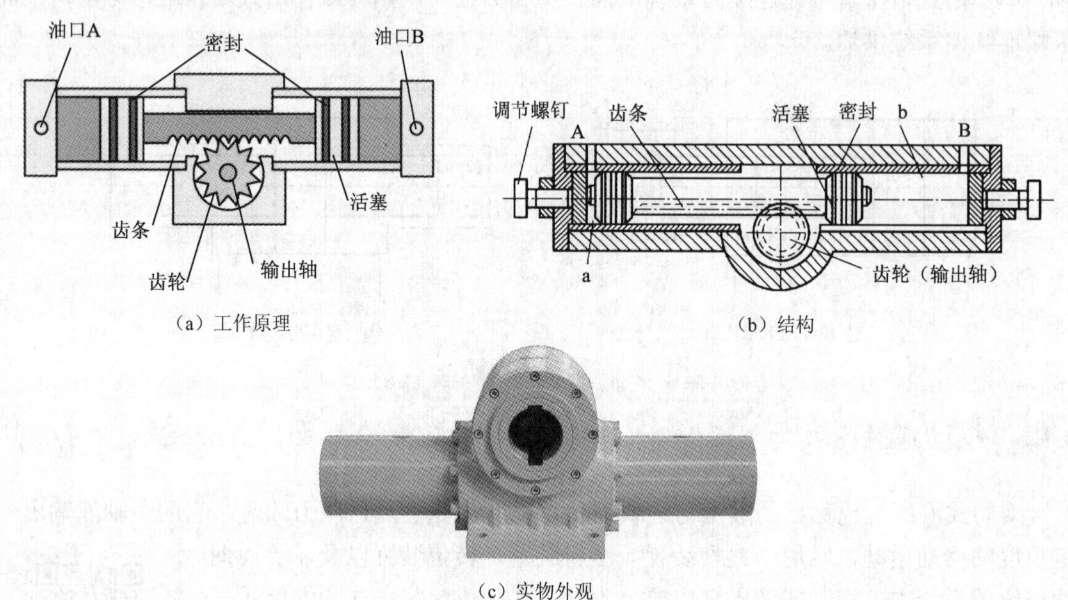

（a）工作原理

（b）结构

（c）实物外观

图3-11　齿轮齿条式摆动液压缸

3. 螺旋式摆动液压缸

图3-12（a）所示为螺旋式摆动液压缸的结构图。在缸体内部，活塞齿轮轴4和其外部安装的密封环9将缸体分割成左右两个独立的腔室，两个腔室分别与进出油口P1、P2连接。当P1口为进油口，P2口为出油口的时候，左腔室的压力大于右腔室压力，活塞齿轮轴4在液压力的作用下从左向右运动，由于其外螺纹和内左旋齿轮6的作用，活塞齿轮轴同时产生逆时针旋转运动（从左向右看），在其内螺纹的带动下使输出右旋齿轮轴1也产生逆时针旋转运动（从左向右看），向外提供较大的输出旋转角度。反之，当摆动液压缸右腔室的压力大于左腔室压力时，将产生反向旋转。

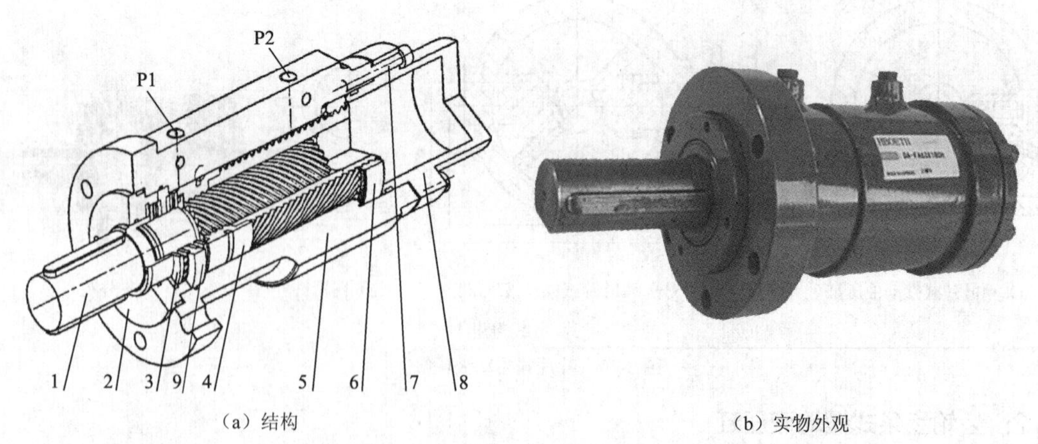

（a）结构

（b）实物外观

1—输出右旋齿轮轴　2—密封端盖　3—止推滚针轴承　4—活塞齿轮轴　5—缸体
6—内左旋齿轮　7—内六角螺栓　8—尾部端盖　9—密封环

图3-12　螺旋式摆动液压缸

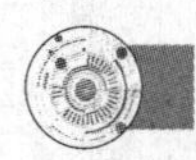

3.2　液压缸的典型结构和组成

3.2.1　液压缸的典型结构

图 3-13 所示为双作用单杆式活塞缸，它由缸筒、盖板、活塞、活塞杆、缓冲装置、放气装置和密封装置等组成。选用液压缸时，首先应考虑活塞杆的长度（由行程决定），再根据回路的最高压力选用适合的液压缸。

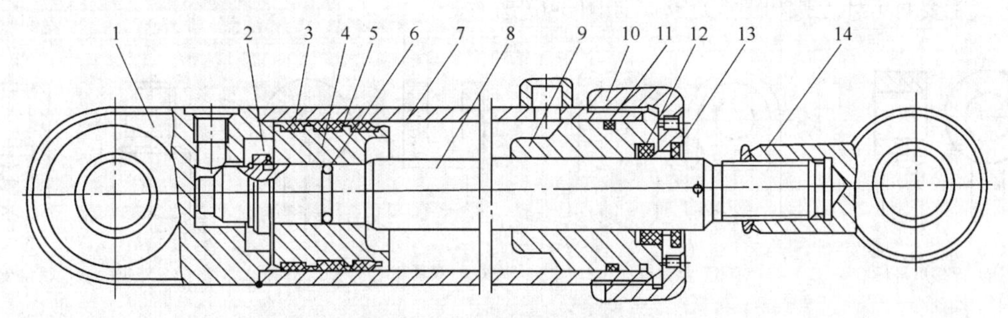

1—缸底　2—卡环　3、6、11、12—密封圈　4—活塞　5—支承环　7—缸筒
8—活塞杆　9—导向套　10—盖板　13—防尘圈　14—连接头

图 3-13　双作用单杆式活塞缸

3.2.2　液压缸的组成

1. 缸筒

缸筒一般由钢材制成。当工作压力 $p<10$MPa 时，一般使用铸铁；当工作压力 10MPa$\leq p\leq$20 MPa 时，一般使用无缝钢管；当工作压力 $p>20$MPa 时，一般使用铸钢或者锻钢。缸筒内要经过精细加工，表面粗糙度 Ra 要求为 0.4～0.8μm，以减少密封件的摩擦。

2. 密封装置

液压缸的密封装置用以防止油液的泄漏。液压缸的密封主要是指活塞、活塞杆处的动密封和缸盖等处的静密封，常采用 O 形密封圈和 Y 形密封圈。图 3-14 所示为 Y 形密封圈。

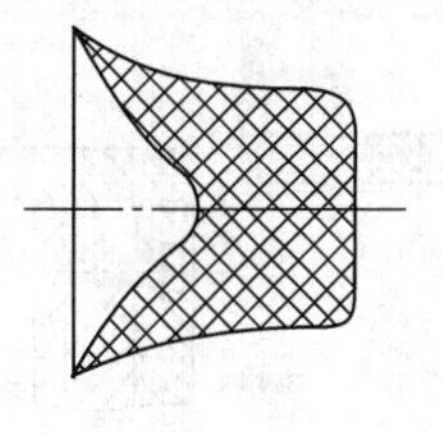

（a）密封圈截面形状

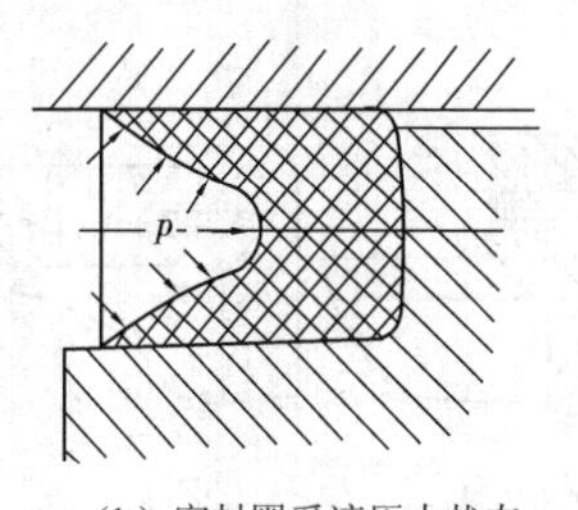

（b）密封圈受液压力状态

（c）实物外观

图 3-14　Y 形密封圈

3. 活塞

活塞的材料通常是钢或铸铁，有时也采用铝合金。活塞和缸筒内壁间需要密封，采用的密封件有O形密封圈、V形油封、U形油封、X形油封和活塞环等。活塞应有一定的导向长度，一般取活塞长度为缸筒内径的0.6～1.0。图3-15所示为活塞实物。

图3-15　活塞实物

4. 活塞杆

活塞杆是由钢材做成的实心杆或空心杆，其表面经淬火再镀铬并抛光。活塞杆头部的结构形式如图3-16所示。活塞与活塞杆的连接方式主要有卡环连接和螺纹连接，如图3-17所示。

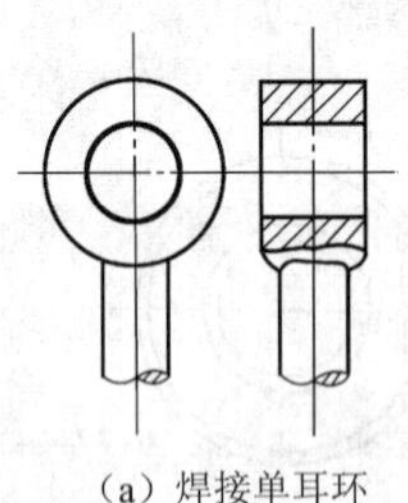

（a）焊接单耳环

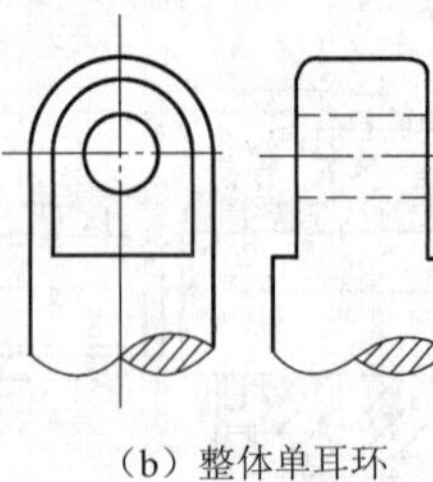

（b）整体单耳环

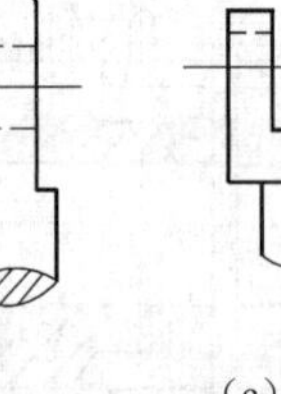

（c）双耳环

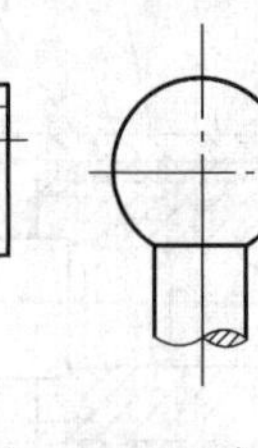

（d）球头

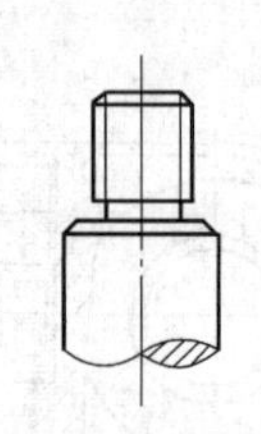

（e）外螺纹

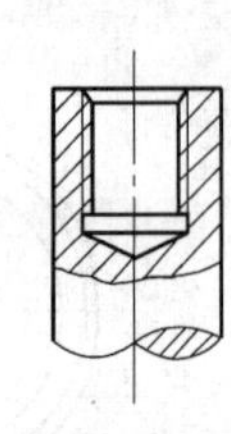

（f）内螺纹

图3-16　活塞杆头部的结构形式

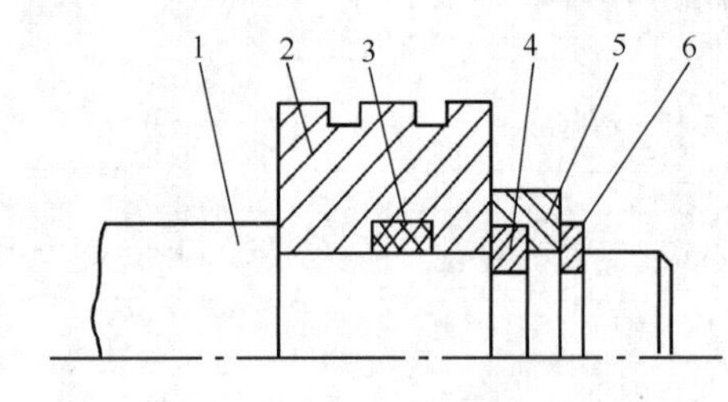

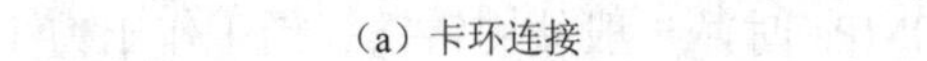

（a）卡环连接

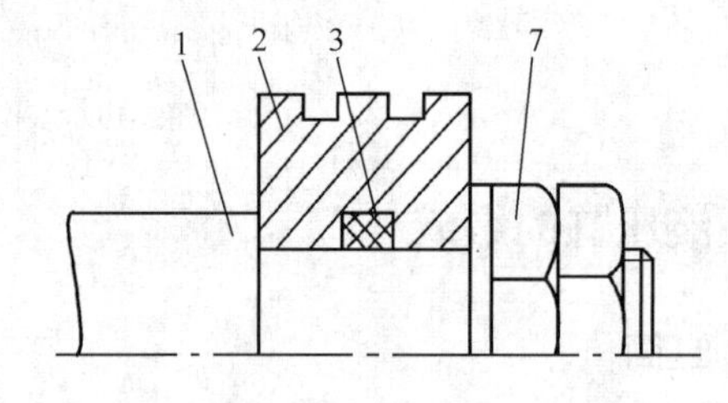

（b）螺纹连接

1—活塞杆　2—活塞　3—密封圈　4—卡环　5—套环　6—弹簧挡圈　7—螺母

图3-17　活塞与活塞杆的连接方式

5. 盖板

通常盖板由钢材制成，有前端盖和后端盖之分，它们分别安装在缸筒的前、后两端。盖板和缸筒的连接方法有焊接、螺栓连接、螺纹连接、卡环连接和钢丝卡圈连接等，如图3-18所示。

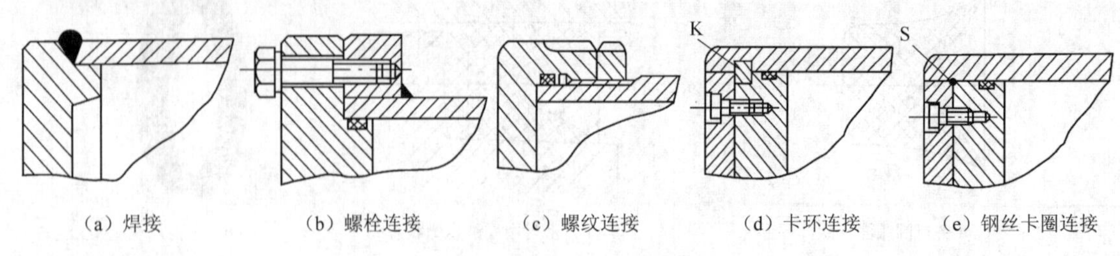

（a）焊接　（b）螺栓连接　（c）螺纹连接　（d）卡环连接　（e）钢丝卡圈连接

图3-18　盖板与缸筒的连接

6. 放气装置

在安装过程中或停止工作一段时间后，空气将侵入液压系统内。缸筒内如存留空气，将

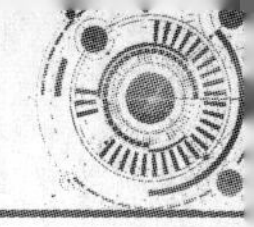

使液压缸在低速时产生爬行、颤抖等现象，换向时易引起冲击。因此液压缸在结构上要能及时排出缸内留存的气体。

一般双作用式液压缸不设专门的放气孔，而是将液压油出入口布置在前、后盖板的最高处。大型双作用式液压缸则必须在前、后端盖板设放气装置，如图 3-19 所示。对于单作用式液压缸，液压油出入口一般设在缸筒底部，放气装置一般设在缸筒的最高处。

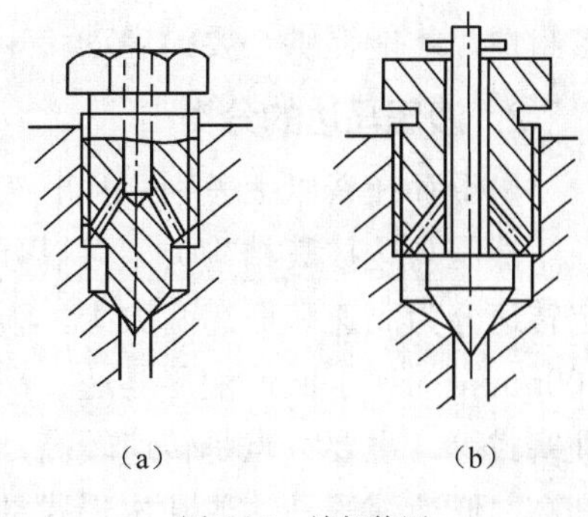

图 3-19 放气装置

7. 缓冲装置

为了防止活塞在行程的终点与前、后端盖板发生碰撞，引起噪声，影响工件精度或损坏液压缸，常在液压缸前、后端盖上设有缓冲装置，如图 3-20 所示，使活塞移到接近行程终点时速度慢下来，直至停止。

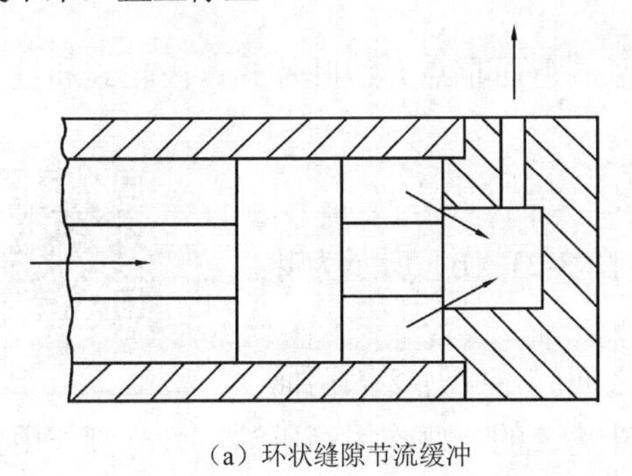

(a) 环状缝隙节流缓冲　　(b) 轴向三角槽节流缓冲

图 3-20 缓冲装置

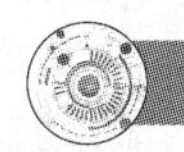

3.3 液压马达

3.3.1 液压马达的作用和分类

1. 液压马达的作用

液压马达是将液体压力能转变为其输出轴的机械能（转矩和转速），向外提供旋转运动的液压执行元件。从能量转换的观点来看，液压泵与液压马达是可逆工作的液压元件，向任何一种液压泵输入工作液体，都可使其变成液压马达工况；反之，当液压马达的主轴由外力矩驱动旋转时，也可变为液压泵工况。因为它们具有同样的基本结构要素——既密闭而又可以周期性变化的容积和相应的配油机构。

但是，由于液压马达和液压泵的工作条件不同，对它们的性能要求也不一样，所以同类型的液压马达和液压泵之间，仍存在许多差别。

① 液压马达应能够正反转，因而要求其内部结构对称。

② 液压马达的转速范围需要足够大，特别对它的最低稳定转速有一定的要求。因此，它通常都采用滚动轴承或静压滑动轴承。

③ 液压马达由于在输入压力油条件下工作，因而不必具备自吸能力，但需要一定的初始

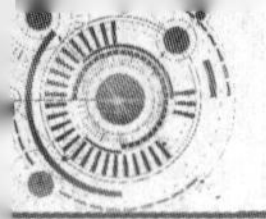

密封性，才能提供必要的启动转矩。

2. 液压马达的分类

由于存在着以上差别，因此液压马达和液压泵虽然在结构上比较相似，但不能可逆工作。

液压马达按其结构类型可以分为齿轮式、叶片式、柱塞式和其他形式；按液压马达的额定转速分为高速和低速两大类。额定转速高于500r/min的属于高速液压马达，额定转速低于500r/min的属于低速液压马达。高速液压马达的基本形式有齿轮式、螺杆式、叶片式和轴向柱塞式等，主要特点是转速较高，转动惯量小，便于启动和制动，调节（调速及换向）灵敏度高。低速液压马达的基本形式是径向柱塞式、单作用曲轴连杆式、液压平衡式和多作用内曲线式等，主要特点是排量大，体积大，转速低（有时可达每分钟几转甚至不到一转），因此可直接与工作机构连接，不需要减速装置，使传动机构大为简化。

3.3.2 液压马达的工作原理

常用的液压马达的结构与同类型的液压泵类似，下面重点介绍叶片式、齿轮式和柱塞式液压马达的工作原理。

1. 叶片式液压马达

叶片式液压马达

图3-21（a）为叶片式液压马达工作原理图，图3-21（b）所示为叶片式液压马达实物外形。

当高压液压油从进油口进入叶片1和叶片3之间时，叶片2因两面均受液压油的作用，所以不产生转矩。叶片1和叶片3的一侧作用高压油，另一侧作用低压油。并且叶片3伸出的面积大于叶片1伸出的面积，因此使转子产生顺时针方向的转矩。同样，当高压液压油进入叶片5和叶片7之间时，叶片7伸出的面积大于叶片5伸出的面积，也产生顺时针方向的转矩，从而把油液的压力能转换成机械能，使转子旋转。

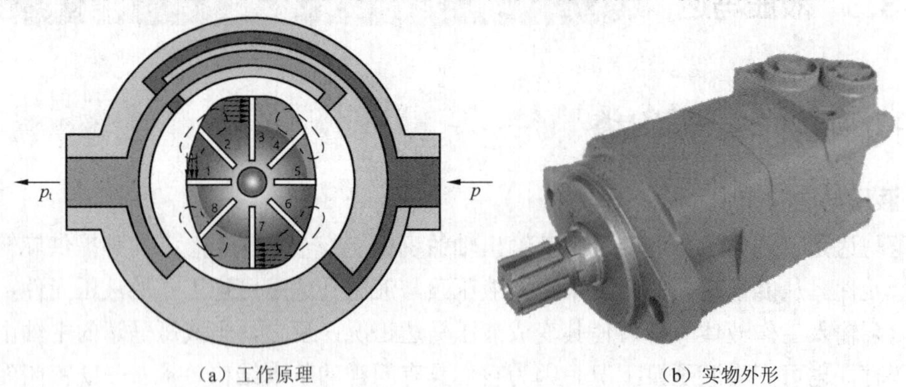

（a）工作原理　　（b）实物外形

图3-21　叶片式液压马达

由于液压马达一般都要求能正反转，所以叶片式液压马达的叶片要径向放置。为了使叶片底部始终通有压力油，在进、出油腔通入叶片底部的通路上应设置单向阀。为了确保叶片式液压马达在压力油通入后能正常启动，必须使叶片顶部和定子内表面紧密接触，以保证良好的密封，因此在叶片底部应设置预紧弹簧。

叶片式液压马达体积小，转动惯量小，动作灵敏，适用于换向频率较高的场合；但泄漏

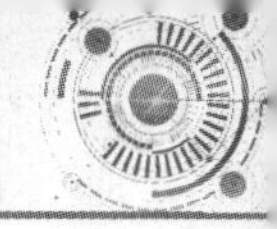

量较大，低速工作时不稳定。因此叶片式液压马达一般用于转速高、转矩小和动作要求灵敏的场合。

2. 齿轮式液压马达

齿轮式液压马达分为外啮合齿轮式液压马达和内啮合齿轮式液压马达两种，下面以内啮合齿轮式的摆线液压马达为例介绍其工作原理。摆线液压马达是一种利用与行星减速器类似的原理（少齿差原理）制成的内啮合齿轮式液压马达。图 3-22（a）所示为摆线液压马达实物外形，图 3-22（b）所示为摆线液压马达内部结构。

如图 3-22（c）所示，转子与定子是一对摆线针齿啮合副，转子具有 N（N=6 或 8）个齿的短幅外摆线等距线齿形，定子具有 N+1 个圆弧针齿齿形，转子和定子形成 N+1 个封闭齿间容积。其中一半处于高压区，一半处于低压区。定子固定不动，其齿圈中心为 O_2，转子的中心为 O_1。转子在压力油作用下产生的液压力矩以偏心距 g 为半径绕定子中心 O_2 做行星运动，即转子一方面在绕自身的中心 O_1 自转的同时，另一方面其中心 O_1 又绕定子中心 O_2 反向公转，转子在沿定子滚动时，其进、出油腔不断地改变，但始终以连心线 O_1、O_2 为界分成两边，一边进油，容腔容积逐渐增大；另一边出油，容积逐渐缩小，将油液挤出，通过配油机构，再经液压马达出油口排往油箱。

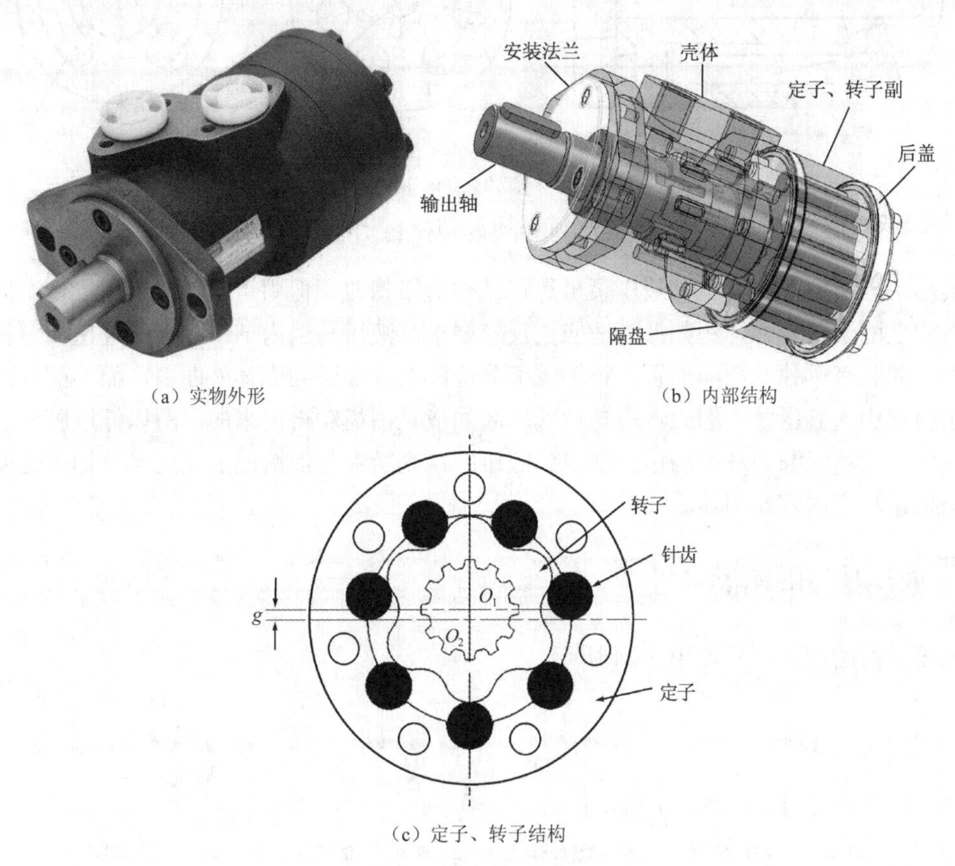

（a）实物外形　　（b）内部结构

（c）定子、转子结构

图 3-22　摆线液压马达

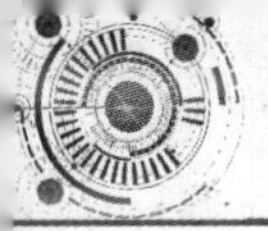

3. 柱塞式液压马达

柱塞式液压马达按照结构可分为轴向柱塞液压马达、径向柱塞液压马达和多作用内曲线式柱塞液压马达，轴向柱塞液压马达包括斜盘式和斜轴式两类。下面以斜盘式柱塞液压马达为例介绍其工作原理。

由于轴向柱塞液压马达和轴向柱塞液压泵的结构基本相同，工作原理是可逆的，所以大部分产品亦可作为液压泵使用。图 3-23 所示为轴向柱塞液压马达的工作原理。斜盘 1 和配油盘 4 固定不动，缸体 2 和输出轴 5 相连接，并可一起旋转。当压力油经配油窗口进入缸体孔作用到柱塞端面上时，压力油将柱塞顶出，对斜盘产生推力，斜盘则对处于压油区一侧的每个柱塞都要产生一个法向反力 F，这个力的水平分力 F_x 与柱塞上的液压力平衡，而垂直分力 F_y 则使每个柱塞都对转子中心产生一个转矩，使缸体和马达轴做逆时针方向旋转。如果改变液压马达压力油的输入方向，马达轴就可做顺时针方向旋转。

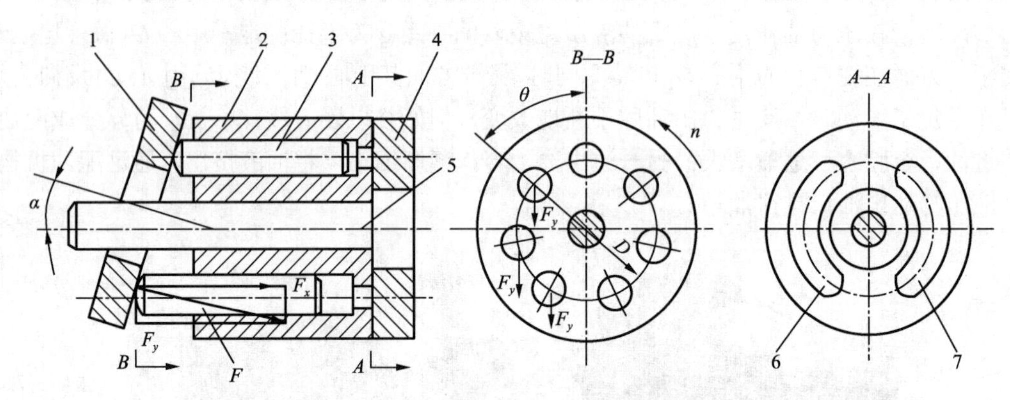

1—斜盘　2—缸体　3—柱塞　4—配油盘　5—输出轴　6—进油口　7—回油口

图 3-23　轴向柱塞液压马达的工作原理

实际上同类型液压马达和液压泵虽然在结构上很相似，但由于两者的使用条件不同，导致了结构上的某些差异。例如：为适应正反转要求，液压马达内部结构以及进出油道都具有对称性，并且有单独的泄漏油管，将轴承部分泄漏的油液引到壳体外面去，而不能像液压泵那样由内部引入低压腔。因为液压马达低压腔油液是由齿轮挤出来的，所以低压腔压力稍高于大气压。若将泄漏油液由马达内部引到低压腔，则所有与泄漏油道相连部分均承受回油压力，而使轴端密封容易损坏。

3.3.3　液压马达的图形符号

液压马达的图形符号如图 3-24 所示。

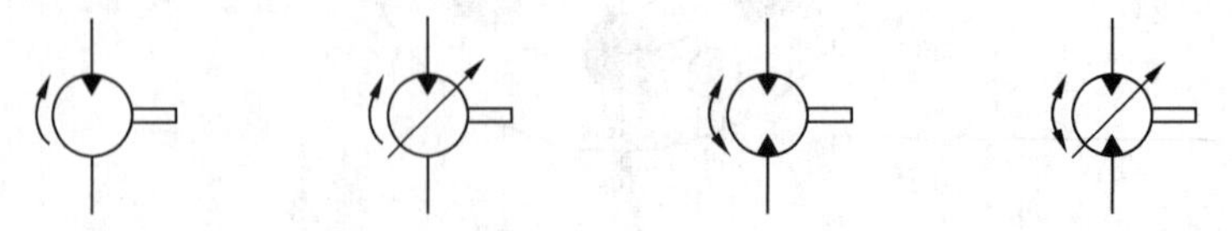

（a）单向定量液压马达（b）单向变量液压马达（c）双向定量液压马达（d）双向变量液压马达

图 3-24　液压马达的图形符号

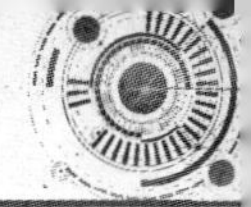

3.3.4 液压马达的性能参数

1. 压力 p

液压马达入口油液的实际压力称为工作压力 p_M。液压马达在正常工作条件下，按实验标准规定能连续运转的最高压力称为额定压力 p_{Mn}，与液压泵类似，液压马达的额定压力也受泄漏、零件强度的影响，超过额定压力就会过载。液压马达输入压力与输出压力之差称为工作压差Δp_M，在液压马达出口直接连接油箱的情况下，通常近似认为液压马达的工作压力 p_M 就等于工作压差Δp_M。

2. 排量 V

液压马达在工作中输出的转矩大小是由负载转矩所决定的，但是，推动同样大小的负载，工作容腔大的马达的压力要低于工作容腔小的马达的压力。因此，工作容腔的大小是液压马达工作能力的重要标志。液压马达工作容腔的大小用排量 V 表示。液压马达的排量是液压马达的一个重要参数。液压马达轴每转一圈（或一弧度），由其密封容腔几何尺寸变化计算而得到的流入液体的体积，称为液压马达的理论排量（简称排量），即在无泄漏的情况下，马达轴转一圈所能进入的液体体积。

3. 转矩 T

当液压马达进、出油口之间的压力差为Δp，输入液压马达的流量为 Q，液压马达输出的理论转矩为 T_t，角速度为ω时，如果不计损失，液压泵输出的液压功率应当全部转换为液压马达输出的机械功率，即

$$\Delta pQ = T_t\omega \tag{3-13}$$

液压马达的理论转矩 T_t 为

$$T_t = \frac{\Delta pV}{2\pi} \tag{3-14}$$

由于液压马达内部不可避免地存在各种摩擦，因此实际输出的转矩 T 总要比理论转矩 T_t 小些，即

$$T = \frac{\Delta pV\eta_m}{2\pi} \tag{3-15}$$

式中，η_m 为液压马达的机械效率。

4. 转速 n

液压马达的转速取决于液压油的流量 Q 和液压马达本身的排量 V。由于液压马达内部有泄漏，并不是所有进入马达的液体都推动液压马达做功，一少部分液体因泄漏损失了，所以马达的实际转速要比理想情况低一些。实际转速 n 为

$$n = \frac{Q}{V}\eta_V \tag{3-16}$$

式中，η_V 为液压马达的容积效率。

5. 调速范围

当负载从低速到高速在很宽的范围内工作时，也要求液压马达能在较大的调速范围下工作，否则就需要有能换挡的变速机构，使传动机构复杂化。液压马达的调速范围以允许的最大转速和最低稳定转速之比表示，即

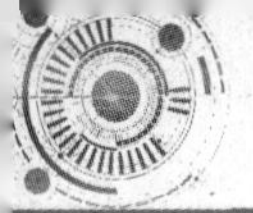

$$i=\frac{n_{max}}{n_{min}} \tag{3-17}$$

显然，调速范围宽的液压马达应当既有好的高速性能又有好的低速稳定性。

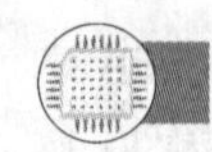

实验与实训

实验四　液压缸性能测试实验

一、实验目的

熟悉和了解液压缸的结构、特点、性能和工作原理，掌握常用液压缸的安装技术要求和使用条件，分析、测试液压缸压力传递比与速度比，学会液压缸的基本回路和控制方法，培养实际动手能力。

二、实验内容及方案

双作用液压缸有两种，一是带有不同活塞面积的单杆式活塞缸，二是带有相同活塞面积的双杆式活塞缸。由于活塞和活塞环面积（活塞上除活塞杆以外的面积）的不同，因此，单杆式活塞缸的有杆腔和无杆腔具有不同的容积。当流量不变时，液压缸的活塞杆在伸出和返回时的速度不同。本实验将采用单杆式双作用液压缸进行压力传递比、速度比的测试。

理论上的压力传递比可以根据下面的公式，通过计算活塞面积和活塞环面积之比得到：

$$i_1=A_2/A_1=\text{活塞环的面积/活塞面积}$$

相关尺寸为：$D_{活塞}=25\text{mm}$；$D_{活塞杆}=16\text{mm}$。

实际压力传递比采用公式：$i_1=p_{伸出}/p_{返回}$

比较实际压力传递比与理论压力传递比的差值，并分析其原因。

根据下列公式计算出液压缸伸出和返回时的速度：

$$v=s/t$$

式中，v为运动速度（m/s）；s为行程长度；t为运动时间（s）。

速度比值：

$$i_2=t_{伸出}/t_{返回}=\text{伸出时间/返回时间}$$

三、实验设备

实验所需液压元件一览表见表3-1。

表3-1　实验所需液压元件一览表

元件名称	数量	元件名称	数量	元件名称	数量
溢流阀	1个	节流阀	1个	实验台	1个
三位四通电磁换向阀	1个	叶片泵	1个	油管	若干条
液压缸	1个	压力表	3个	接近开关及其支架	2个
电线	若干条	按钮开关	2个	24V电源	1个

本实验原理图如图3-25、图3-26所示。

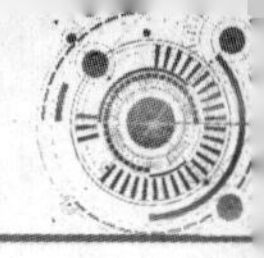

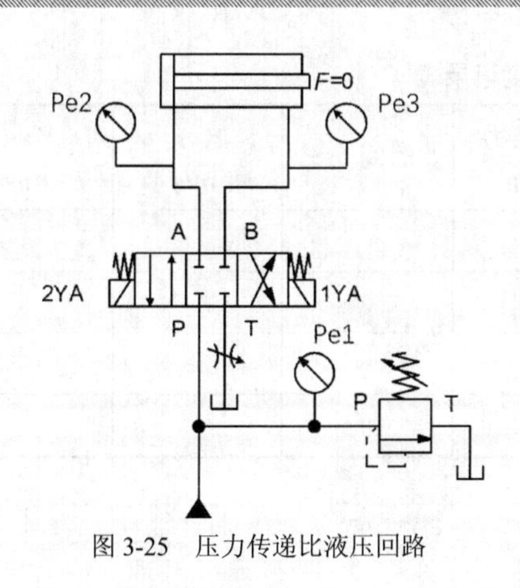

图 3-25　压力传递比液压回路

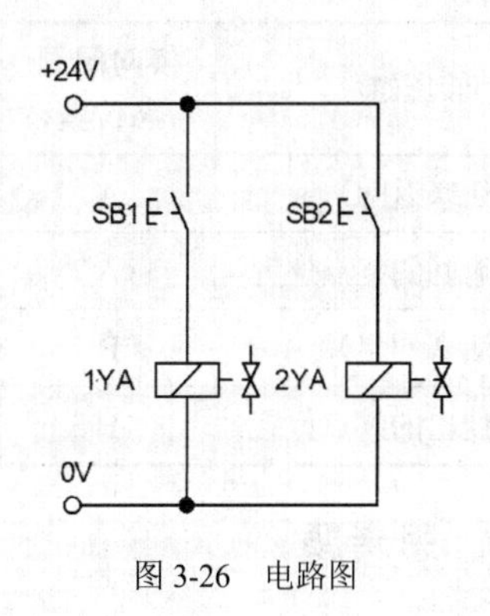

图 3-26　电路图

四、实验步骤

① 检查所连接的回路，检查接头是否正确连接。

② 将节流阀全开。

③ 启动系统，调节溢流阀使液压泵的出口压力设置在 2MPa。

④ 调试节流阀开口，使活塞伸出时间大约为 5s。然后将油缸活塞收回，做好实验记录准备。

⑤ 使液压缸“伸出”（2YA 电磁铁得电），从压力表上读出压力，测量活塞伸出时间。

⑥ 使液压缸“返回”（1YA 电磁铁得电），从压力表上读出压力，测量活塞返回时间。

⑦ 关闭系统。

⑧ 拆下液压缸上的防护板，给液压缸上连接一个重物，然后重新安装好防护板。

⑨ 启动液压泵。

⑩ 重复步骤②～⑦使液压缸活塞往返，并记录下相应数据值。

⑪ 拆除添加到工作台上的元件，归置于原处。

五、实验报告

实验报告应包含以下几方面的内容。

① 实验目的和内容。

② 实验设备和工具。

③ 参数记录及处理（见表 3-2 和表 3-3）。

④ 计算理论压力传递比、实际压力传递比、无负载的速度比、有负载的速度比。

表 3-2　　不带负载的压力及活塞速度记录表

液压缸	换向阀阀芯位置	Pe1 压力/MPa	Pe2 压力/MPa	时间 t/s	$v_{返回}$/(m/s)	$v_{伸出}$/(m/s)
提升（活塞返回）	A					
活塞在返回的终点位置	A					
下降（活塞伸出）	B					
活塞在伸出的终点位置	B					

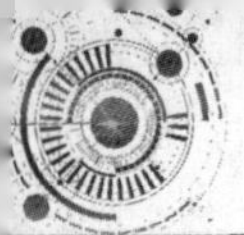

表 3-3　　带负载的压力及活塞速度记录表

液压缸	换向阀阀芯位置	Pe1 压力 /MPa	Pe2 压力 /MPa	时间 t/s	$V_{返回}$ /（m/s）	$V_{伸出}$ /（m/s）
提升（活塞返回）	A					
活塞在返回的终点位置	A					
下降（活塞伸出）	B					
活塞在伸出的终点位置	B					

六、思考题

1．对单杆式活塞缸，为何伸出和返回时所获得的力和速度也不相同？

2．理论压力传递比与实际压力传递比为何有差距？

本章小结

本章主要介绍了液压缸和液压马达的工作原理、结构特点及性能参数等知识。液压缸和液压马达均属于液压执行元件，其作用是将液压能转变为机械能，驱动工作机构做功。

液压缸用来实现往复直线运动或回转摆动，其基本类型有活塞式、柱塞式、摆动式。本章着重介绍了应用最为广泛的活塞式液压缸，其基本性能参数是推（拉）力和速度、容积效率、机械效率等。读者应掌握这类液压缸的结构、工作原理、安装使用要求以及参数设计选择等内容。

液压马达用来实现旋转运动，输出转矩和转速，其参数包括转矩、转速、压力、排量、流量、容积效率、机械效率等，这些参数与液压泵的同名参数的定义基本相同，但应注意液压马达输入的是液压能，所以某些参数的计算与液压泵有所不同。

具有周期性变化的密封工作容积和配油装置是液压马达工作的必要条件，本章主要以叶片式液压马达为例介绍液压马达的转矩产生原理和过程。

思考与练习

3-1　简述液压缸的分类。

3-2　液压缸由哪几部分组成？

3-3　液压缸为什么要设缓冲装置？

3-4　液压马达和液压泵有哪些相同点和不同点？

3-5　增压缸大腔直径 $D = 90$mm，小腔直径 $d = 40$mm，进口压力为 $p_1 = 63\times10^5$Pa，流量为 $Q_1 = 0.001\text{m}^3/\text{s}$，不计摩擦和泄漏，求出口压力 p_2 和流量 Q_2 各为多少。

3-6　用一定量泵驱动单杆式活塞缸，已知活塞直径 $D = 100$mm，活塞杆直径 $d = 70$mm，被驱动的负载 $\Sigma R = 1.2\times10^5$N。有杆腔回油背压为 0.5MPa，设缸的容积效率 $\eta_V = 0.99$，机械效率 $\eta_m = 0.98$，液压泵的总效率 $\eta = 0.9$。求：

（1）当活塞运动速度为 100mm/s 时液压泵的流量；

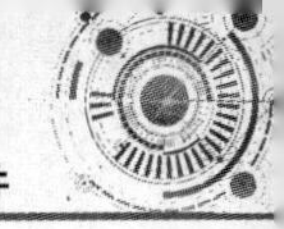

（2）电动机的输出功率。

3-7　如图 3-27 所示，两个相同的液压缸串联，两斜缸的无杆腔和有杆腔的有效工作面积分别为 $A_1 = 100\text{cm}^2$，$A_2 = 80\text{cm}^2$，输入的压力 $p_1 = 18\times10^5\text{Pa}$，输入的流量 $Q = 16\text{L/min}$，所有损失均不考虑，试求：

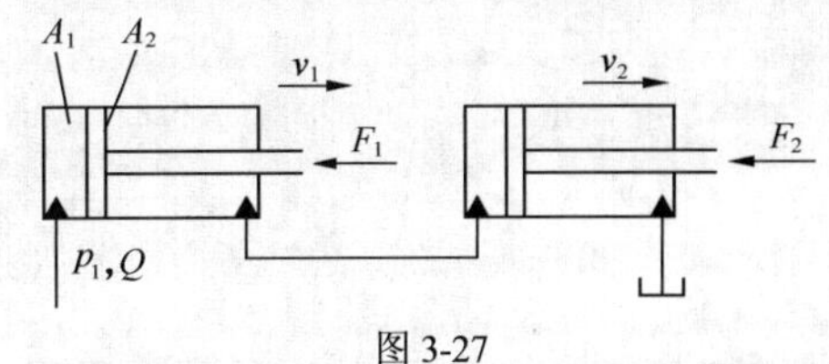

图 3-27

（1）当两缸的负载相等时，可能承担的最大负载 F 为多少；

（2）当两缸的负载不相等时，计算 $F_{1\max}$ 和 $F_{2\max}$ 的数值；

（3）两缸的活塞运动速度各是多少。

3-8　有一径向柱塞液压马达，其平均输出转矩 $T = 24.5\text{N}\cdot\text{m}$，工作压力 $p = 5\text{MPa}$，最小转速 $n_{\min} = 2\text{r/min}$，最大转速 $n_{\max} = 300\text{r/min}$，容积效率 $\eta_V = 0.9$，求所需的最小流量和最大流量为多少。

3-9　有一液压泵，当负载压力为 $p = 80\times10^5\text{Pa}$ 时，输出流量为 96L/min，而负载压力为 $100\times10^5\text{Pa}$ 时，输出流量为 94L/min。用此泵带动一排量 $V = 80\text{cm}^3/\text{r}$ 的液压马达，当负载转矩为 120N・m时，液压马达机械效率为 0.94，其转速为 1100r/min。求此时液压马达的容积效率。

3-10　液压泵和液压马达组成液压系统，已知液压泵输出油压 $p_\text{p} = 100\times10^5\text{Pa}$，排量 $V_\text{p} = 10\text{cm}^3/\text{r}$，机械效率 $\eta_\text{mp} = 0.95$，容积效率 $\eta_{V\text{p}} = 0.9$；液压马达排量 $V_\text{M} = 10\text{cm}^3/\text{r}$，机械效率 $\eta_\text{mM} = 0.95$，容积效率 $\eta_{V\text{M}} = 0.9$，液压泵出口处到液压马达入口处管路的压力损失为 $5\times10^5\text{Pa}$，泄漏量不计，液压马达回油管和泵吸油管的压力损失不计，试求：

（1）液压泵转速为 1500r/min 时，所需的驱动功率 P_rp；

（2）液压泵输出的液压功率 P_op；

（3）液压马达输出转速 n_M；

（4）液压马达输出功率 P_M；

（5）液压马达输出转矩 T_M。

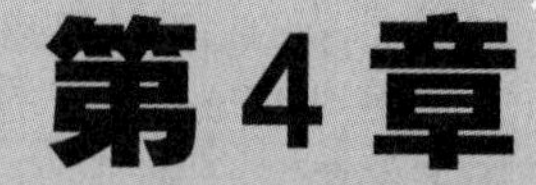

第 4 章 液压控制元件与液压基本回路

液压控制元件主要用来控制液压执行元件的运动方向、承载能力和运动速度，以满足执行元件的工作要求。液压基本回路是用于实现执行元件压力、流量、方向及速度等控制的典型回路。

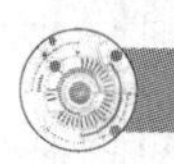

4.1 液压阀与液压基本回路概述

液压控制阀，简称为液压阀，它是液压系统中的控制元件，其作用是控制和调节液压系统中液压油的流动方向、压力的高低和流量的大小，以满足液压缸、液压马达等执行元件不同的动作要求。

液压基本回路是由相关液压元件经管道连接而成，用于实现执行元件压力、流量、方向及速度等控制的典型回路。现代液压传动系统虽然越来越复杂，但仍然是由一些基本回路组成的。掌握基本回路的构成、特点及作用原理，是分析、设计液压传动系统的基础。

常见的液压基本回路有方向控制回路、速度控制回路、压力控制回路等。

本章介绍这些回路的基本构成、工作原理、基本性能和应用。

4.1.1 液压阀的类型

液压阀有不同的类型，但它们之间有一些基本共同点。首先，在结构上，所有的阀都由阀体、阀芯（滑阀或转阀）和驱使阀芯动作的元件（如弹簧、电磁铁）组成；其次，在工作原理上，所有阀的开口大小，阀进、出口之间的压力差以及流过阀的流量之间的关系都符合孔口流量公式（$Q = CA\Delta p^{\varphi}$），仅是各种阀控制的参数各不相同而已。如方向控制阀控制的是执行元件的运动方向，压力控制阀控制的是液压传动系统的压力，而流量控制阀控制的是执行元件的运动速度。液压阀的类型见表 4-1。

表 4-1 液压阀的类型

分类方法	类型	详细分类
按用途分	压力控制阀	溢流阀、顺序阀、减压阀、压力继电器

续表

分类方法	类型	详细分类
按用途分	流量控制阀	节流阀、调速阀、分流阀、集流阀
	方向控制阀	单向阀、液控单向阀、换向阀
按结构分类	滑阀	圆柱滑阀、旋转阀、平板滑阀
	座阀	锥阀、球阀、喷嘴挡板阀
	射流管阀	射流阀
按操作方式分	人力操纵阀	手把及手轮、踏板、杠杆操纵阀
	机械操纵阀	挡块、弹簧操纵阀
	液压（或气动）操纵阀	液压、气动操纵阀
	电动操纵阀	电磁铁、电液操纵阀
按控制方式分类	比例阀	比例压力阀、比例流量阀、比例换向阀、比例复合阀
	伺服阀	单、两级电液流量伺服阀，三级电液流量伺服阀
	数字控制阀	数字控制压力控制流量阀与方向阀
按连接方式分类	管式连接	螺纹式连接阀、法兰式连接阀
	板式及叠加式连接	单层连接板式、双层连接板式、整体连接板式、叠加阀
	插装式连接	螺纹式插装阀、法兰式插装阀

4.1.2 液压阀的性能参数

各种不同的液压阀有不同的性能参数，其共同的性能参数如下。

1. 公称通径

公称通径代表阀的通流能力的大小，对应于阀的额定流量。与阀进、出油口相连接的油管规格应与阀的通径相一致。阀工作时的实际流量应小于或等于其额定流量，最大不得大于额定流量的 1.1 倍。

2. 额定压力

额定压力是液压阀长期工作所允许的最高工作压力。对于压力控制阀，实际最高工作压力有时还与阀的调压范围有关；对于换向阀，实际最高工作压力还可能受其功率极限的限制。

4.1.3 液压阀的基本要求

液压传动系统对液压阀的基本要求如下。

① 动作灵敏，使用可靠，工作时冲击和振动小，噪声小，使用寿命长。

② 阀口全开时，液压油流过液压阀的压力损失小；阀口关闭时，密封性能好，内泄漏小，无外泄漏。

③ 所控制的参数（压力或流量）稳定，受外部干扰时变化量小。

④ 结构紧凑，安装、调整、使用、维护方便，通用性好。

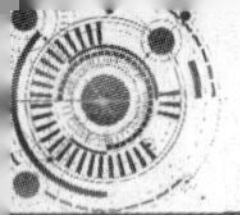

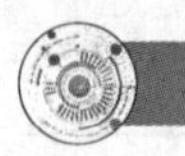

4.2 方向控制阀与方向控制回路

方向控制阀是用来控制液压油流动方向、接通和关断的控制阀。方向控制阀分为单向阀和换向阀两类。

方向控制回路能够实现液压系统中执行元件的启动、停止、换向。这些动作通过控制进入执行元件的液流通、断或改变方向来实现。

4.2.1 单向阀

单向阀分为普通单向阀和液控单向阀两种。

1. 普通单向阀

普通单向阀的作用是使油液只能沿一个方向流动，不允许它倒流，故又称为止回阀。

图 4-1 所示为普通单向阀的外形图，图 4-2 所示为其结构图和图形符号，这种阀由阀体 1、阀芯 2、弹簧 3 等零件组成。当压力油从阀体左端的通口 P_1 流入时，油液在阀芯 2 的左端上产生的压力克服弹簧 3 作用在阀芯 2 上的力，使阀芯 2 向右移动，打开阀口，并通过阀芯 2 上的径向孔 a、轴向孔 b，从阀体 1 右端的通口 P_2 流出。当压力油从阀体 1 右端的通口 P_2 流入时，液压力和弹簧力一起使阀芯锥面压紧在阀体上，使阀口 P_1 关闭，油液无法通过。

普通单向阀的工作原理

为了保证单向阀工作灵敏可靠，单向阀中的弹簧刚度一般都较小。单向阀开启压力一般为 0.035～0.05MPa，所以单向阀中的弹簧很软。单向阀也可以用作背压阀。将软弹簧更换成合适的硬弹簧，就成为背压阀。这种阀通常安装在液压系统的回油路上，用来产生 0.2～0.6MPa 的背压力。

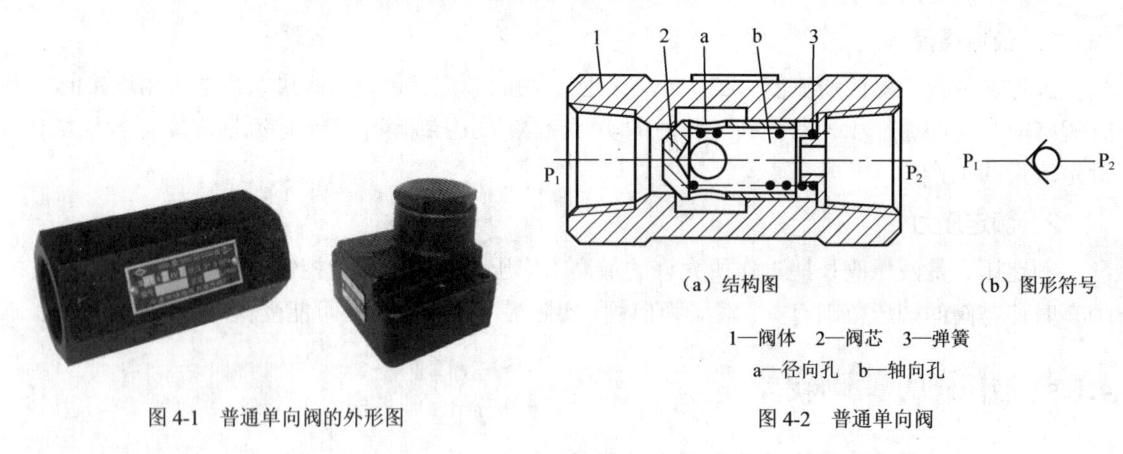

图 4-1 普通单向阀的外形图

（a）结构图 （b）图形符号

1—阀体 2—阀芯 3—弹簧

a—径向孔 b—轴向孔

图 4-2 普通单向阀

单向阀常被安装在泵的出口，一方面防止系统的压力冲击影响泵的正常工作；另一方面在泵不工作时防止系统的油液倒流经泵回油箱。单向阀还被用来分隔油路以防止干扰，并与其他阀并联组成复合阀，如单向顺序阀、单向节流阀等。

2. 液控单向阀

液控单向阀可使油液在两个方向自由通流，可用作二通开关阀，也可用作保压阀，用两

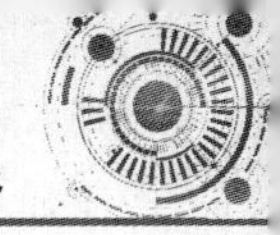

个液控单向阀还可以组成“液压锁”。

图 4-3 所示为液控单向阀，这种阀由控制活塞 1、顶杆 2、阀芯 3 和弹簧等组成。当控制口 K 处无控制压力油通入时，它的工作原理和普通单向阀一样，压力油只能从通口 P_1 流向通口 P_2，不能倒流。当控制口 K 有控制压力油通入时，因控制活塞 1 右侧 a 腔通泄油口（图中未画出），活塞 1 右移，推动顶杆 2 克服弹簧的压力，顶开阀芯 3，使通口 P_1 和 P_2 接通，油液就可在两个方向自由通流。

液控单向阀具有良好的单向密封性，常用于执行元件需要长时间保压、锁紧的回路中。

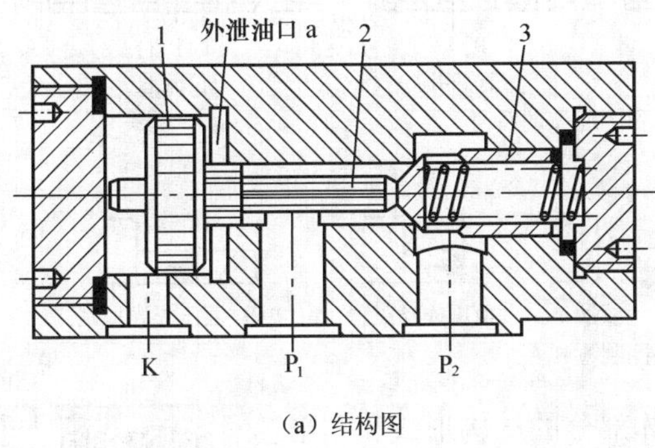

（a）结构图　（b）图形符号

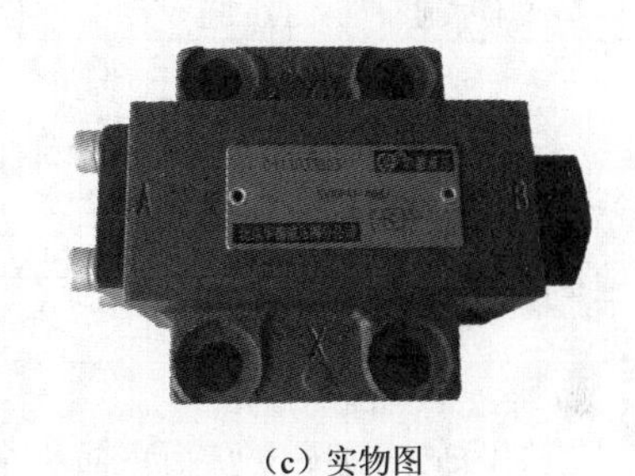

（c）实物图

1—控制活塞　2—顶杆　3—阀芯

图 4-3　液控单向阀

4.2.2　换向阀

换向阀的作用是利用阀芯相对于阀体的运动，改变阀体上各阀口的连通或断开状态，使油路接通、关断或变换液流的方向，从而使液压执行元件启动、停止或变换运动方向。

1. 换向阀的工作原理

图 4-4 所示为滑阀式换向阀的工作原理图，当阀芯向左移动一定的距离时，由液压泵输出的压力油从阀的 P 口经 A 口流向液压缸左腔，液压缸右腔的油经 B 口流回油箱，液压缸活塞向右运动；反之，当阀芯向右移动某一距离时，液流反向，活塞向左运动。

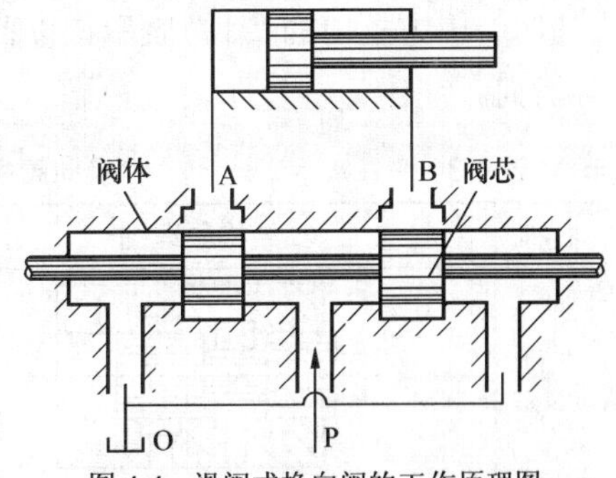

图 4-4　滑阀式换向阀的工作原理图

2. 换向阀的分类

根据换向阀阀芯的运动形式、结构特点和控制方式等的不同，换向阀的分类见表 4-2。换向阀的图形符号见附录。

换向阀的“位”和“通”的符号如图 4-5 所示，其控制方式如图 4-6 所示。

表 4-2　　换向阀的分类

分类方式	类型
按阀的控制方式分	手动、机动、电磁动、液动、电液动换向阀
按阀芯位置数和通道数分	二位三通、二位四通、三位四通、三位五通换向阀
按阀芯的运动方式分	滑阀、转阀和锥阀
按阀的安装方式分	管式、板式、法兰式、叠加式、插装式

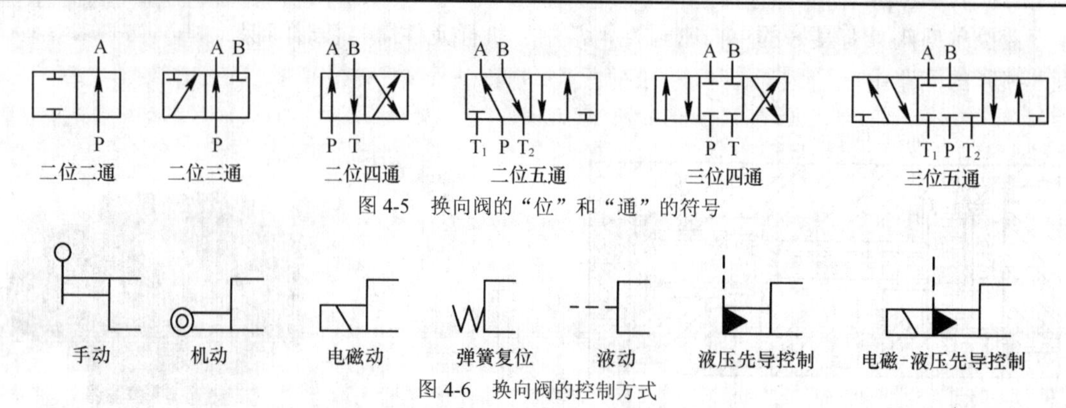

图 4-5　换向阀的“位”和“通”的符号

图 4-6　换向阀的控制方式

几种不同“位”和“通”的滑阀式换向阀主体部分的结构形式和图形符号见表 4-3。

三位四通换向阀

表 4-3 中图形符号的含义如下。

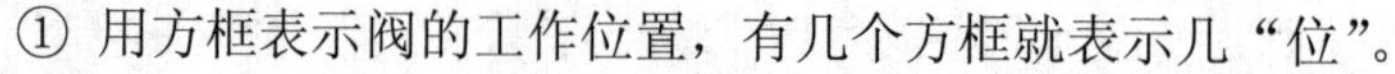
① 用方框表示阀的工作位置，有几个方框就表示几“位”。

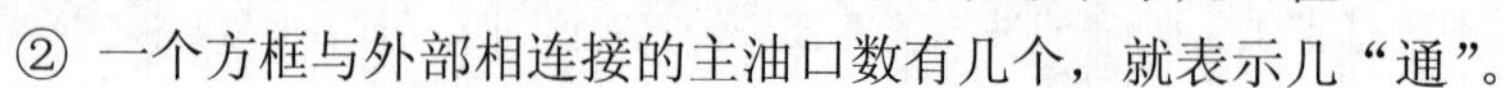
② 一个方框与外部相连接的主油口数有几个，就表示几“通”。

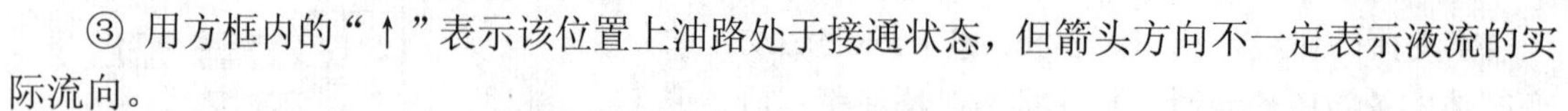
③ 用方框内的“↑”表示该位置上油路处于接通状态，但箭头方向不一定表示液流的实际流向。

表 4-3　　换向阀主体部分的结构形式和图形符号

名称	结构原理图	图形符号	使用场合	
二位二通	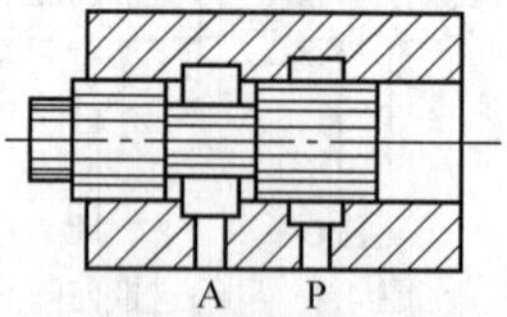 A P	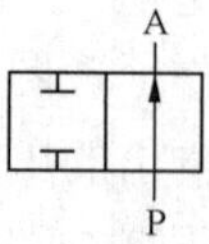 A P	控制油路的接通与切断	
二位三通	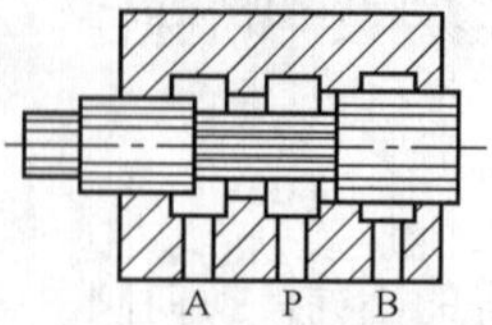 A P B	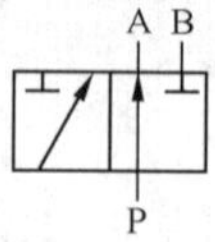 A B P	控制油液流动方向	
二位四通	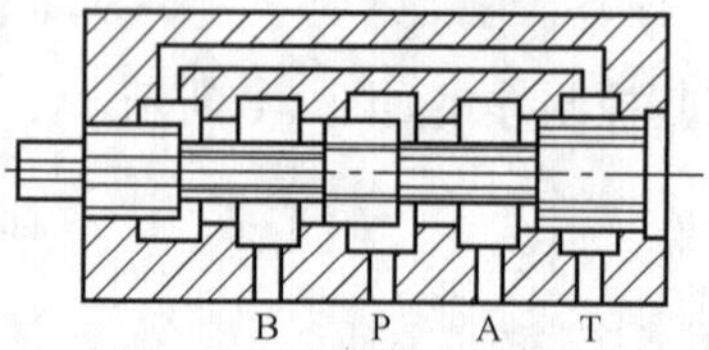 B P A T	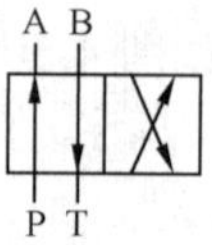 A B P T	控制执行元件换向，且执行元件正反向运动时回油方式相同	不能使执行元件在任意位置停止

续表

名称	结构原理图	图形符号	使用场合	
三位四通	A P B T	A B P T	控制执行元件换向，且执行元件正反向运动时回油方式相同	能使执行元件在任意位置停止

④ 方框内的符号“⊥”表示此通路被阀芯封闭，即不通。

⑤ 通常换向阀与系统供油路连接的进油口用 P 表示，与回油路连接的回油口用 T 表示，而与执行元件相连接的工作油口用字母 A、B 表示。

⑥ 换向阀都有两个或两个以上的工作位置，其中一个为常态位，即阀芯未受到操纵力作用时所处的位置。图形符号中的中位是三位阀的常态位，利用弹簧复位的二位阀则以靠近弹簧的方框内的通路状态为其常态位。绘制液压系统图时，油路一般应连接在换向阀的常态位上。

3. 常用换向阀

（1）机动换向阀

机动换向阀又称为行程阀。它主要用来控制机械运动的行程，这种阀利用安装在运动部件上的挡块或凸块，推压阀芯端部滚轮使阀芯移动，从而使油路换向。

图 4-7 所示为二位二通机动换向阀，这种阀由滚轮 2、阀芯 3、弹簧 4 等组成。在图示位置，阀芯 3 在弹簧 4 作用下处于左位，P 与 A 不连通；当运动部件上挡块 1 压住滚轮使阀芯移至右位时，油口 P 与 A 连通。当行程挡块脱开滚轮时，阀芯在其底部弹簧的作用下又恢复初始位置。通过改变挡块斜面的角度α，可改变阀芯移动速度，调节油液换向过程的快慢。

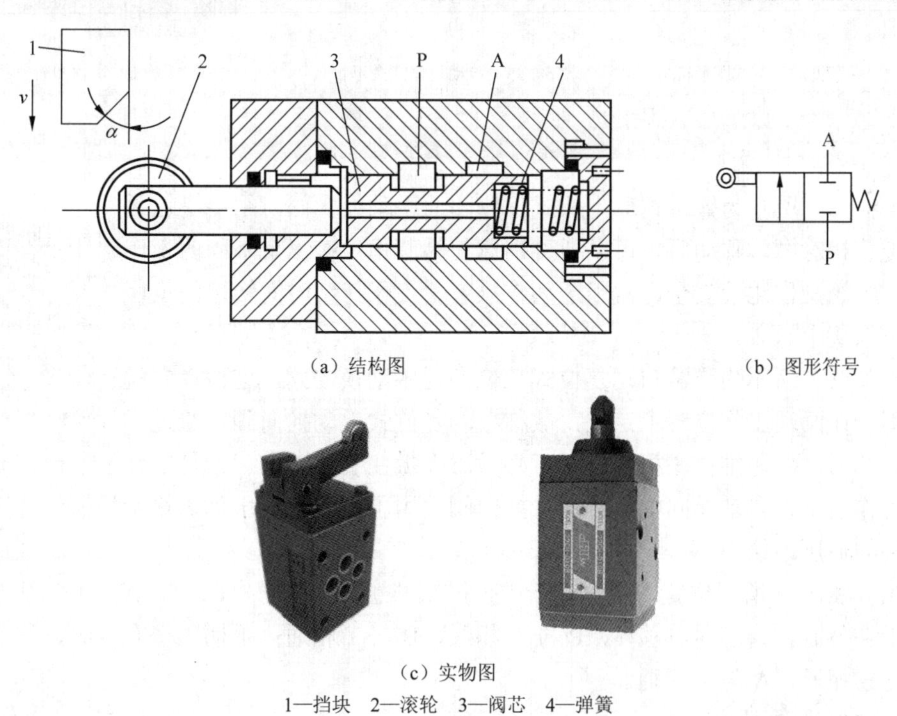

（a）结构图　　（b）图形符号

（c）实物图

1—挡块　2—滚轮　3—阀芯　4—弹簧

图 4-7　二位二通机动换向阀

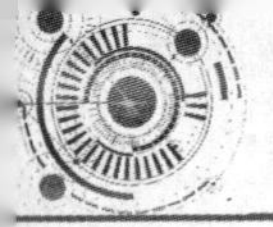

机动换向阀的优点是结构简单，换向时阀口逐渐关闭或打开，故换向平稳、可靠，位置精度高，常用于控制运动部件的行程或快慢速度的转换。其缺点是它必须安装在运动部件附近，一般油管较长。

（2）手动换向阀

手动换向阀是用手动杠杆操纵阀芯换位的换向阀，它主要有弹簧钢球定位式和弹簧自动复位式两种形式，如图4-8所示。

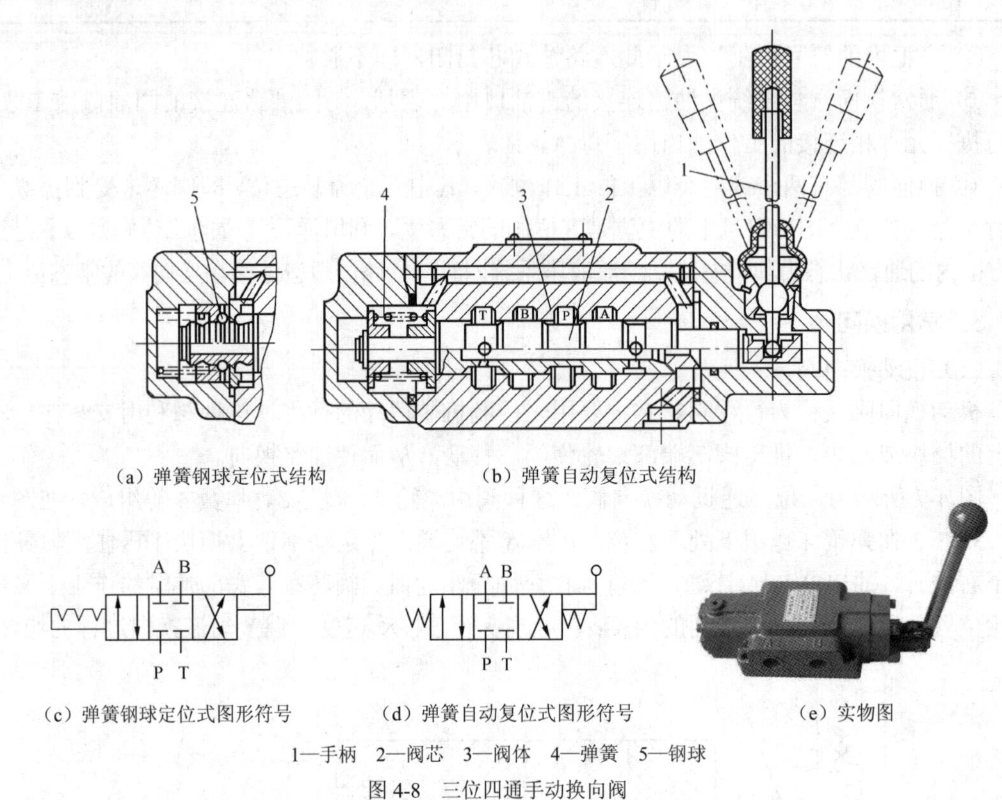

（a）弹簧钢球定位式结构　　（b）弹簧自动复位式结构

（c）弹簧钢球定位式图形符号　　（d）弹簧自动复位式图形符号　　（e）实物图

1—手柄　2—阀芯　3—阀体　4—弹簧　5—钢球

图4-8　三位四通手动换向阀

图4-8（a）所示为弹簧钢球定位式三位四通手动换向阀，用手操纵手柄推动阀芯相对阀体移动后，可以通过钢球使阀芯稳定在三个不同的工作位置上。此阀操作比较安全，常用于动作频繁、工作持续时间较短的工程机械液压系统中。

手动换向阀的工作原理

图4-8（b）所示为弹簧自动复位式三位四通手动换向阀，这种换向阀的阀芯不能在两端工作位置上定位，故称自动复位式手动换向阀。通过手柄推动阀芯后，要想维持在极限位置，必须用手扳住手柄不放，一旦松开了手柄，阀芯会在弹簧力的作用下，自动弹回中位。这种换向阀适用于机床、液压机、船舶等需保持工作状态时间较长的液压系统中。

在图4-8（b）所示位置，手柄处于中位，阀芯也处于中位，P、T、A、B口互不相通；手柄处于左位时，阀芯向右移动，P与A相通，B与T相通；手柄处于右位时，阀芯向左移动，P与B相通，A与T相通。

（3）电磁换向阀

电磁换向阀是利用电磁铁的吸引力控制阀芯换位的换向阀。它操纵方便，布局灵活，有

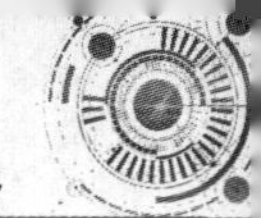

利于提高自动化程度，因此应用最广泛。当然必须指出，由于电磁铁的吸力有限（<120N），因此电磁换向阀只适用于流量不太大的场合。

电磁换向阀由电磁铁和换向滑阀两部分组成。电磁铁按使用电源的不同，可分为交流和直流两种。电磁换向阀用交流电磁铁的适用电压一般为交流220V，电气线路配置简单。交流电磁铁启动力较大，换向时间短（0.01～0.03s），但换向冲击大，工作时温升高；当阀芯卡住时，电磁铁因电流过大易烧坏，可靠性较差，所以切换频率不许超过30次/min；寿命较短。直流电磁铁一般使用24V直流电压，因此需要专用直流电源。其优点是不会因铁心卡住而烧坏，体积小，工作可靠，允许切换频率为120次/min，换向冲击小，使用寿命较长。但启动力比交流电磁铁小。而交流本机整流型电磁铁本身带有半波整流器，可以在直接使用交流电源的同时，具有直流电磁铁的结构和特性，使用非常方便。

电磁铁按衔铁工作腔是否有油液又可分为“干式”和“湿式”。干式电磁铁的线圈、铁心与轭铁处于空气中不和油接触，因此在电磁铁和滑阀之间设有密封装置。由于回油有可能渗入对中弹簧腔中，所以阀的回油压力不能太高。此类电磁铁附有手动推杆，一旦电磁铁发生故障时可使阀芯手动换位。这种电磁铁是简单液压系统常用的一种形式。而湿式电磁铁的衔铁和推杆均浸在油液中，运动阻力小，且油还能起到冷却和吸振作用，从而提高了换向的可靠性和使用寿命。

图4-9所示为二位三通干式交流电磁换向阀。这种阀的左端有一干式交流电磁铁，当电磁铁不通电时（图示位置），P与A相通；当电磁铁通电时，衔铁向右移动，通过推杆1使阀芯2推压弹簧3一起向右移动至端部，使P与B相通，而P与A断开。

电磁换向阀的工作原理

图4-10所示为三位四通湿式直流电磁换向阀。这种阀的两端各有一湿式直流电磁铁和一对中弹簧，当两边电磁铁都不通电时，阀芯3在两边对中弹簧4的作用下处于中位，P、T、A、B口互不相通；当右侧电磁铁通电时，右侧的推杆将阀芯3推向左端，P与A相通，B与T相通；当左侧电磁铁通电时，P与B相通，A与T相通。

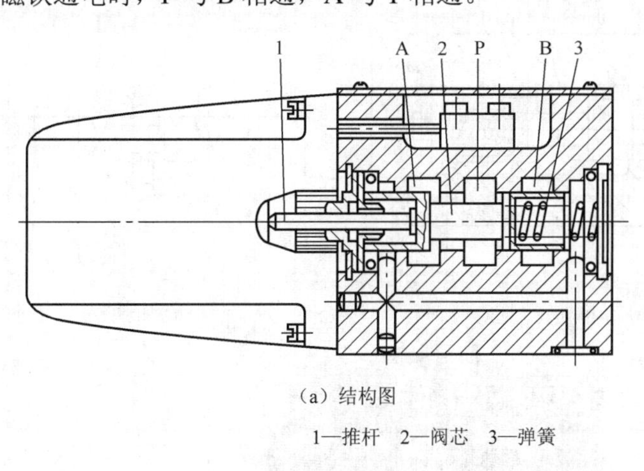

（a）结构图

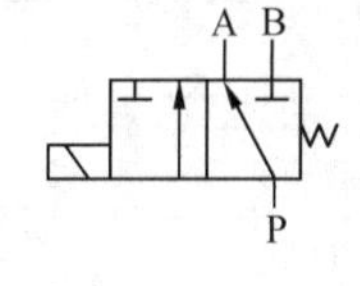

（b）图形符号

1—推杆　2—阀芯　3—弹簧

图4-9　二位三通干式交流电磁换向阀

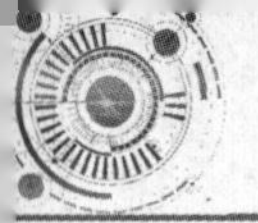

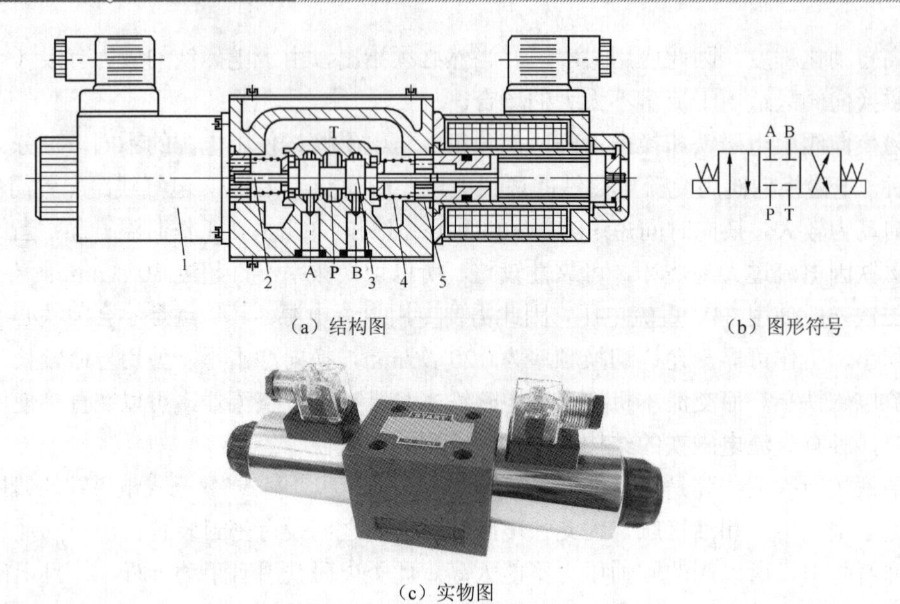

（a）结构图　　（b）图形符号

（c）实物图

1—电磁铁　2—推杆　3—阀芯　4—弹簧　5—挡圈

图 4-10　三位四通湿式直流电磁换向阀

（4）液动换向阀

液动换向阀是利用控制油路的压力油推动阀芯来改变位置的换向阀，广泛用于大流量（阀的通径大于 10mm）的控制回路，可控制油流的方向。

图 4-11 所示为三位四通液动换向阀。阀芯是靠其两端密封腔中油液的压力差来移动的，当控制油路的压力油从阀左边的控制油口 K_1 进入滑阀左腔，滑阀右腔 K_2 接通回油时，阀芯向右移动，使得 P 与 A 相通，B 与 T 相通；当 K_2 接通压力油，K_1 接通回油时，阀芯向左移动，使压力油口 P 与 B 相通，A 与 T 相通；当 K_1、K_2 都通压力油时，阀芯在两端弹簧和定位套作用下回到中间位置，P、A、B、T 均不相通。

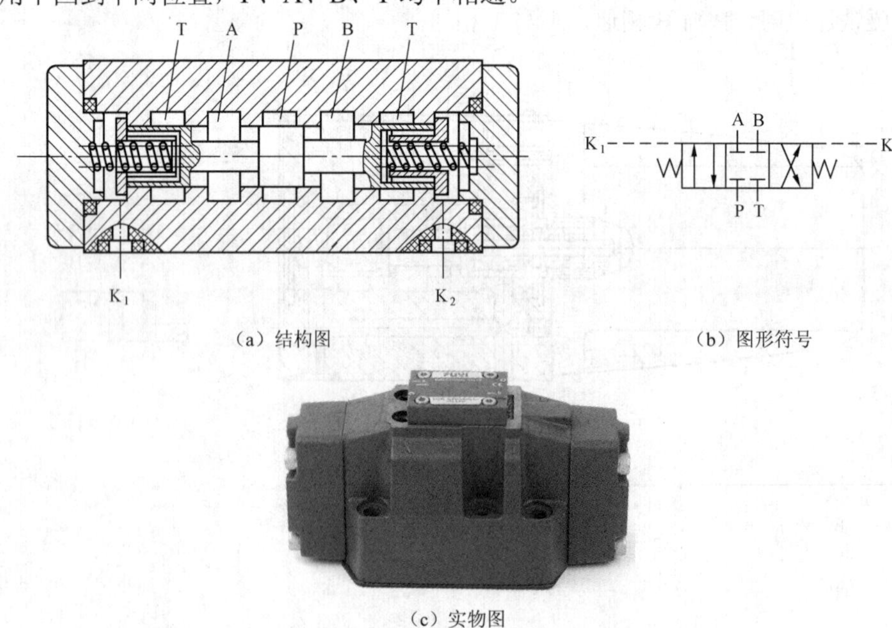

（a）结构图　　（b）图形符号

（c）实物图

图 4-11　三位四通液动换向阀

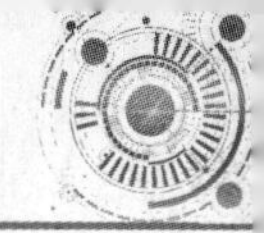

（5）电液换向阀

电液换向阀是由电磁换向阀与液动换向阀组成的复合阀。电磁换向阀为先导阀，它用来改变控制油路的方向；液动换向阀为主阀，它用来改变主油路的方向。这种阀的优点是用反应灵敏的小规格电磁阀方便地控制大流量的液动阀换向。

图 4-12 所示为三位四通电液换向阀。当电磁换向阀的两个电磁铁均不通电时，电磁换向阀阀芯在其对中弹簧作用下处于中位，此时来自液动换向阀 P 口或外接油口的控制压力油均不进入主阀芯的左、右两油腔，液动换向阀阀芯左右两腔的油液通过左右节流阀和先导电磁换向阀中间位置的 A′、B′两油口与先导电磁换向阀 T′口相通，再从液动换向阀的 T 口或外接油口流回油箱；液动换向阀阀芯在两端对中弹簧的预压力的推动下，依靠阀体定位，准确地回到中位，此时主阀的 P、A、B 和 T 油口均不通。当先导电磁换向阀左端的电磁铁通电后，其阀芯向右端位置移动，来自液动换向阀 P 口或外接油口的控制压力油可经先导电磁换向阀的 A′口和左端单向阀进入液动换向阀左端油腔，并推动主阀芯向右移动，这时液动换向阀阀芯右端油腔中的控制油液可通过右端的节流阀经先导电磁换向阀的 B′口和 T′口，再从液动换向阀的 T 口或外接油口流回油箱，使液动换向阀的 P 与 A 的油路相通、B 和 T 的油路相通。反之，由先导电磁换向阀右边的电磁铁通电，可使 P 与 B 的油路相通、A 与 T 的油路相通。液动换向阀阀芯的移动速度可由两侧的节流阀调节，因此可使换向平稳，无冲击。

（6）电磁球式换向阀

球式换向阀与滑阀式换向阀相比，它的优点是动作可靠性高，密封性好，对油液污染不敏感，切换时间短，工作压力高（可高达 63MPa），球阀芯可直接从轴承厂获得，精度很高，价格便宜等。电磁球式换向阀主要用在要求密封性很好的场合。

图 4-13 所示为常开型二位三通电磁球式换向阀。这种阀主要由左阀座 4、右阀座 6、球阀 5、弹簧 7、操纵杆 2 和杠杆 3 等零件组成。图 4-13 所示为电磁铁断电状态，即常态位，P 口的压力油一方面作用在球阀 5 的右侧，另一方面经右阀座 6 上的通道进入操纵杆 2 的空腔而作用在球阀 5 的左侧，以保证球阀 5 两侧承受的液压力平衡，球阀 5 在弹簧 7 的作用下压在左阀座 4 上，P 与 A 相通，A 与 T 切断；当电磁铁 8 通电时，衔铁推动杠杆 3，以 1 为支点推动操纵杆 2，克服弹簧力，使球阀 5 压在右阀座 6 上，实现换向，P 与 A 切断，A 与 T 相通。

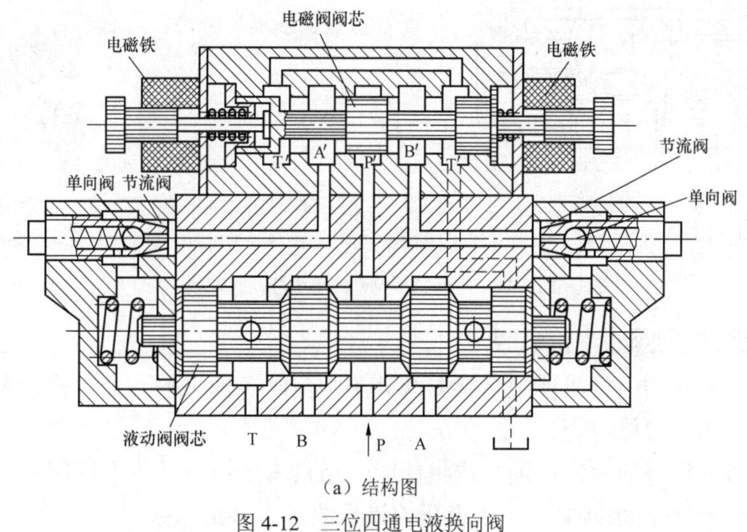

（a）结构图

图 4-12　三位四通电液换向阀

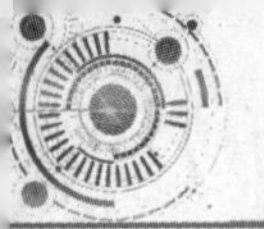

（b）实物图

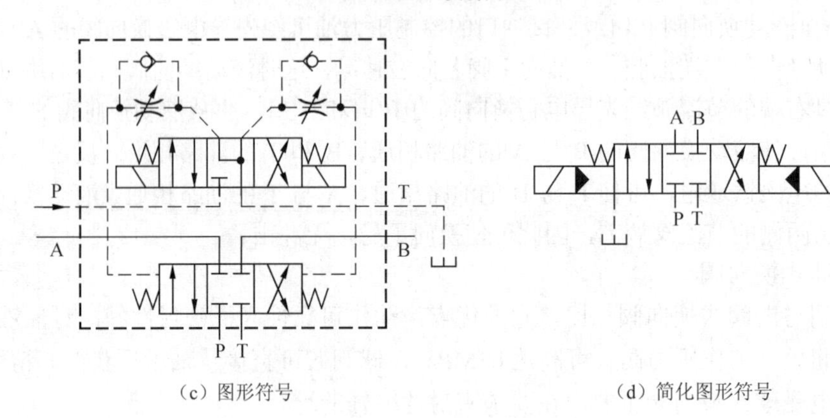

（c）图形符号　　　　　　　　　　（d）简化图形符号

图 4-12　三位四通电液换向阀（续）

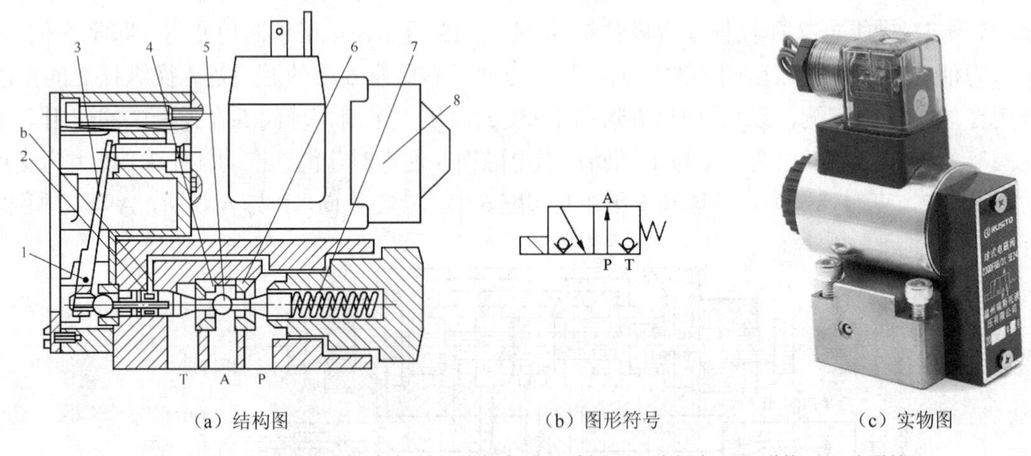

（a）结构图　　　　　　　　（b）图形符号　　　　　　　　（c）实物图

1—支点　2—操纵杆　3—杠杆　4—左阀座　5—球阀　6—右阀座　7—弹簧　8—电磁铁

图 4-13　常开型二位三通电磁球式换向阀

4. 三位四通换向阀的中位机能

三位四通换向阀的中位机能是指换向阀处于中位时各油口的连通方式，表 4-4 所示为常见三位四通换向阀的中位机能。

分析和选择三位四通换向阀的中位机能时，通常考虑以下几方面的因素。

① 系统保压：P 口堵塞时，系统保压，液压泵用于多缸系统。

② 系统卸荷：P 口通畅且与 T 口相通，系统卸荷（H 型、K 型、X 型、M 型）。

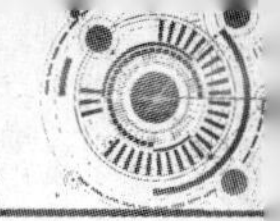

③ 换向平稳性与精度：A、B 两口堵塞，换向过程中易产生冲击，换向不平稳，但精度高；A、B 口都通 T 口，换向平稳，但精度低。

④ 启动平稳性：阀在中位时，液压缸某腔通油箱，启动时无足够的油液来缓冲，启动不平稳。

⑤ 液压缸浮动或在任意位置上停止。

表 4-4　　常见三位四通换向阀的中位机能

类型	结构简图	图形符号	中位油口状况、特点及应用
O 型	T (T_1) A P B T (T_2)	A B P T	P、A、B、T 四口全封闭，执行元件闭锁，可用于多个换向阀并联工作
H 型	T (T_1) A P B T (T_2)	A B P T	P、A、B、T 口全通；执行元件两腔与回油箱连通，在外力作用下可移动，泵卸荷
P 型	T (T_1) A P B T (T_2)	A B P T	P、A、B 口相通，T 口封闭；泵与执行元件两腔相通，可组成差动回路
X 型	T (T_1) A P B T (T_2)	A B P T	四油口处于半开启状态，泵基本上卸荷，但仍保持一定压力
Y 型	T (T_1) A P B T (T_2)	A B P T	P 口封闭，A、B、T 口相通；执行元件两腔与回油箱连通，在外力作用下可移动，泵不卸荷
M 型	T (T_1) A P B T (T_2)	A B P T	P、T 口相通，A 与 B 口均封闭；执行元件两油口都封闭，泵卸荷，也可用多个 M 型换向阀并联工作

4.2.3 方向控制回路

方向控制回路是液压系统最基本的回路，在任何系统中都离不开方向控制。实现方向控制的基本方法如下。

① 阀控：采用换向阀来实现。

② 泵控：采用双向变量泵或双向定量泵改变液流的方向和流量。

③ 锁紧执行元件控制：采用双向液压马达改变液流方向。

1. 阀控方向控制回路

阀控方向控制由换向阀实现，在进行方向控制回路设计时，主要是换向阀的工作位数、

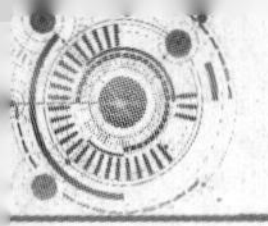

通路数、操作方式的选择等。对于大流量回路采用插装阀。

（1）换向阀换向回路

图 4-14 所示为采用三位四通电磁换向阀控制的回路。当电磁铁 1YA 通电时，滑阀向左移动，左位油路接通，液压缸向右移动；当两电磁铁都没有电时，滑阀位于中位，液压缸停止；当电磁铁 2YA 通电时，滑阀右移，右位油路接通，液压缸左移。

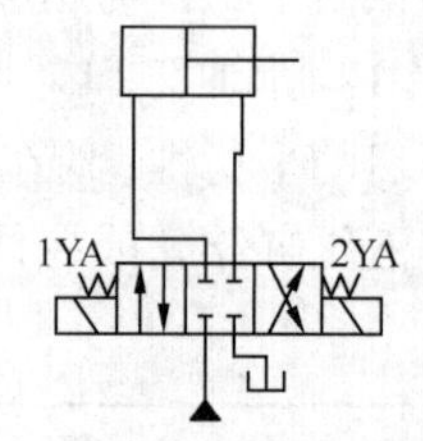

图 4-14　三位四通电磁换向阀换向回路

（2）插装阀换向控制回路

图 4-15 所示为采用插装阀实现的控制回路。本回路采用相当于一个二位四通阀的插装阀控制方向。在电磁阀通电时，液压油通过插装阀 E 流入液压缸右腔，活塞左移，左腔的油通过插装阀 C 回油箱。当电磁阀断电时，插装阀 C 与 E 上腔通油箱，D 与 F 上腔通压力油，D 阀通而 F 阀不通，压力油由 D 阀流入液压缸左腔，右腔油通过 F 阀回油箱，活塞右移。

该回路只需小规格电磁阀控制，可用于大流量控制系统。

2. 泵控方向控制回路

利用双向泵旋转方向的改变来改变液流的方向，实现缸的运动方向的改变。液压泵可以是变量泵或定量泵。

图 4-16 所示为双向变量泵方向控制回路。本回路为了补偿在闭式液压回路中单杆式活塞缸两侧油腔的油量差，采用了一个蓄能器。当活塞向下运动时，蓄能器放出油液以补偿泵吸油量的不足。当活塞向上运行时，压力油将液控单向阀打开，使液压缸上腔多余的回油流入蓄能器。

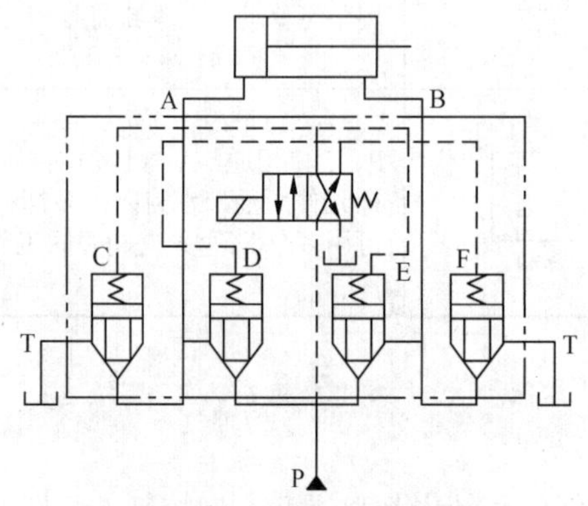

图 4-15　采用插装阀实现的控制回路

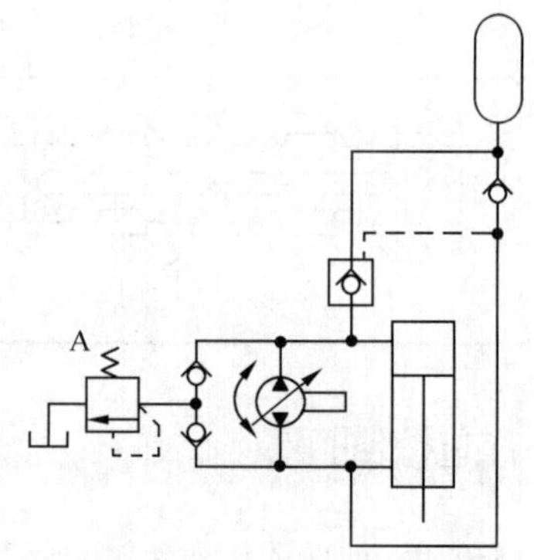

图 4-16　双向变量泵方向控制回路

3. 锁紧执行元件控制回路

锁紧回路是当液压泵停止向执行元件供油后，执行元件能被锁紧在要求位置上，当受到重力或外力作用时位置不变。例如，起重机的支承腿，在工作过程中活塞不能移动，保证吊物时的安全。

锁紧方式分单向锁紧和双向锁紧，当单向锁紧时可用单向阀；双向锁紧时可利用液控单向阀、换向阀 M 型中位机能或液控顺序阀。采用各种锁紧方式的回路如图 4-17 所示。

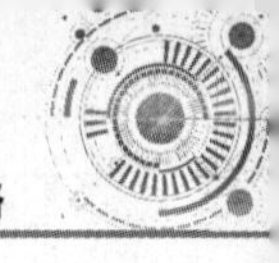

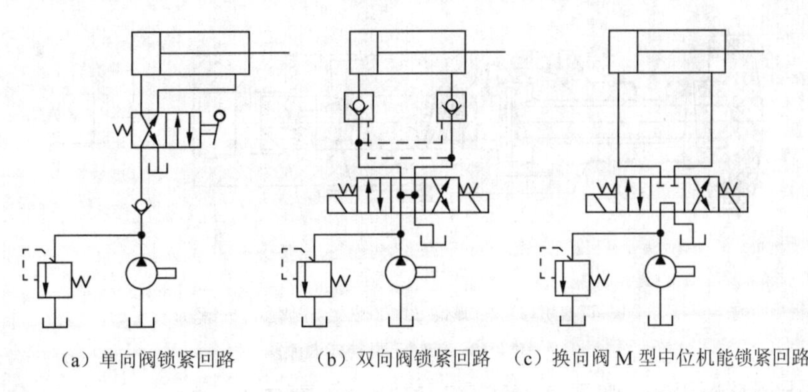

（a）单向阀锁紧回路　（b）双向阀锁紧回路　（c）换向阀 M 型中位机能锁紧回路

图 4-17　锁紧回路

图 4-17（a）采用二位四通阀和单向阀使液压缸活塞锁紧在液压缸的两端，实现双端锁紧。

图 4-17（b）采用两个液控单向阀组成连锁回路，可以实现活塞在任意位置上的锁紧。此回路锁紧精度高。设计中应用本回路时，为了保证可靠的锁紧，其换向阀应该采用 H 型或 Y 型。这样当换向阀处于中位时，A、B 两油口直通油箱，液控单向阀才能立即关闭，活塞停止运动并被锁紧。O 型中位机能由于油液不能立即排出而影响关闭时间和精度。

图 4-17（c）所示为采用换向阀 M 型中位机能实现的双向锁紧回路，由于滑阀有一定的泄漏，因此该回路在需要较长时间且要求较高的系统中是不适用的。

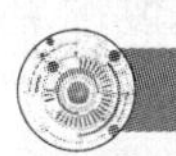

4.3 压力控制阀与压力控制回路

压力控制阀，简称压力阀，是控制液压系统压力或利用压力的变化来实现某种动作的阀。这类阀都是利用作用在阀芯上的液压力和弹簧力相平衡的原理来工作的。按用途不同，压力控制阀可分溢流阀、减压阀、顺序阀和压力继电器等。

压力控制回路是以控制回路压力使之完成特定功能的回路。压力控制回路主要有调压回路、减压回路、增压回路、保压回路、卸荷回路、平衡回路、制动回路等。

4.3.1 溢流阀

溢流阀的主要作用有两点：一是用来保持系统或回路的压力恒定，如在定量泵节流调速系统中作溢流恒压阀，用以保持泵的出口压力恒定；二是在系统中作安全阀用，在系统正常工作时，溢流阀处于关闭状态，而当系统压力大于或等于其调定压力时，溢流阀才开启溢流，对系统起过载保护作用。此外，溢流阀还可作背压阀、卸荷阀、制动阀、平衡阀和限速阀等使用。

溢流阀按其结构和工作原理可分为直动式和先导式两种。直动式溢流阀一般用于低压小流量系统，或作先导阀用；而先导式溢流阀常用于高压、大流量液压系统的溢流、调压和稳压。

直动式溢流阀

1. 直动式溢流阀

图 4-18 所示为锥阀芯直动式溢流阀的结构图和图形符号，图 4-19 所示为其外形图。

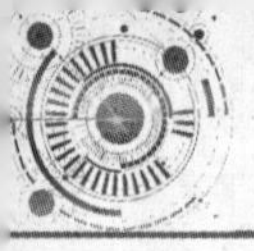

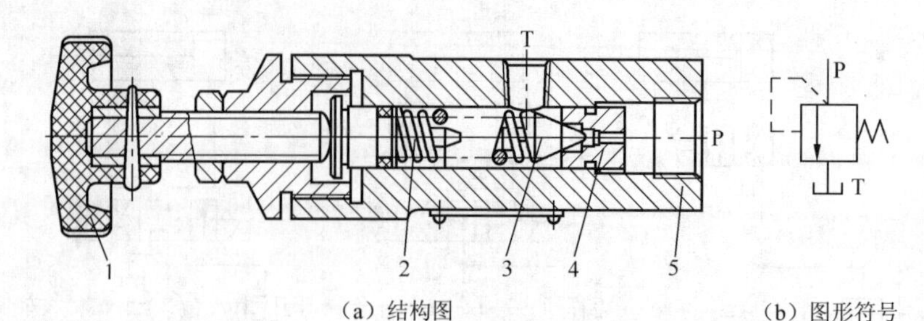

（a）结构图　　（b）图形符号

1—调整螺母　2—弹簧　3—阀芯　4—阀座　5—阀体

图 4-18　锥阀芯直动式溢流阀

这种阀由调整螺母 1、弹簧 2、阀芯 3、阀座 4、阀体 5 等组成。阀芯 3 在弹簧 2 的作用下紧压在阀座 4 上，阀体 5 上开有进油口 P 和出油口 T，压力油从进油口 P 进入，并作用在阀芯 3 上。当油压力低于调压弹簧力时，阀口关闭，阀芯 3 在弹簧力的作用下压紧在阀座 4 上，P 与 T 之间不通，溢流口无压力油溢出；当油压力超过弹簧力时，阀芯 3 开启，P 与 T 相接通，压力油从出油口 T 流回油箱，弹簧力随着开口量的增大而增大，直至与油压力相平衡。调节弹簧的预压力，便可调整溢流压力。

图 4-19　锥阀芯直动式溢流阀外形图

2．先导式溢流阀

先导式溢流阀

图 4-20 所示为一种典型的先导式溢流阀，图 4-21 为其外形图。这种阀由先导阀和主阀两部分组成。先导阀是一个小规格锥阀芯直动式溢流阀，主阀芯 6 上开有阻尼孔 5，阀体上还加工有孔道。

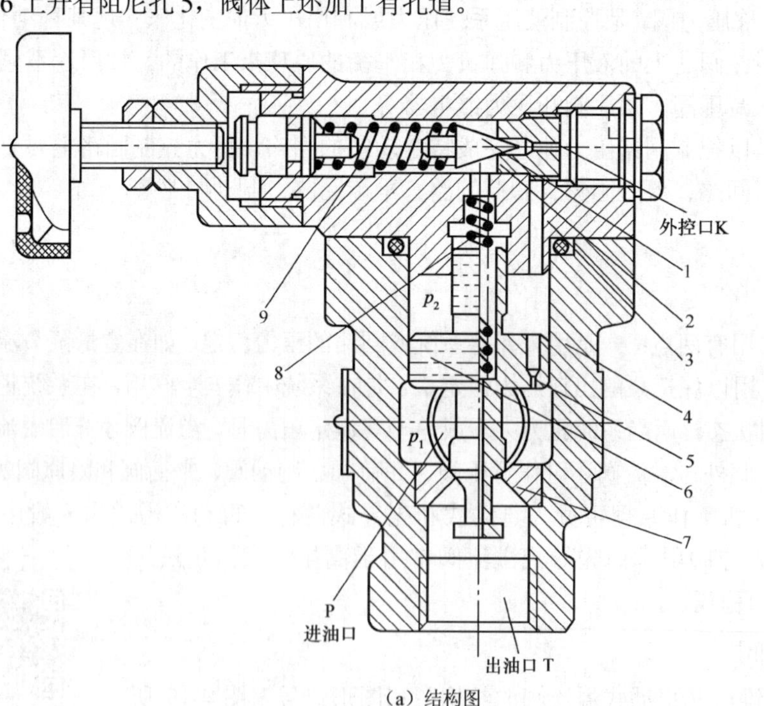

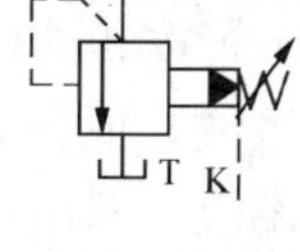

（a）结构图　　（b）图形符号

1—锥阀芯（先导阀）　2—锥阀座　3—阀盖　4—阀体　5—阻尼孔

6—主阀芯　7—主阀座　8—主阀弹簧　9—先导阀调压弹簧

图 4-20　先导式溢流阀

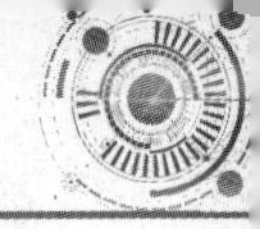

工作时，压力油从进油口P进入主阀芯6的下腔，同时压力油又经阻尼孔5进入主阀芯6的上腔，并作用于先导阀的锥阀芯1上，此时外控口K不接通。当进油口P的压力低于先导阀调压弹簧9的调定压力时，先导阀关闭，主阀芯6上下两端压力相等，主阀芯在主阀弹簧8作用下处于最下端，主阀关闭，不溢流。当进油口P的压力高于先导阀调压弹簧9的调定压力时，先导阀被推开，主阀芯上腔的压力油经锥阀阀口、出油口T流回油箱。由于阻尼孔5的作用，在主阀芯上下端形成一定的压力差，主阀芯便在此压力差的作用下克服主阀弹簧的张力上移，P与T接通，达到溢流的目的。调节螺母即可改变先导阀调压弹簧9的预压缩量，从而调整系统的压力。

3. 溢流阀的启闭特性

溢流阀的启闭特性是指溢流阀在从开启到通过额定流量，再从额定流量到闭合（溢流量减小为额定流量的1%以下）的过程中，被控压力与通过溢流阀的溢流量之间的关系。它是衡量溢流阀定压精度的一个重要指标。

溢流阀的启闭特性一般用溢流阀处于额定流量、调定压力p_n时，开始溢流的开启压力p_c及停止溢流的闭合压力p_B分别与p_n的百分比来衡量，前者称为开启比（不小于90%），后者称为闭合比（不小于 85%），两个百分比越大，则两者越接近，溢流阀的启闭特性就越好。图 4-22 所示为直动式溢流阀和先导式溢流阀的启闭特性曲线，图中p_n为溢流阀调定压力，p_c和p_c'分别为直动式溢流阀和先导式溢流阀的开启压力，p_B为直动式溢流阀的闭合压力。

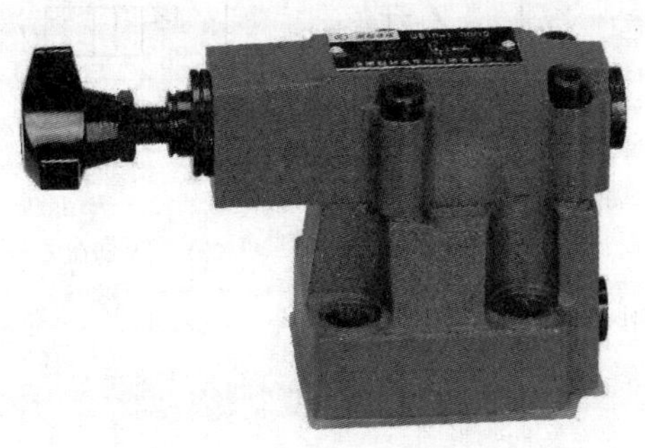

图4-21　先导式溢流阀外形图

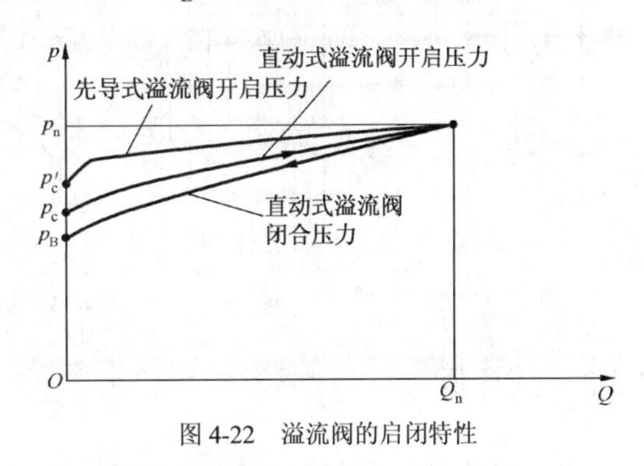

图4-22　溢流阀的启闭特性

4. 溢流阀的作用

溢流阀在液压系统中能分别起到调压溢流、远程调压、安全保护、使液压缸回油腔形成背压和使泵卸荷等多种作用，如图4-23所示。

（1）调压溢流

采用定量泵供油的节流调速系统，常在其进油路或回油路上设置节流阀或调速阀，使泵输出液压油的一部分进入液压缸工作，而多余的油经溢流阀流回油箱。溢流阀处于其调定压力下的常开状态，调节弹簧的预紧力，也就调节了系统的工作压力。因此，在这种情况下溢流阀的作用即为调压溢流，如图4-23（a）所示。

（2）远程调压

当先导式溢流阀的外控口（远程控制口）与调压较低的溢流阀（或远程调压阀）连通时，其主阀芯上腔的油压只要达到低压阀的调定压力，主阀芯即可抬起溢流（其先导阀不再起调压作用），从而实现远程调压。如图4-23（b）所示，当电磁阀通电左位工作时，将先导式溢

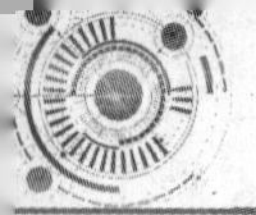

流阀的外控口与低压调压阀断开，相当于堵塞外控口 K，则由主阀上的先导阀调压。利用电磁阀可实现两级调压，但远程调压阀的调定压力必须低于先导阀调定的压力。

（3）安全保护

采用变量泵供油的液压系统，没有多余的油液需溢流，其工作压力由负载决定。这时与泵并联的溢流阀只有在过载时才需打开，以保障系统的安全。因此，这种系统中的溢流阀又称为安全阀，是常闭的，如图 4-23（c）所示。

（4）形成背压

如图 4-23（d）所示，将溢流阀设置在液压缸的回油路上，可使液压缸的回油腔形成背压，用以消除负载突然减小或变为零时液压缸产生的前冲现象，提高运动部件运动的平稳性。因此，这种用途的阀也称背压阀。

（5）使泵卸荷

采用先导式溢流阀调压的定量泵液压系统，当阀的外控口 K 与油箱连通时，其主阀芯在进口压力很低时即可迅速抬起，使泵卸荷，以减少能量损耗。如图 4-23（e）所示，当电磁铁通电时，溢流阀外控口通油箱，因而能使泵卸荷。

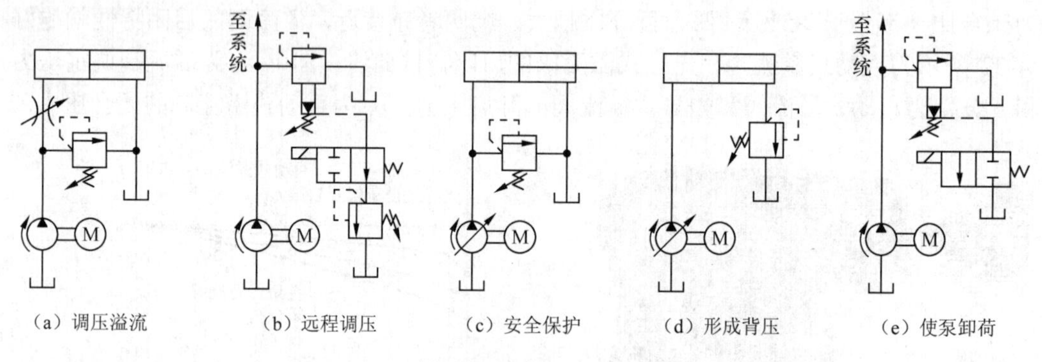

图 4-23　溢流阀的作用

4.3.2　减压阀

减压阀是利用油液通过缝隙时产生压降的原理，使系统中某一支路获得较液压泵供油压力低的稳定压力的压力阀。减压阀也有直动式和先导式两种。直动式减压阀很少单独使用，而先导式减压阀则应用较多。

图 4-24 所示为先导式减压阀的结构图和图形符号，其外形如图 4-25 所示。这种阀由先导阀和主阀组成，先导阀由手轮、弹簧、先导阀阀芯和阀座等组成；主阀由主阀芯、主阀体、阀盖等组成。压力为 p_1 的压力油由主阀进油口流入，经减压阀阀口 f（开度为 x）后由出油口流出，其压力为 p_2。

当出口压力 p_2 低于先导阀弹簧的调定压力时，先导阀关闭，主阀芯上、下腔液压相等，在主阀弹簧力作用下处于最下端位置，开度 x 最大，不起减压作用。

当出口压力 p_2 高于先导阀弹簧的调定压力时，先导阀开，主阀芯上升，x 减小，$\Delta p = p_1 - p_2$ 增大，由于出口压力为调定值 p_2，因此其进口压力 p_1 值会升高，起减压作用。这时如果由于负荷增大或进口压力向上波动使出口压力 p_2 增大，在 p_2 高于先导阀弹簧的调定压力时，主阀芯上升，x 迅速减小，$\Delta p = p_1 - p_2$ 进一步增大，出口压力 p_2 便自动下降，但仍恢复为原来的

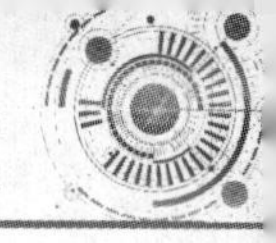

调定值，由此可见，减压阀能利用出油口压力的反馈作用，自动控制阀口开度，保证出口压力基本上为弹簧调定压力，因此这种减压阀也称为定值减压阀。

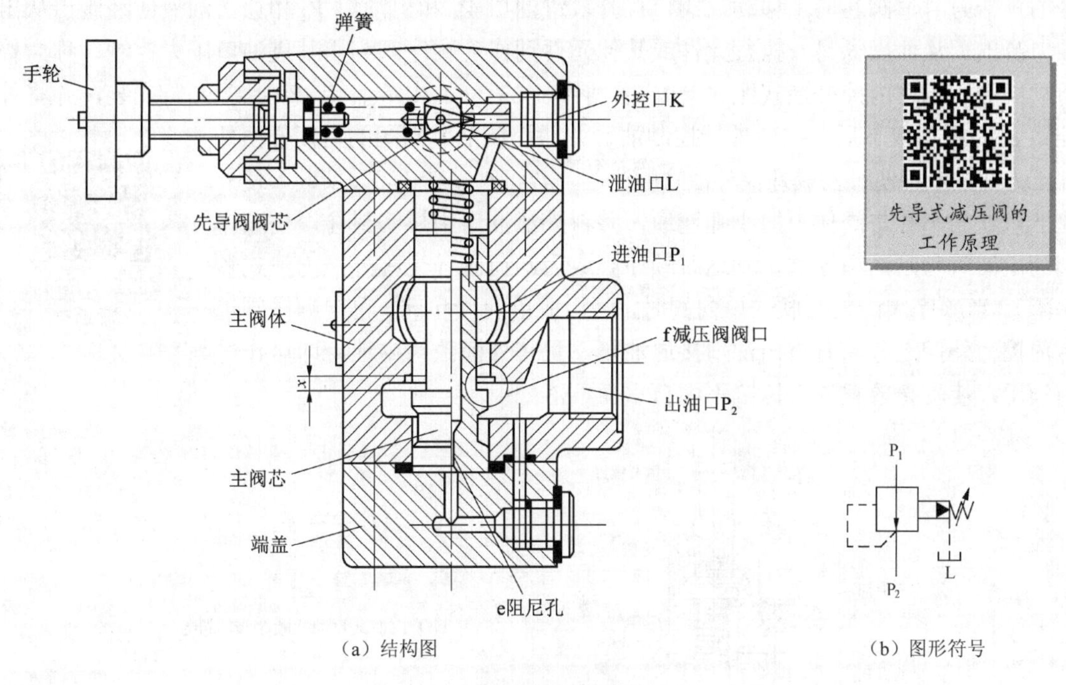

（a）结构图　　（b）图形符号

图 4-24　先导式减压阀

图 4-25　先导式减压阀外形图

减压阀的阀口为常开式，泄油口必须由单独设置的油管通回油箱，且泄油管不能插入油箱液面以下，以防形成背压，使泄油不畅，影响减压阀的正常工作。当减压阀的外控口 K 接一调定压力低于减压阀的调定压力的远程调压阀时，可实现二级减压。

4.3.3　顺序阀

顺序阀是利用系统压力变化来控制油路的通断，以实现各执行元件按先后顺序动作的压力阀。按控制压力的不同，顺序阀可分为内控式和外控式两种，前者用阀进口处的油压力控制阀芯的启闭，后者用外来的控制压力油控制阀芯的启闭（即液控顺序阀）。按结构的不同，顺序阀又可分为直动式和先导式两种，前者一般用于低压系统，后者用于中、高压系统。

图 4-26 所示为直动式顺序阀的结构图、图形符号及原理图。图 4-27 为其实物外形图。

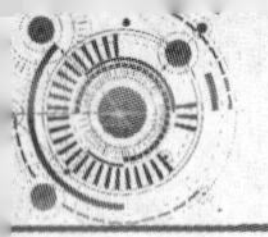

这种阀由端盖、控制活塞、阀体、阀芯、弹簧等组成。当进油口压力较低时，阀芯在弹簧作用下处于下端位置，进油口 P_1 和出油口 P_2 不相通。当作用在阀芯下端的油液的压力大于弹簧的预紧力时，阀芯向上移动，阀口打开，进油口 P_1 和出油口 P_2 相通，油液便经阀口从出油口流出，从而操纵另一执行元件或其他元件动作。顺序阀利用其进油口压力控制，称为普通顺序阀（也称内控外泄式顺序阀）。若将图 4-23（a）中端盖转 180° 或 90° 安装，并将外控口 K 的螺塞取下后，在该处接控制油管并通控制油，则阀的启闭便由外部压力油控制，便可构成外控外泄式顺序阀。若将阀盖转 180° 安装，使外泄油口处的小孔与阀体上的小孔连通，并将外泄油口用螺堵封住，使顺序阀的出油口与回油箱连通，则这时顺序阀成为卸荷阀（也称外控内泄式顺序阀）。当顺序阀内装并联的单向阀时，可构成单向顺序阀。单向顺序阀也有内控、外控之分。若将出油口接通油箱，且将外泄改为内泄，即可作平衡阀用，使垂直放置的液压缸不因自重而下落。

直动式顺序阀的工作原理

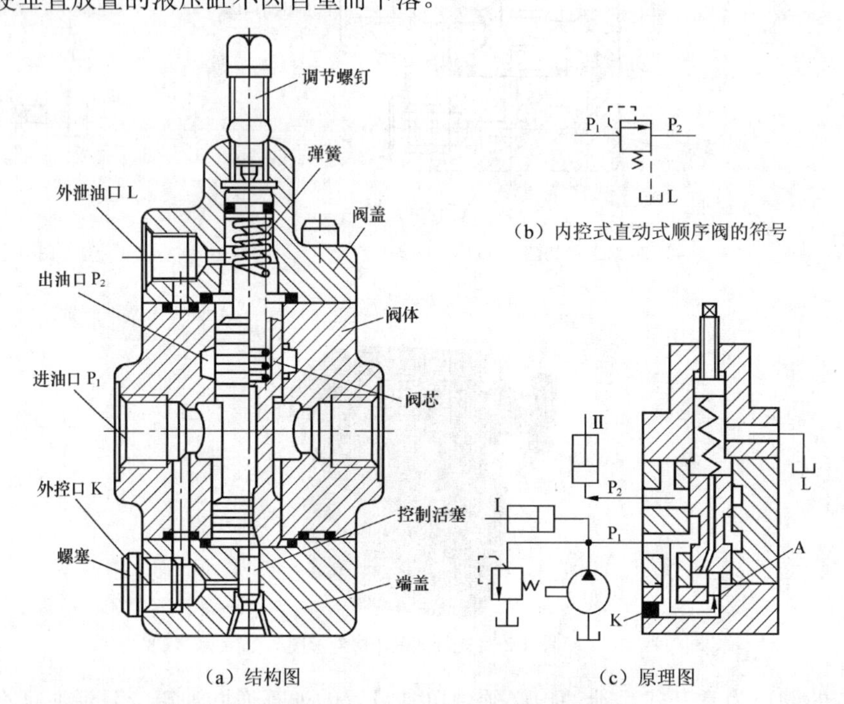

（a）结构图

（b）内控式直动式顺序阀的符号

（c）原理图

图 4-26　直动式顺序阀

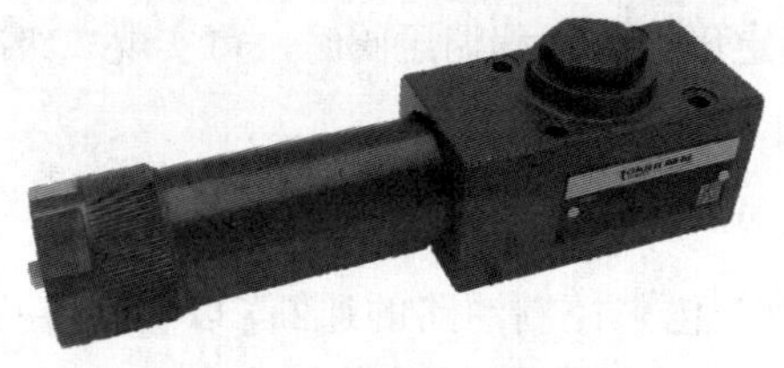

图 4-27　直动式顺序阀实物外形

各种顺序阀的图形符号见表 4-5。

表 4-5　　顺序阀的图形符号

控制与泄油方式	内控外泄	外控外泄	内控内泄	外控内泄	内控外泄加单向阀	外控外泄加单向阀	内控内泄加单向阀	外控内泄加单向阀
名称	顺序阀	外控顺序阀	背压阀	卸荷阀	内控单向顺序阀	外控单向顺序阀	内控平衡阀	外控平衡阀
图形符号								

4.3.4 压力继电器

压力继电器是一种将液压系统的压力信号转换为电信号的液电信号转换元件。其作用是当进油口的油压力达到弹簧的调定值时，能通过压力继电器内的微动开关自动接通或断开电气线路，实现执行元件的顺序控制或安全保护。

压力继电器按结构特点可分为柱塞式、弹簧管式和膜片式等。图 4-28 所示为单触点柱塞式压力继电器。这种继电器由柱塞 1、顶杆 2、调节螺钉 3 和微动开关 4 等组成，压力油作用在柱塞的下端，油压力直接与柱塞上端弹簧力相比较。

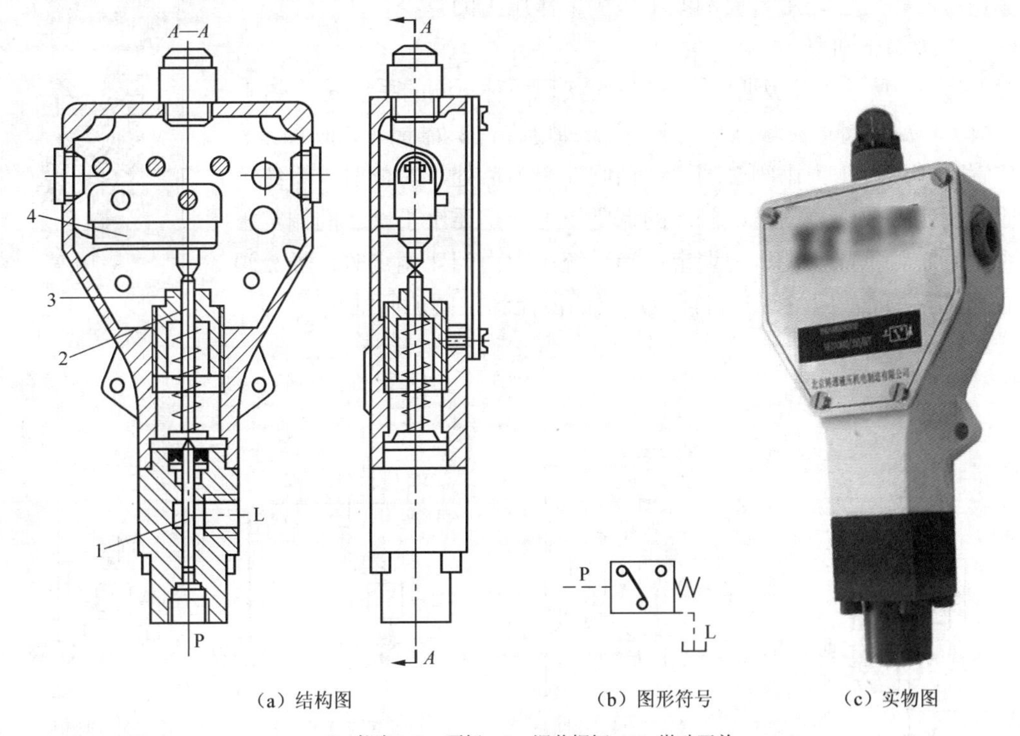

（a）结构图　　（b）图形符号　　（c）实物图

1—柱塞　2—顶杆　3—调节螺钉　4—微动开关

图 4-28　单触点柱塞式压力继电器

当油压力大于弹簧力时，柱塞向上移，压下微动开关触点，接通或断开电气线路。当油

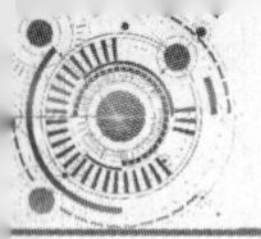

压力小于弹簧力时，微动开关触点复位。显然，柱塞上移将引起弹簧的压缩量增加，因此压下微动开关触点的压力（开启压力）与微动开关复位的压力（闭合压力）存在一个差值，此差值对压力继电器的正常工作是必要的，但不宜过大。

4.3.5 压力控制回路

压力控制回路是利用各种压力控制阀控制系统或系统某一部分油液压力的回路。例如，液压泵的控制有恒压、多级、无级连续压力控制及控制压力上下限等回路。在设计液压系统选择液压基本回路时，一定要根据设计要求、方案特点、使用场合等认真考虑。当负荷变化较大时，应考虑多级压力控制回路；在某一个工作循环的某一段时间内，执行元件停止工作不需要液压能时，则考虑卸荷回路；当某支路需要稳定的低于动力油源的压力时，应考虑减压回路等。

1. 调压回路

调压回路的功能是控制整个液压系统或局部的压力保持恒定或限制其最高值。在定量泵系统中，液压泵的供油压力可以通过溢流阀来调节。在变量泵系统中，用安全阀来限定系统的最高压力，防止系统过载。若系统中需要两种以上的压力，则可采用多级调压回路。

单级调压回路的工作原理

（1）单级调压回路

图 4-29 所示为单级调压回路，在液压泵出口处设置并联溢流阀即可组成单级调压回路。它是用来控制液压系统工作压力的。

二级调压回路的工作原理

（2）二级调压回路

图 4-30（a）所示为二级调压回路，它可实现两种不同的系统压力控制。由溢流阀 2 和溢流阀 4 各调一级，当二位二通电磁阀 3 处于图 4-30（a）所示的位置时，系统压力由阀 2 调定；当阀 3 得电后处于右位时，系统压力由阀 4 调定。要注意的是，阀 4 的调定压力一定要小于阀 2 的调定压力，否则系统将不能实现压力调定；当系统压力由阀 4 调定时，溢流阀 2 的先导阀口关闭，但主阀开启，液压泵的溢流经主阀流回油箱。

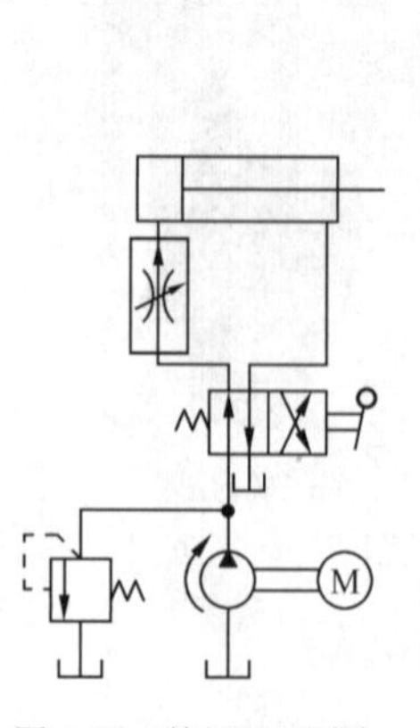

图 4-29 单级调压回路

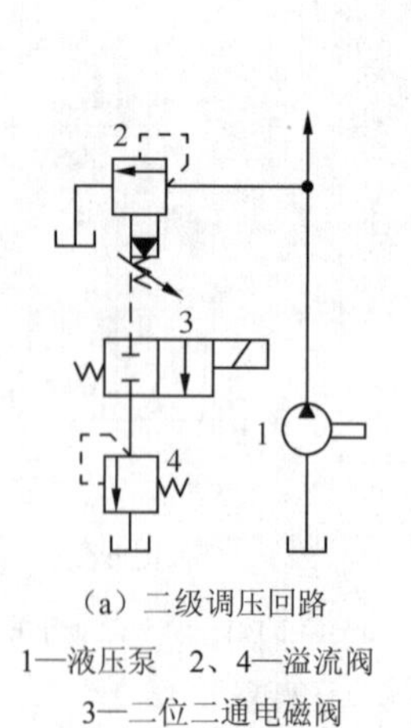

（a）二级调压回路

1—液压泵 2、4—溢流阀

3—二位二通电磁阀

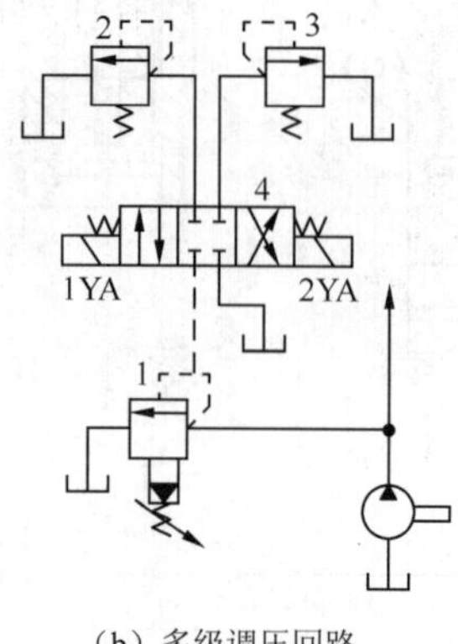

（b）多级调压回路

1、2、3—溢流阀

4—三位四通电磁阀

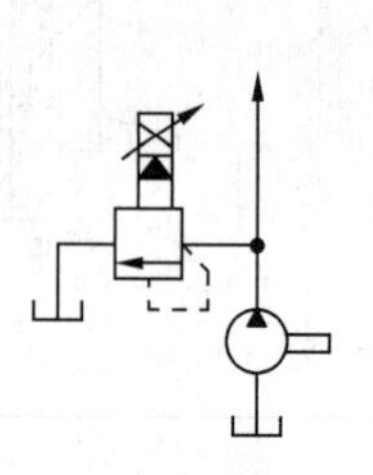

（c）无级调压回路

图 4-30 调压回路

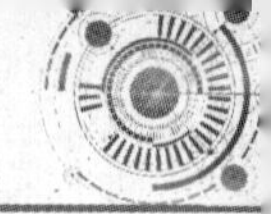

（3）多级调压回路

如图 4-30（b）所示，由溢流阀 1、2、3 分别控制系统的压力，从而组成了三级调压回路。当两电磁铁均不带电时，系统压力由阀 1 调定；当 1YA 得电时，由阀 2 调定系统压力；当 2YA 得电时，系统压力由阀 3 调定。但在这种调压回路中，阀 2 和阀 3 的调定压力都要小于阀 1 的调定压力，而阀 2 和阀 3 的调定压力之间没有一定的关系。

（4）无级调压回路

如图 4-30（c）所示，调节先导式比例电磁溢流阀的输入电流 I，即可实现系统压力的无级调节（连续、按比例进行压力调节）。这样不但回路结构简单，压力切换平稳，而且更容易使系统实现远距离控制或程序控制。

2. 减压回路

减压回路的功用是使系统中的某一部分油路具有比系统压力低的稳定压力。最常见的减压回路是通过定值减压阀与主油路相连，如图 4-31（a）所示。回路中的单向阀供主油路在压力降低（低于减压阀调整压力）时防止油液倒流，起短时保压作用。在减压回路中，也可以采用类似两级或多级调压的方法获得两级或多级减压。图 4-31（b）所示为利用先导式减压阀 1 的远控口接一远控溢流阀 2，则可由阀 1、阀 2 各调定一种低压，但要注意，阀 2 的调定压力值一定要低于阀 1 的调定压力值。

3. 卸荷回路

当执行元件间歇工作（或停止工作），不需要液压能时，应自动将泵源排油直通油箱，使液压泵处于无负荷运转，这个工作由卸荷回路完成。

（1）采用复合泵的卸荷回路

图 4-32 所示为采用复合泵作液压钻床动力源的卸荷回路。当液压缸快速推进时，推动液压缸活塞前进所需的压力比左、右两边的溢流阀所设定压力还低，故大排量泵和小排量泵的压力油全部送到液压缸，使活塞快速前进。

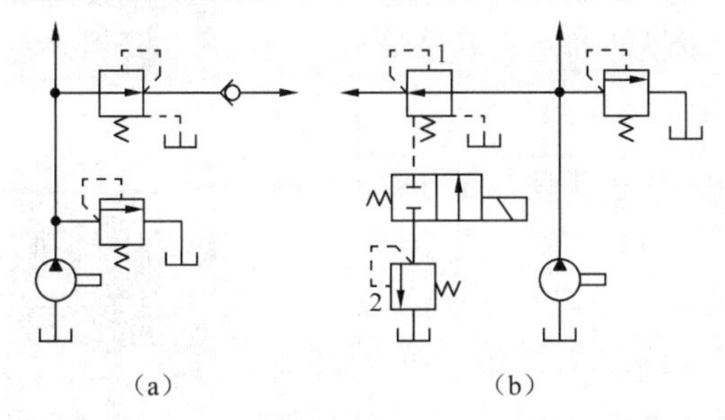

图 4-31　减压回路

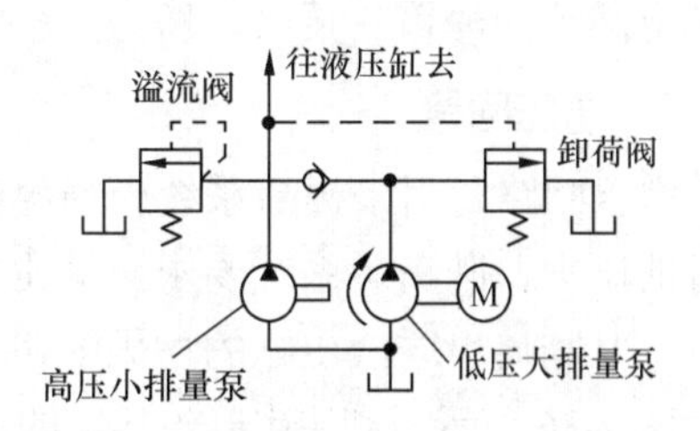

图 4-32　采用复合泵作液压钻床动力源的卸荷回路

当钻头和工件接触时，液压缸活塞移动的速度要变慢，且在活塞上的工作压力变大，此时，往液压缸去的管路的油压力上升到比右边卸荷阀设定的工作压力大时，卸荷阀被打开，低压大排量泵所排出的液压油经卸荷阀回到油箱。因为单向阀受高压油作用，所以低压泵所排出的油根本不会经单向阀流到液压缸。

可知在钻削进给的阶段，液压缸的油液由高压小排量泵来供给。因为这种回路的动力几乎完全由高压泵提供，所以可达到节约能源的目的。卸荷阀的调定压力通常比溢流阀的调定压力要低 0.5 MPa 以上。

卸荷回路——利用二位二通阀旁路

（2）利用二位二通阀旁路卸荷的回路

图 4-33 所示为利用二位二通阀旁路卸荷的回路，当二位二通阀在左位工作时，泵排出的液压油以接近零压状态流回油箱，以节省动力并避免油温上升。图 4-33 所示的二位二通阀可以手动操作，亦可使用电磁操作。注意，二位二通阀的额定流量必须和泵的流量相匹配。

卸荷回路——利用换向阀

（3）利用换向阀卸荷的回路

图 4-34 所示为利用换向阀中位机能卸荷的回路。它采用中位串联型（M 型中位机能）换向阀，当阀位处于中位时，泵排出的液压油直接经换向阀的 P、T 通路流回油箱，泵的工作压力接近于零。使用此种方式卸载，方法比较简单，但压力损失较多，且不适用于一个泵驱动两个或两个以上执行元件的场合。注意，三位四通换向阀的流量必须和泵的流量相匹配。

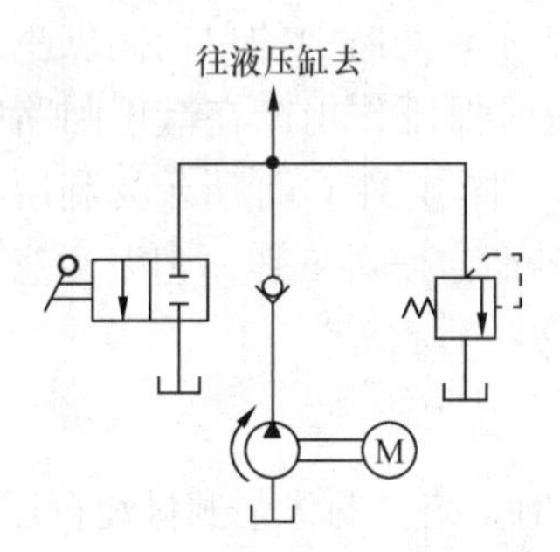

图 4-33 利用二位二通阀旁路卸荷的回路

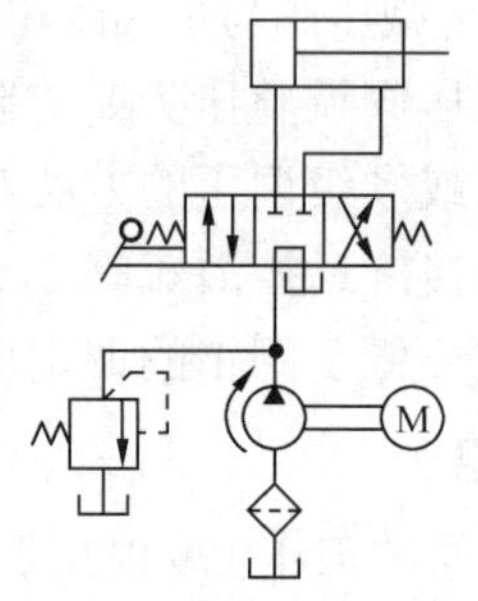

图 4-34 利用换向阀中位机能卸荷的回路

卸荷回路——利用溢流阀

（4）利用溢流阀远程控制口卸荷的回路

图 4-35 所示为利用溢流阀远程控制口卸荷的回路，将溢流阀的远程控制口和二位二通电磁阀相接。当二位二通电磁阀通电时，溢流阀的远程控制口通油箱，这时溢流阀的平衡活塞上移，主阀阀口被打开，泵排出的液压油全部流回油箱，泵出口压力几乎是零，故泵呈卸荷运转状态。

4. 增压回路

增压回路——利用串联液压缸

增压回路是用来提高系统中局部油压的回路。它能使局部压力远高于油源的压力，既满足系统要求，又比较经济。

（1）利用串联液压缸的增压回路

图 4-36 所示为利用串联液压缸的增压回路。将小直径液压缸和大直径液压缸串联可使冲柱急速推出，且在低压下可得很大的输出力量。将换向阀移到左位，泵所送过来的油液全部进入小直径液压缸活塞后侧，将冲柱急速推出，此时大直径液压缸由单向阀将油液吸入，且充满大液压缸后侧空间，当冲柱前进到尽头受阻时，泵送出的油液压力升高，而使顺序阀动作，此时油液以溢流阀所设定的压力作用在大、小直径液压缸活塞的后侧，故推力等于大、小直径液压缸活塞后侧面积和与溢流阀所调定的压力之积。当然，如果想单独使用大直径液压缸且以上述速度运动的话，势必要选用更大容量的泵，而采用这种串联液压缸只要用小容量泵就够了，节省了许多动力。

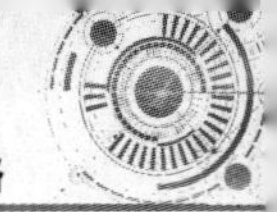

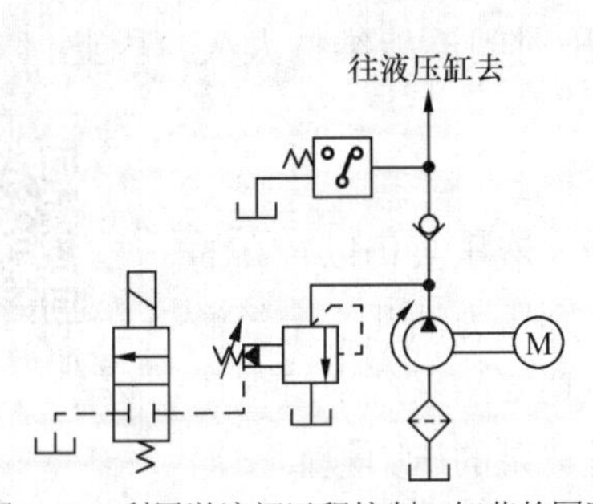

图 4-35　利用溢流阀远程控制口卸荷的回路

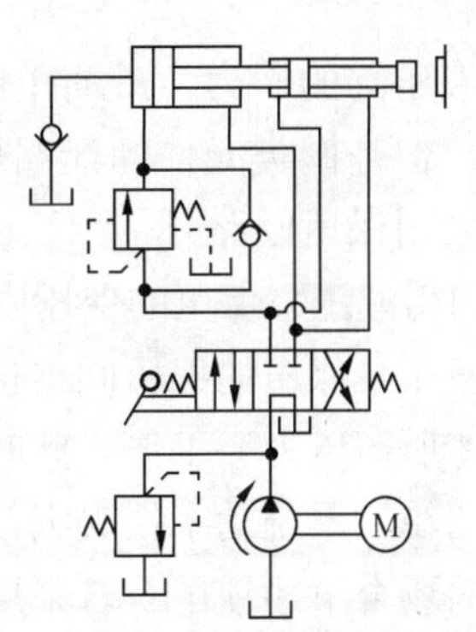

图 4-36　利用串联液压缸的增压回路

（2）利用增压器的增压回路

图 4-37 所示为利用增压器的增压回路。将三位四通换向阀移到右位工作时，泵将油液经液控单向阀送到液压缸活塞上侧使冲柱向下压。同时，增压器的活塞也受到油液作用向右移动，但达到规定的压力后就自然停止，这样使它一有油送进增压器活塞大直径侧，就能够马上供给液压缸高压油。当冲柱下降碰到工件时（即产生负荷时），泵的输出油液压力立即升高，并打开顺序阀，经减压阀减压后的油液以减压阀所调定的压力作用在增压器的大活塞上，于是使增压器小直径侧产生 3 倍于减压阀所调定压力的高压油液，该油液进入液压缸活塞上方而产生更强的加压作用。

图 4-38 所示为气、液联合使用的增压回路。它是把上方油箱的油液先送入增压器的出口侧，再由压缩空气作用在增压器大活塞面积上，使出口侧油液压力增强。

当把手动操作换向阀移到右位工作时，空气进入上方油箱，把上方油箱的油液经增压器小直径活塞下部送到三个液压缸。当液压缸冲柱下降碰到工件时，造成阻力使空气压力上升，并打开顺序阀，使空气进入增压器活塞的上部来推动活塞。增压器的活塞下降封闭了上方油箱进入增压器的油口，活塞继续下移，使小直径活塞下侧的油液变成高压油液，并注到三个液压缸。一旦把换向阀移到左位时，下方油箱的油会从液压缸下侧进入，把冲柱上移，液压缸冲柱上侧的油液流经增压器回到上方油箱，增压器恢复到原来的位置。

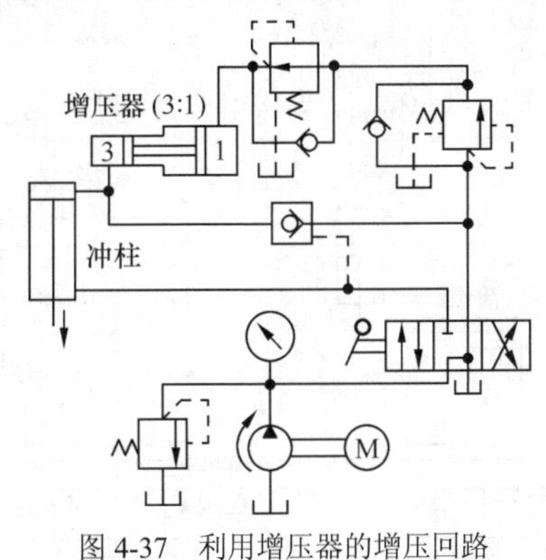

图 4-37　利用增压器的增压回路

气源
气压
液压
上油箱
增压器
气压
油压
下油箱

图 4-38　气、液联合使用的增压回路

5. 保压回路

所谓保压回路，是指使系统在液压缸不动或仅有工件变形所产生的微小位移的情况下，稳定地维持压力。比如工件的液压夹紧机构，要求在加工的过程中仍然要有足够的夹紧力，

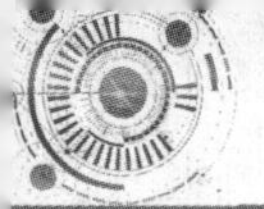

即要保持液压缸的压力。最简单的保压方法是使用密封性能较好的液控单向阀或换向阀的中位机能，但是阀类元件的泄漏使得这种回路的保压时间不能维持太久，因此，对于要求高的系统采用保压回路。

（1）利用液压泵保压的保压回路

利用液压泵保压的保压回路也就是在保压过程中，液压泵仍以较高的压力（保持所需压力）工作。此时，若采用定量泵，则压力油几乎全经溢流阀流回油箱，系统功率损失大，易发热，故只在小功率的系统中且保压时间较短的场合下才使用。若采用变量泵，在保压时，泵的压力较高，输出流量几乎等于零，因而液压系统的功率损失小。这种保压方法能随泄漏量的变化而自动调整输出流量，所以其效率也较高。

（2）利用蓄能器的保压回路

利用蓄能器的保压回路是指借助蓄能器来保持系统压力，补偿系统泄漏的回路。图4-39所示为利用蓄能器的保压回路。当换向阀左位工作时，活塞前进，并将虎钳夹紧，这时泵继续输出的压力油将为蓄能器充压，直到卸荷阀被打开卸载为止，此时，作用在活塞上的压力由蓄能器来维持，并补充液压缸的漏油作用在活塞上。当工作压力降低到比卸荷阀所调定的压力还低时，卸荷阀又关闭，泵的液压油再继续送往蓄能器。本系统可节约能源并降低油温。

6. 平衡回路

平衡回路的功用在于防止垂直或倾斜放置的液压缸和与之相连的工作部件因自重而自行下落。图4-40（a）所示为采用单向顺序阀的平衡回路，当1YA得电，活塞下行时，回油路上就存在着一定的背压，只要将这个背压调整得能支撑住活塞和与之相连的工作部件的自重，活塞就可以平稳地下落。当换向阀处于中位时，活塞就停止运动，不再继续下移。在这种回路中，当活塞向下快速运动时其功率损失大，锁住时活塞和与之相连的工作部件会因单向顺序阀和换向阀的泄漏而缓慢下落，因此它只适用于工作部件重量不大、活塞锁住时定位要求不高的场合。

图4-40（b）所示为采用液控顺序阀的平衡回路。当活塞下行时，控制压力油打开液控顺序阀，背压消失，因而回路工作效率较高；当停止工作时，液控顺序阀关闭，防止活塞和工作部件因自重而下降。

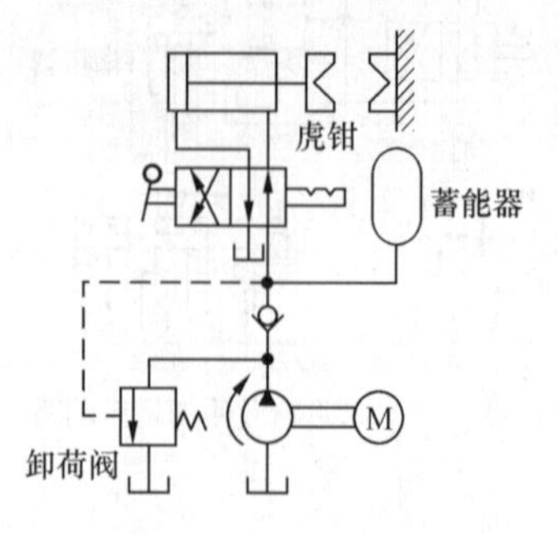

图4-39 利用蓄能器的保压回路

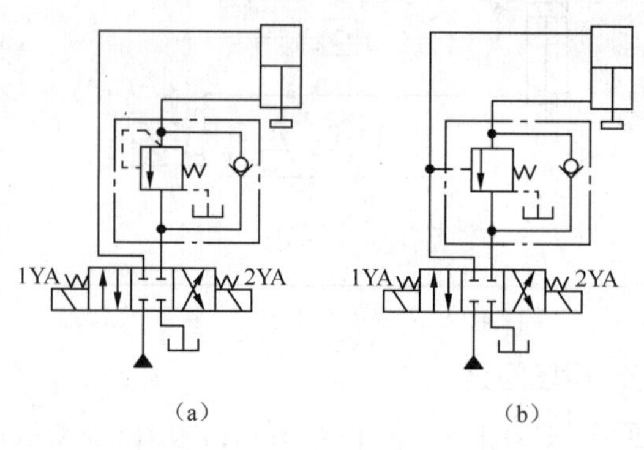

图4-40 采用顺序阀的平衡回路

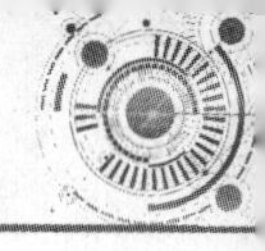

这种平衡回路的优点是只有上腔进油时活塞才下行，比较安全和可靠。缺点是活塞下行时平稳性较差。这是因为活塞下行时，液压缸上腔油压降低，将使液控顺序阀关闭；当顺序阀关闭时，因活塞停止下行，使液压缸上腔油压升高，又打开液控顺序阀。这样液控顺序阀始终处于启、闭的过渡状态，因而影响工作的平稳性。这种回路适用于运动部件重量不大、停留时间较短的液压系统。

4.3.6 压力控制阀常见故障及其排除方法

压力控制阀常见故障及其排除方法见表4-6。

表4-6 压力控制阀常见故障及其排除方法

故障现象	产生原因	排除方法
压力波动大	1．钢球不圆或锥阀破裂，钢球或锥阀与阀座配合不好	1．更换钢球或修磨锥阀，研磨阀座
	2．弹簧变形或太软，甚至在滑阀中卡住，使滑阀移动困难	2．更换弹簧
	3．滑阀拉毛或弯曲变形，致使滑阀在阀体孔内移动不灵活	3．除去毛刺或更换滑阀
	4．油液不清洁，将阻尼孔堵塞	4．检查油液，清除阻尼孔内污物及阀体内杂物
	5．滑阀或阀体孔圆度及母线平行度不好使滑阀卡住	5．检查滑阀与阀孔精度，使其圆度及母线平行度不超过0.0015mm
	6．液压系统中存在空气	6．排除系统中的空气
	7．液压泵流量和压力波动，使阀无法起平衡作用	7．检修液压泵
	8．阻尼孔孔径太大，阻尼作用不强	8．将阻尼孔封闭，重新加工阻尼孔，适当减小阻尼孔的孔径
	9．锥阀的密封处有较大磨损	9．研磨阀座或修磨锥阀
噪声大	1．滑阀与阀体孔配合间隙太大，引起泄漏	1．研磨阀体孔，重配滑阀，使各项精度达到技术要求
	2．弹簧弯曲变形	2．更换弹簧
	3．滑阀与阀体孔配合间隙过小	3．修磨滑阀或研磨阀体孔
	4．锁紧螺母松动	4．调压后应紧固锁紧螺母
	5．液压泵不进油	5．清除进油口处过滤器的污物或紧固各连接处，严防泄漏，或适当增加进油面积
	6．压力控制阀的回油管贴近油箱底面等使回油不畅	6．回油管应离油箱50mm以上
调整无效（压力不能提高或压力突然升高）	1．滑阀在开口（关闭或开启）位置被卡住，使系统无限升压或压力无法建立	1．使滑阀在阀体孔内移动灵活
	2．弹簧变形或断裂等	2．更换弹簧
	3．阻尼孔堵塞	3．清洗和疏通阻尼孔通道
	4．进、出油口装反，没有压力油去推动滑阀移动	4．纠正进、出油管位置
	5．压力阀的回油不畅	5．应尽量缩短回油管道，使回油畅通
	6．锥阀与阀座密合不良而产生漏油	6．研磨阀座，修磨锥阀
	7．调压弹簧压缩量不够	7．调节调压螺钉，增加弹簧压缩量
	8．调压弹簧选用得不合适	8．更换合适的调压弹簧

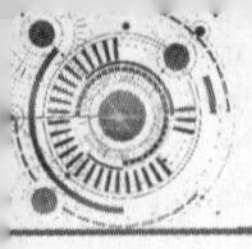

续表

故障现象	产生原因	排除方法
泄漏	1．锥阀与阀座密合不良 2．密封件损坏 3．滑阀与阀体孔配合间隙太大 4．各连接处螺钉未紧固 5．溢流阀的主阀芯与阀盖孔配合处磨损、阀座及主阀芯密封处损坏 6．接合处纸垫冲破	1．研磨阀座，修磨锥阀，使其密合 2．更换密封件 3．重做滑阀，重配间隙 4．紧固各连接处螺钉 5．更换主阀芯，重配间隙，更换密封件 6．更换耐油纸垫，且需保证通油通畅
减压阀不起作用	1．减压阀顶盖方向装错，将回油孔堵塞 2．滑阀上阻尼孔堵塞 3．滑阀在阀孔中卡住 4．弹簧永久变形 5．钢球或锥阀密合不好	1．纠正顶盖装配位置 2．清洗及疏通阻尼通道 3．清洗或研磨滑阀，使其移动灵活 4．更换弹簧 5．更换钢球或修磨锥阀，研磨阀座
压力继电器失灵	1．弹簧永久变形 2．滑阀在阀孔中移动不灵活 3．膜片在阀孔中移动不灵活 4．钢球不正圆 5．行程开关不发信号	1．更换弹簧 2．清洗或研磨滑阀 3．更换膜片 4．更换钢球 5．检修或更换行程开关

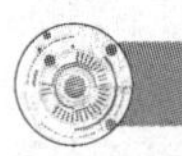

4.4 流量控制阀及速度控制回路

流量控制阀是通过改变阀口通流面积来调节阀口流量，从而控制执行元件运动速度的液压控制阀。常用的流量控制阀有节流阀和调速阀两种。速度控制回路是控制和调节液压执行元件运动速度的基本回路，常见的速度控制回路有调速回路、快速运动回路和速度换接回路等。

4.4.1 节流阀

图 4-41 所示为普通节流阀的结构图和图形符号，图 4-42 所示为普通节流阀的外形图。这种阀的节流油口为轴向三角槽式，主要由阀芯、阀体、推杆、手轮、弹簧顶盖和底盖等组成。

压力油从进油口 P_1 流入，经阀芯 4 左端的轴向三角槽后由 P_2 流出。阀芯 4 在弹簧力的作用下始终紧贴在推杆的端部。旋转手轮可使推杆沿轴向移动，改变节流口的通流截面积，从而调节通过阀的流量。

节流阀工作原理

节流阀输出流量的平稳性与节流口的结构形状有关，节流口除了轴向三角槽式以外，还有针阀式、偏心式和缝隙式等，如图 4-43 所示。

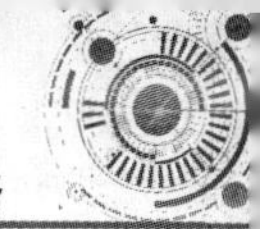

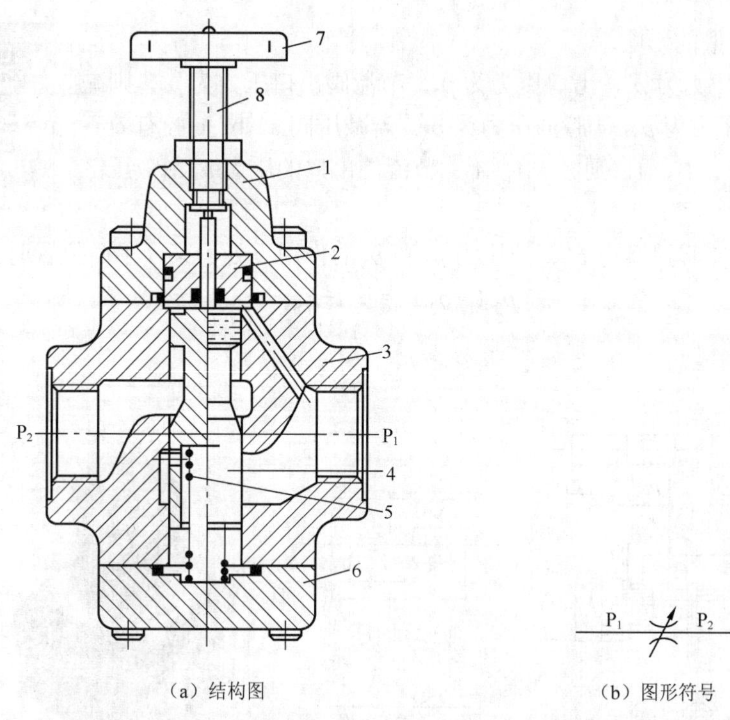

（a）结构图　　（b）图形符号

1—顶盖　2—导套　3—阀体　4—阀芯　5—弹簧　6—底盖　7—手轮　8—推杆

图 4-41　普通节流阀

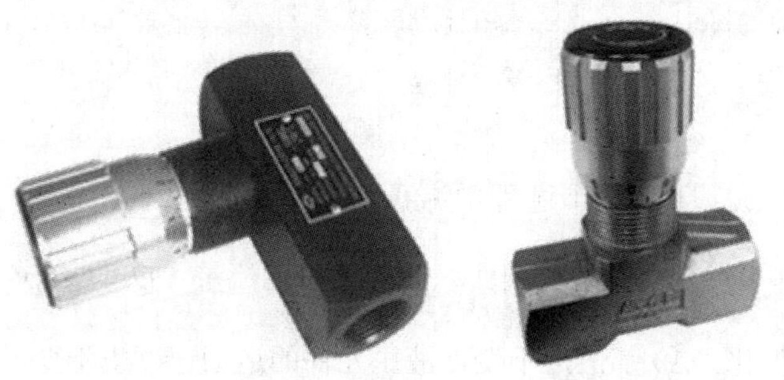

图 4-42　普通节流阀的外形图

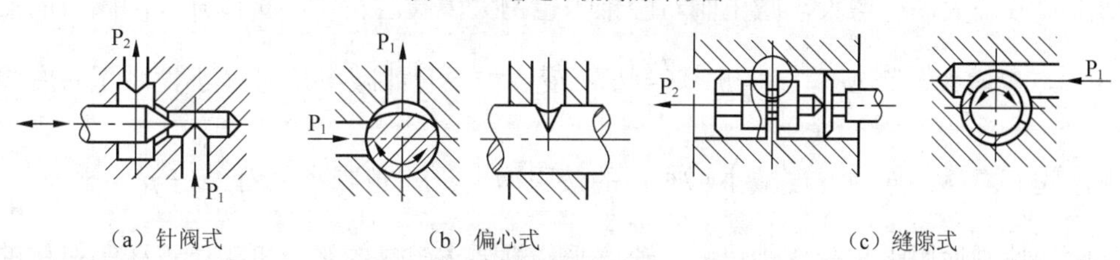

（a）针阀式　　（b）偏心式　　（c）缝隙式

图 4-43　常用的节流口形式

节流阀结构简单，制造容易，体积小，使用方便，造价低，但负荷和温度的变化对流量稳定性的影响较大，只适用于负荷和温度变化不大及速度稳定性要求不高的液压系统。

4.4.2　调速阀

图 4-44 所示为调速阀，这种调速阀由定差减压阀和节流阀串联而成。节流阀用来调节通过的流量，定差减压阀则自动补偿负载变化的影响，使节流阀前后的压力差为定值，消

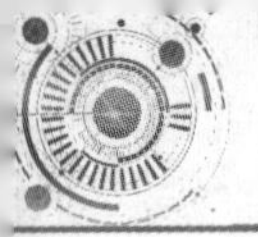

除了负载变化对流量的影响。

调速阀的工作原理

若减压阀进口压力为 p_1，出口压力为 p_2，节流阀出口压力为 p_3，则减压阀 a 腔、b 腔油压力为 p_2，c 腔油压力为 p_3。若减压阀 a、b、c 腔有效工作截面积分别为 A_1、A_2、A，则 $A = A_1+A_2$。节流阀出口的压力 p_3 由液压缸的负载决定。

当减压阀阀芯在其弹簧力 F_S、油压力 p_2 和 p_3 的作用下处于某一平衡位置时，有

$$p_2A_1+p_2A_2 = p_3A+F_S$$

则

$$p_2 - p_3 = \frac{F_S}{A}$$

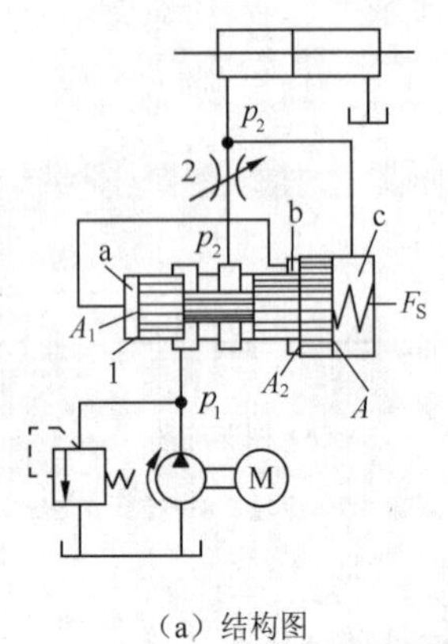

（a）结构图

（b）图形符号

（c）简化图形符号

（d）实物图

1—减压阀阀芯　2—节流阀

图 4-44　调速阀

由于弹簧刚度较低，且在工作过程中减压阀阀芯位移很小，认为 F_S 基本不变，故 $\Delta p = p_2 - p_3 = \frac{F_S}{A}$ 也基本不变；而节流阀面积 A 不变，则流量（$Q = kA\Delta p^{\varphi}$）也为定值。也就是说，无论负载如何变化，Δp 都恒定不变，液压元件的运动速度也不变。

如果负载增大，p_3 增大，减压阀右腔推力也增大，阀芯左移，阀口开大，阀口的液压阻力减小，p_2 也增大，而 $\Delta p = p_2 - p_3 = \frac{F_S}{A}$ 却不变。如果负载减小，p_3 减小，减压阀右腔推力也减小，阀芯右移，阀口开度减小，阀口的液阻增大，p_2 也减小，而 $\Delta p = p_2 - p_3 = \frac{F_S}{A}$ 也不变。因此调速阀适用于负荷变化较大，速度平稳性要求较高的组合机床、铣床等机械的液压系统。

4.4.3　速度控制回路

1. 调速回路

在液压系统中，通过调速回路解决各执行机构不同的速度要求。调速回路是液压系统的核心。速度控制是通过改变进入执行机构的液体流量实现的。控制方式有节流控制、液压泵控制和液压马达控制，液压泵控制和液压马达控制又称为容积式速度控制。

（1）节流控制调速回路

节流控制调速（简称节流调速）回路采用节流阀或调速阀，通过改变主回路的通流截面面积来改变流量实现调速。在要求调速性能好的场合采用调速阀调速。节流调速装置简单，并能获得较大的调速范围。但系统中节流损失大，效率低，容易引起油液发热。

根据节流元件在主回路中的位置不同，节流调速可分为主油路节流调速和旁路节流调速。

① 主油路节流调速。主油路节流调速分为进油路节流调速、回油路节流调速、主油路双向节流调速。主油路节流调速回路如图4-45所示。

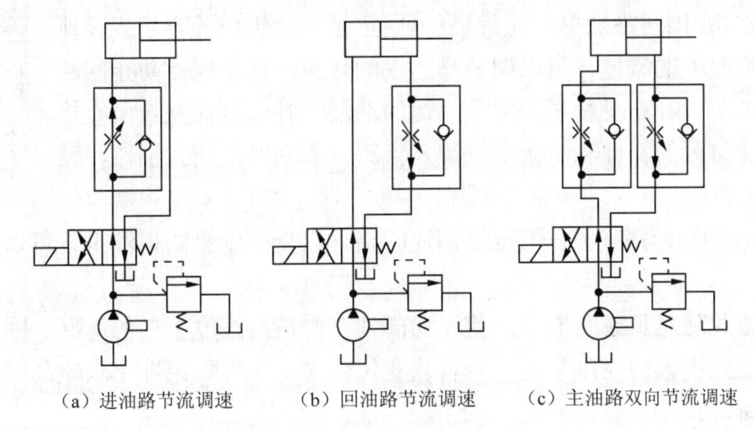
（a）进油路节流调速　（b）回油路节流调速　（c）主油路双向节流调速

图4-45　主油路节流调速回路

主油路节流调速是将节流阀串联在主油路上，并联一溢流阀，多余的油液经溢流阀流回油箱，由于溢流阀一直处于工作状态，所以泵出口压力保持恒定不变，故又称为定压式节流调速回路。

回油路节流调速和主油路双向节流调速回路承受“负负载”（即与活塞运动方向相同的负载），进油路节流调速回路则要在其回油路上设置背压阀后才能承受这种负载。

② 旁路节流调速。图4-46所示为旁路节流调速回路。旁路节流调速回路中多余的油液由节流阀流回油箱，泵的压力随外负载改变。外负载变化，泵的输出功率也变化，其安全阀仅在油压超过安全压力时才打开，所以旁路节流调速的效率高，但低速不稳，调速比小。

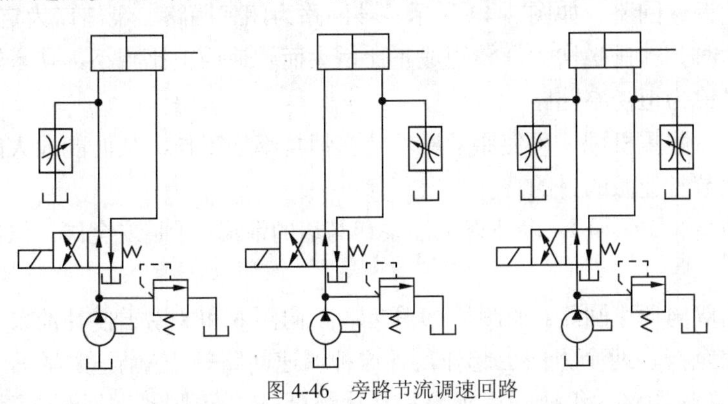
图4-46　旁路节流调速回路

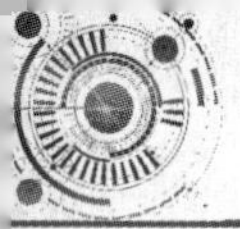

（2）容积式调速回路

液压传动系统中，为了达到液压泵输出流量与负载流量相一致而无溢流损失的目的，往往采用改变液压泵或液压马达（同时改变）的有效工作容积进行调速。这种调速回路称为容积式调速回路。

这类回路无节流和溢流损失，所以系统不易发热，效率高，在大功率的液压系统中得到广泛应用。但这种调速回路要求制造精度高，结构复杂，造价较高。

容积式调速回路有变量泵-定量马达（或液压缸）、定量泵-变量马达、变量泵-变量马达等形式。按油路的循环形式有开式调速回路、闭式调速回路。

① 变量泵-定量马达（液压缸）调速回路。图4-47（a）所示为变量泵-定量马达调速回路。该回路是单向变量泵-单向定量马达组成的容积式调速回路。改变变量泵4的流量，可以调节马达3的转速。安全阀2防止回路过载。定量泵1用以补充变量泵和定量马达的泄漏。补油泵向变量泵直接供油，以改变变量泵的特性和防止空气渗入管路。本回路是闭式油路，结构紧凑。

图4-47（b）所示为变量泵-液压缸调速回路。改变变量泵的供油量就可以改变液压缸的运动速度。

这种调速方式随着负载的增加，使运动部件产生进给速度不稳的情况。因此，这种回路只适用于负载变化不大的液压系统。当负载变化较大、速度稳定性要求较高时，可采用容积式节流调速回路。

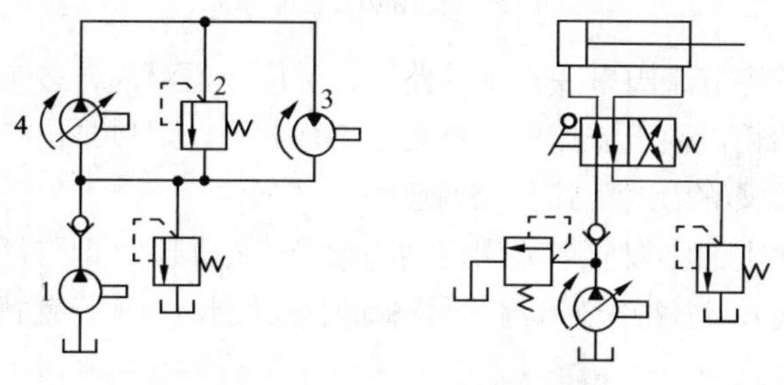

（a）变量泵-定量马达调速回路　　（b）变量泵-液压缸调速回路

1—定量泵　2—安全阀　3—定量马达　4—变量泵

图4-47　变量泵-定量马达（液压缸）调速回路

② 定量泵-变量马达调速回路。如图4-48所示，该回路为闭式回路。泵出口为定压力、定流量，当调节变量马达时，其排量增大，转矩成正比增大而转速成正比减小，功率输出值恒定，因此，这种回路又称为恒功率回路。

该回路适用于卷扬机、起重机械，可使原动机保持在恒功率下工作，从而能最大限度地利用原动机的功率，达到节省能源的目的。

泵1是一小容量补油泵（定量泵），以补充主油泵和马达的泄漏；3是安全阀，保证系统的安全；2是溢流阀。

③ 变量泵-变量马达双向调速回路。如图4-49所示，单向阀6和8用于使补油泵双向补油，单向阀7和9能使安全阀在两个方向上起作用。这种调速回路是变量泵-定量马达调速回路和定量泵-变量马达调速回路的组合。由于泵和马达都可以改变排量，故增加了调速范

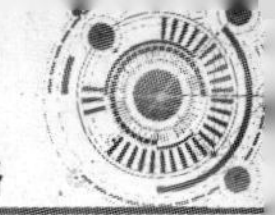

围，扩大了马达输出转矩和功率的选择余地。

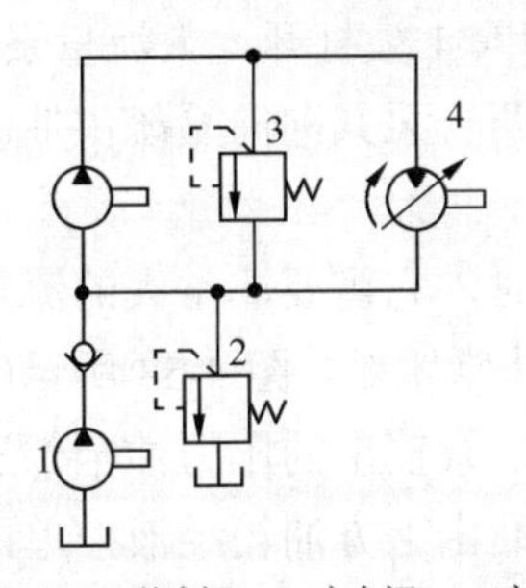

1—定量泵　2—溢流阀　3—安全阀　4—变量马达

图4-48　定量泵-变量马达调速回路

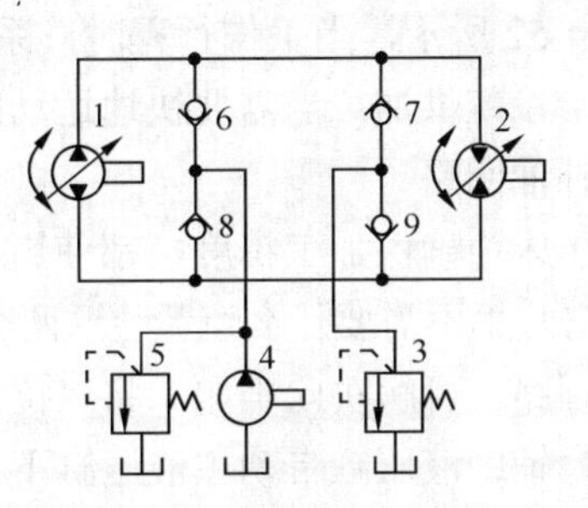

1—变量泵　2—变量马达　3、5—溢流阀　4—定量泵　6、7、8、9—单向阀

图4-49　变量泵-变量马达双向调速回路

需要马达工作在低速、大转矩时，先将马达排量调至最大，然后将泵的流量由小到大调节，此时系统工作在恒转矩状态；当需要马达工作在高速状态时，减小马达的排量，马达工作在恒功率状态。速度和功率可以手动调整，要求较高时采用伺服控制。

2. 快速运动回路

快速运动回路又称增速回路，其功能在于使液压执行元件在空载时获得所需的高速，以提高系统的工作效率或充分利用功率。实现快速运动有多种运动回路，下面介绍几种常用的快速运动回路。

（1）差动回路

图4-50所示为差动回路。当液压缸前进时，从液压缸右侧排出的油再从左侧进入液压缸，增加进油口处的油量，可使液压缸快速前进，但同时也使液压缸的推力变小。

（2）采用蓄能器的快速补油回路

对于间歇运转的液压机械，当执行元件间歇或低速运动时，泵向蓄能器充油。而在工作循环中，当某一工作阶段执行元件需要快速运动时，蓄能器作为泵的辅助动力源，可与泵同时向系统提供压力油。

图4-51所示为一采用蓄能器的快速补油回路。将换向阀移到右位时，蓄能器所储存的液压油即可释放出来加到液压缸，活塞快速前进。活塞在做加压等操作时，液压泵即可对蓄能器充压（蓄油）。当换向阀移到左位时，蓄能器液压油和泵排出的液压油同时送到液压缸的活塞杆端，活塞快速回行。这样，系统中可选用流量较小的液压泵及功率较小的电动机，可节约能源并降低油温。

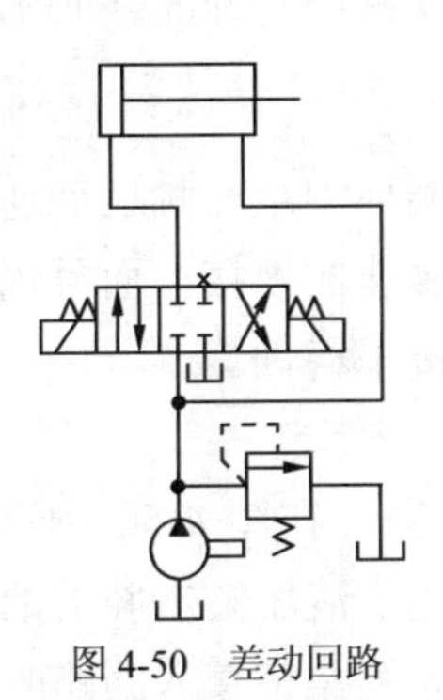

图4-50　差动回路

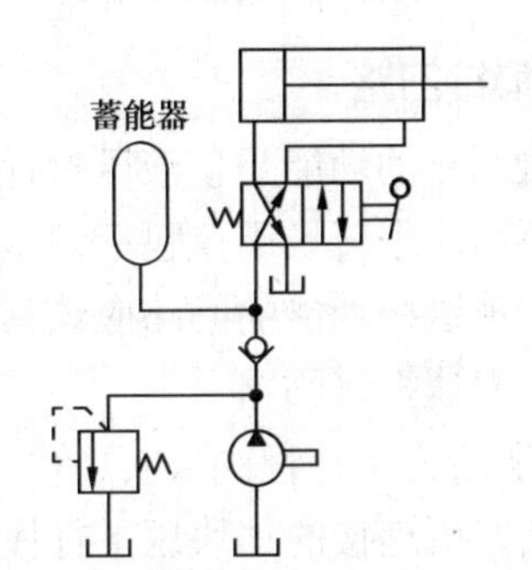

图4-51　采用蓄能器的快速补油回路

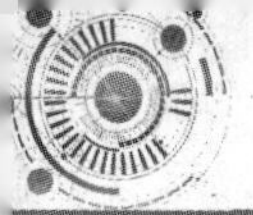

（3）双泵供油的快速运动回路

如图4-52所示，当工作行程时，系统压力升高，右边卸荷阀1被打开，大流量泵卸荷，小流量泵给系统供油；当需要快速运动时，系统压力较低，由两台泵共同向系统供油。

（4）补油回路

大型压床为确保加工精度，都使用柱塞式液压缸。在前进时，它需要非常大的流量；在后退时，它几乎不需要什么流量。这两个问题使泵的选用变得非常困难，图4-53所示的液压压床补油回路就可解决此难题。将三位四通换向阀移到右位时，泵输出的压力油全部送到辅助液压缸，辅助液压缸带动主液压缸下降，而主液压缸的压力油由上方油箱经液控单向阀注入，此时压板下降速度为$v=\dfrac{Q_p}{2a}$。

当压板碰到工件时，管路压力上升，顺序阀被打开，高压油注到主液压缸，此时压床推出力为$F=p_Y(A+2a)$。p_Y为调定压力。当换向阀移到左位时，泵输出的压力油流入辅助液压缸，压板上升，液控单向阀逆流油路被打开，主液压缸的回油经液控单向阀流回上方的油箱。回路中的平衡阀是为支撑压板及柱塞的重量而设置的。在此回路中因使用补充油箱（即高位油箱），故换向阀及平衡阀的选择依泵的流量而定，且泵的流量可较小。此回路为一节约能源回路。

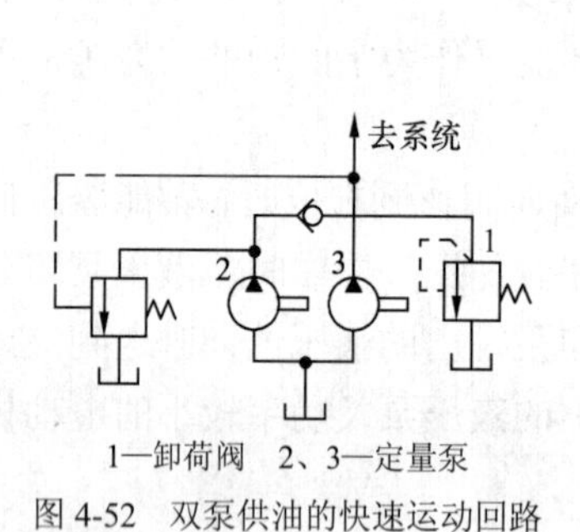

1—卸荷阀　2、3—定量泵

图4-52　双泵供油的快速运动回路

图4-53　液压压床的补油回路

3. 速度换接回路

速度换接回路的功能是使液压执行机构在一个工作循环中从一种运动速度变换到另一种运动速度，因而这个转换不仅包括液压执行元件快速到慢速的换接，而且也包括两个慢速之间的换接。实现这些功能的回路应该具有较高的速度换接平稳性。

（1）快、慢速换接回路

图4-54所示为用行程阀来实现快速与慢速换接的回路。在图4-54所示的状态下，液压缸快进，当活塞所连接的挡块压下行程阀时，行程阀关闭，液压缸右腔的油液必须通过节流阀才能流回油箱，活塞运动速度转变为慢速工进；当换向阀左位接入回路时，压力油经单向阀进入液压缸右腔，活塞快速向左返回。这种回路的优点是快、慢速换接过程比较平稳，换

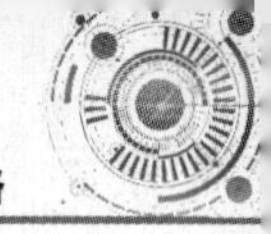

接点的位置比较准确。其缺点是行程阀的安装位置不能任意布置，管路连接较为复杂。若将行程阀改为电磁阀，则安装连接将比较方便，但速度换接的平稳性、可靠性以及换向精度将变得较差。

速度换接回路——行程阀

（2）两种慢速的换接回路

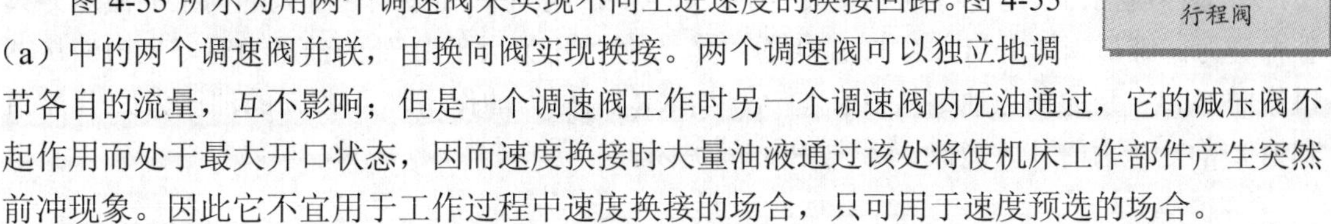

图 4-55 所示为用两个调速阀来实现不同工进速度的换接回路。图 4-55（a）中的两个调速阀并联，由换向阀实现换接。两个调速阀可以独立地调节各自的流量，互不影响；但是一个调速阀工作时另一个调速阀内无油通过，它的减压阀不起作用而处于最大开口状态，因而速度换接时大量油液通过该处将使机床工作部件产生突然前冲现象。因此它不宜用于工作过程中速度换接的场合，只可用于速度预选的场合。

图 4-55（b）所示为两调速阀串联的速度换接回路。当主换向阀 D 左位接入系统时，调速阀 B 被换向阀 C 短接，输入液压缸的流量由调速阀 A 控制；当阀 C 右位接入回路时，由于通过调速阀 B 的流量调得比 A 小，因此输入液压缸的流量由调速阀 B 控制。在这种回路中，调速阀 A 一直处于工作状态，它在速度换接时限制着进入调速阀 B 的流量，因此它的速度换接平稳性比较好，但由于油液经过两个调速阀，因此能量损失比较大。

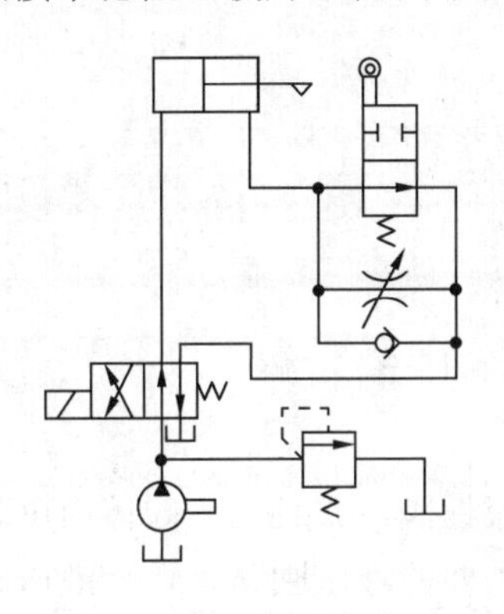

图 4-54 采用行程阀的速度换接回路

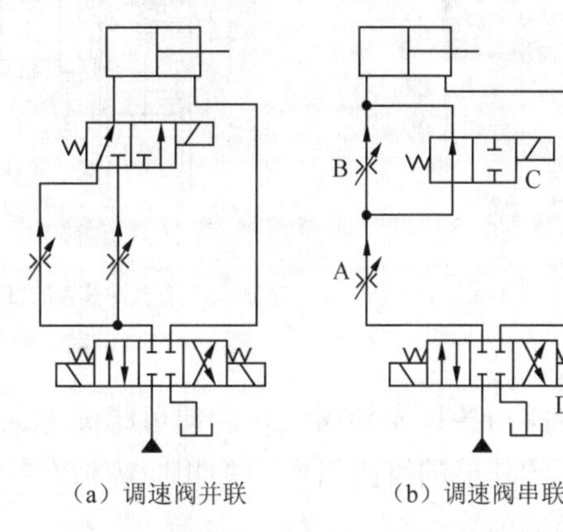

（a）调速阀并联　（b）调速阀串联

图 4-55 采用两个调速阀的速度换接回路

速度换接回路——调速阀串联

速度换接回路——调速阀并联

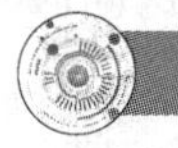 4.5 其他液压控制阀

比例阀、插装阀、叠加阀和数字控制阀是 20 世纪中后期才相继出现并得以发展的液压阀。与普通液压阀相比，它们具有许多显著的优点，为液压技术的发展、普及和推广开辟了新的道路。

4.5.1 插装阀

插装阀又称为逻辑阀，是一种较新型的液压元件。它的特点是通流能力大，密封性能好，

动作灵敏，结构简单，因而主要用于流量较大的系统或对密封性能要求较高的系统。

图 4-56 所示为插装阀的结构图及图形符号，这种阀由弹簧 1、套管 2、锥形阀 3 或 4、盖板 5 等组成。由于这种阀的插装单元在回路中主要起通、断作用，故又称二通插装阀。二通插装阀的工作原理相当于一个液控单向阀。图 4-56 中 A 和 B 为主油路仅有的两个工作油口，K 为控制油口（与先导阀相接）。当 K 口接回油箱时，如果阀芯受到的向上的液压力大于弹簧力，锥形阀 4 开启，A 与 B 相通，当 A 处油压力大于 B 处的油压力时，压力油从 A 口流向 B 口；反之压力油则从 B 流向 A。当 K 口有压力油作用，且 K 口的油压力大于 A 口和 B 口的油压力时，才能保证 A 与 B 之间关闭。

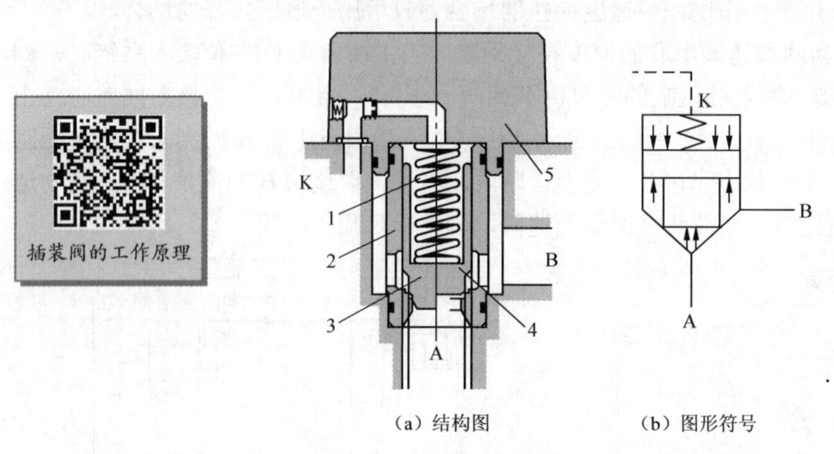

（a）结构图　　（b）图形符号

1—弹簧　2—套管　3—有缓冲装置的锥形阀　4—无缓冲装置的锥形阀　5—盖板

图 4-56　插装阀

插装阀与各种先导阀组合，便可组成方向阀、压力阀和流量阀，并且同一阀体内可装入若干个不同功能的锥阀组件，加相应盖板和控制元件组成所需要的液压回路，可使液压阀的结构很紧凑。

4.5.2　叠加阀

叠加式液压阀简称叠加阀，是在板式液压阀集成化基础上发展起来的一种新型控制元件。每个叠加阀不仅起控制阀的作用，而且还起连接块和通道的作用。每个叠加的阀体均有上下两个安装面和 4～5 个公共通道，每个叠加阀的进、出油口与公共通道并联或串联，同一通径的叠加阀的上下安装面的油口相对位置与标准的板式液压阀的油口位置一致。

叠加阀也可分为换向阀、压力阀和流量阀三种，只是方向阀中仅有单向阀类，而换向阀采用标准的板式换向阀。

图 4-57 所示为一组叠加阀的结构图和外形图，其中叠加阀 1 为溢流阀，它并联在 P 与 T 通道之间，叠加阀 2 为双向节流阀，两个单向节流阀分别串联在 A、B 通道上，叠加阀 3 为双液控单向阀，它们分别串联在 A、B 通道上，最上面是板式换向阀，最下面还有公共底板。

叠加阀组成的液压系统是将若干个叠加阀叠合在普通板式换向阀和底板之间，用长螺栓结合而成，每一组叠加阀控制一个执行元件。一个液压系统有几个执行元件，就有几组叠加阀，再通过一个公共的底板把各部分的油路连接起来，从而构成一个完整的液压系统。图 4-58

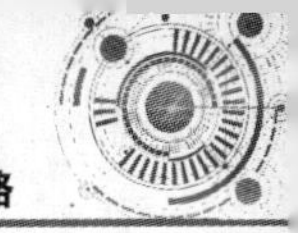

所示为用叠加阀构成的液压回路。

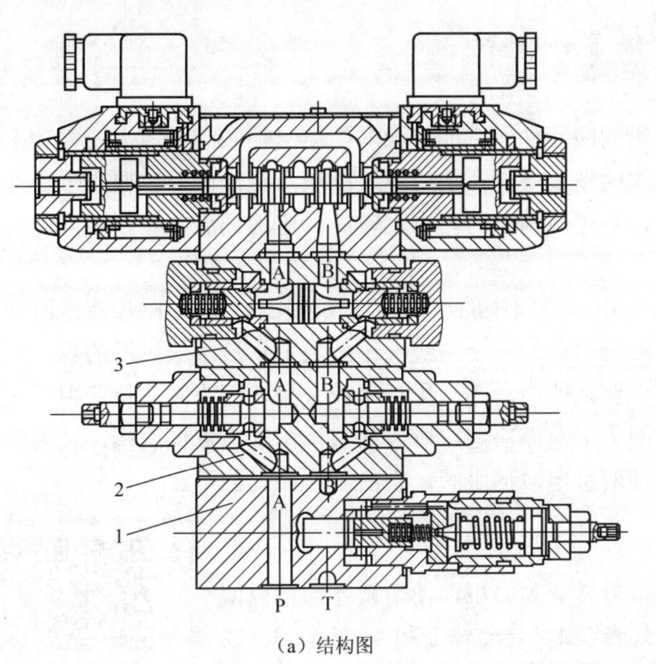

（a）结构图　　（b）用叠加阀构成的回路外形图

1—溢流阀　2—双向节流阀　3—双液控单向阀

图 4-57　叠加阀

图 4-58　用叠加阀构成的液压回路

由叠加阀构成的系统结构紧凑，系统设计制造周期短，外观整齐，便于改造和升级。但

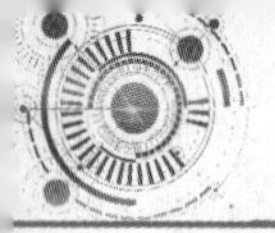

目前叠加阀的通径较小（一般不大于 20mm）。

4.5.3 电液伺服阀

电液伺服阀是电液联合控制的多级伺服元件，它能将微弱的电气输入信号放大成大功率的液压能量输出，是一种比电液比例阀的精度更高、响应更快的液压控制阀，主要用于高速闭环液压控制系统，伺服阀价格较高，对过滤精度的要求也较高。电液伺服阀接收模拟电信号后，相应输出调制的流量和压力。

图 4-59 所示为力反馈型喷嘴挡板式电液伺服阀的结构图和实物图。它由电磁和液压两部分组成，电磁部分是一个力矩电机，液压部分是一个两级液压放大器。液压放大器的第一级是双喷嘴挡板阀，称前置放大级；第二级是四边滑阀，称功率放大级。因为阀芯位置由反馈杆组件弹性变形力反馈到衔铁上与电磁力平衡而决定，所以称力反馈式电液伺服阀，又因为采用了两级液压放大器，所以称力反馈两级电液伺服阀，它的工作原理如下。

1. 力矩电机的工作原理

力矩电机的工作原理

力矩电机的作用是把输入的电气信号转变为力矩，使衔铁连同挡板偏转，以控制前置放大级。它由一对永久磁铁 1、导磁体 2 和 4、衔铁 3、线圈 5、弹簧管 6 等组成。永久磁铁 1 将导磁体磁化为 N 极和 S 极，衔铁和挡板连在一起，由固定在阀座上的弹簧管支撑，使之位于上、下导磁体中间。挡板下端为一球头，嵌放在滑阀的中间凹槽内。

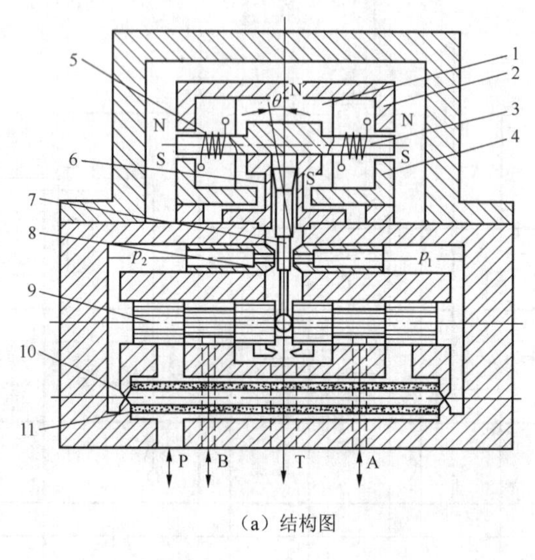

（a）结构图

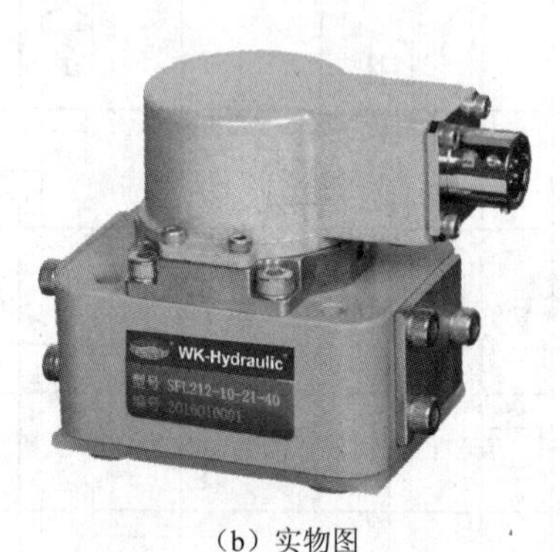

（b）实物图

1—永久磁铁　2、4—导磁体　3—衔铁　5—线圈　6—弹簧管　7—挡板　8—喷嘴
9—滑阀　10—固定节流孔　11—过滤器

图 4-59　力反馈型喷嘴挡板式电液伺服阀

无电流输入时，力矩电机无输出，衔铁在中位。有电流输入时，衔铁被磁化，若左端为 N 极，右端为 S 极，则根据同性相斥、异性相吸的原理，衔铁逆时针方向偏转，同时弹簧管变形，产生反力矩，直到电磁力矩与弹簧管反力矩相平衡为止。电流越大，产生的电磁力矩

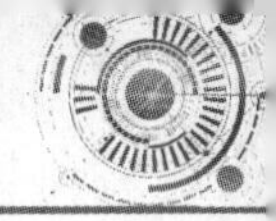

越大，衔铁偏转的角度越大。这样力矩电机就把输入的电信号转换为力矩输出。

2. 前置放大级的工作原理

前置放大级的作用是将力放大，因为力矩电机产生的力矩很小，无法操纵滑阀的启闭以产生足够的液压功率。它主要由挡板 7、喷嘴 8、固定节流孔 10 和过滤器 11 组成。

当力矩电机无信号时，挡板不动，滑阀不动；当力矩电机有信号时，衔铁带挡板偏转，两可变节流孔变化，滑阀两端压力不等，滑阀移动。

如果衔铁逆时针方向偏转，挡板向右偏，右边可变节流孔减小，使 p_1 增大，左边可变节流孔增大，p_2 减小，滑阀 9 在压力差的作用下向左移动。

3. 功率放大级的工作原理

功率放大级的作用是将前置放大级输入的滑阀位移信号进一步放大，实现功率的转换和放大。它主要由滑阀 9 和挡板下部的反馈弹簧片组成。

当无电流信号输入时，力矩电机无力矩输出，挡板在中位，滑阀两端压力相等，阀芯在反馈杆下端小球作用下也处于中位。

当有电流信号输入时，衔铁带动挡板沿逆时针方向偏转一 θ 角时，阀芯因 $p_1>p_2$ 而向左移动，P 通 B，A 通 T。在阀芯左移的同时，使挡板在两喷嘴的偏移量减小，通过挡板下部的反馈弹簧片实现反馈作用，使挡板顺时针方向偏转，恢复到中位，p_1 减小，p_2 增大，最终阀芯停止运动，取得一个新的平衡位置，并有相应的流量输出。

4.5.4 电液比例控制阀

电液比例控制阀是一种按输入的电信号连续地、按比例地对油液的压力、流量或方向进行远距离控制的阀。与手动调节的普通液压阀相比，电液比例控制阀能够提高液压系统参数的控制水平；与电液伺服阀相比，电液比例控制阀在某些性能方面稍差一些，但它结构简单，成本低。所以，它广泛应用于对液压参数进行连续控制或程序控制但对控制精度和动态特性要求不太高的液压系统中。

电液比例控制阀的构成，从原理上讲相当于在普通液压阀上装上一个比例电磁铁以代替原有的控制（驱动）部分。根据用途和工作特点不同，电液比例控制阀可以分为电液比例压力阀、电液比例流量阀和电液比例方向阀三类。

1. 比例电磁铁

比例电磁铁是电液比例控制阀的重要组成部分，其作用是将比例控制放大器输出的电信号转换成与之成比例的力或位移。

比例电磁铁是一种直流电磁铁，它与普通换向阀所用的电磁铁不同。普通电磁换向阀所使用的电磁铁只要求有吸合和断开两个位置，并且为了增加吸力，在吸合时磁路中几乎没有气隙。而比例电磁铁则要求吸力（或位移）与输入电流成比例，并在衔铁的全部工作位置上，磁路中保持一定的气隙。这一特性使比例电磁铁可作为液压阀中的信号给定元件。

图 4-60 所示为比例电磁铁。它由轭铁 1、线圈 2、限位环 3、隔磁环 4、壳体 5、内盖 6、盖 7、调节螺钉 8、弹簧 9、衔铁 10、支承环 11 和导向套 12 等组成。

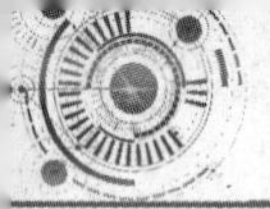

2. 比例方向节流阀

图 4-61 所示为带位移传感器的直动式比例方向节流阀。这种阀用比例电磁铁取代电磁换向阀中的普通电磁铁，便构成直动式比例方向节流阀。由于使用了比例电磁铁，阀芯不仅可以换位，而且换位的行程可以连续地或按比例地变化，因而油口间的通流面积也可以连续地或按比例地变化，所以比例方向节流阀不仅能控制执行元件的运动方向，而且能控制其速度。

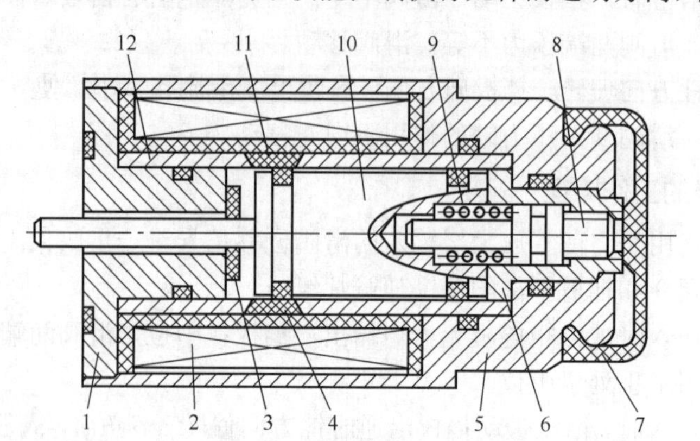

1—轭铁　2—线圈　3—限位环　4—隔磁环　5—壳体　6—内盖　7—盖
8—调节螺钉　9—弹簧　10—衔铁　11—支承环　12—导向套

图 4-60　比例电磁铁

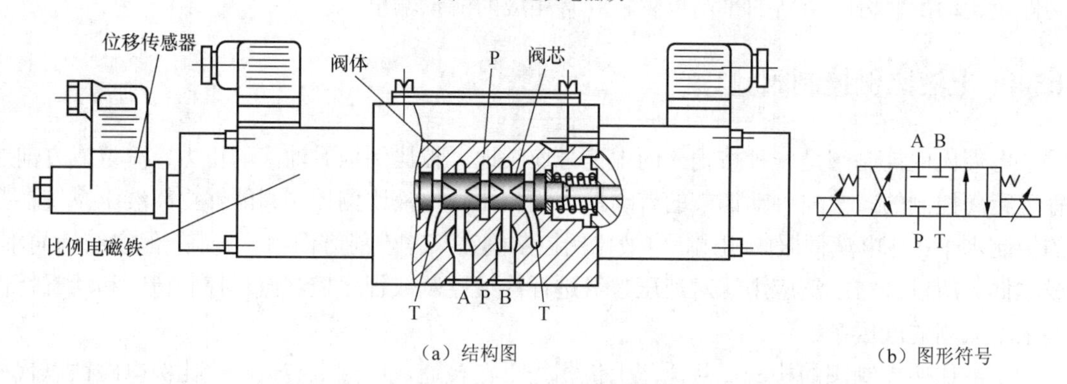

（a）结构图　　（b）图形符号

（c）实物图

图 4-61　带位移传感器的直动式比例方向节流阀

部分比例电磁铁前端还附有位移传感器（或称差动变压器），这种比例电磁铁称为行程控制比例电磁铁。位移传感器能准确地测定电磁铁的行程，并向放大器发出电反馈信号。电放大器将输入信号和反馈信号加以比较后，再向电磁铁发出纠正信号以补偿误差，因此阀芯位

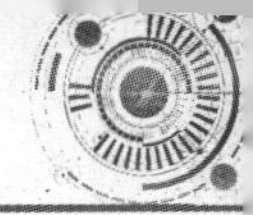

置的控制更加精确。

3. 比例压力阀

比例压力阀按用途不同，有比例溢流阀、比例减压阀和比例顺序阀之分；按照控制功率的大小不同，分为直动式与先导式。

（1）直动式比例压力阀

图 4-62 所示为直动锥阀式比例压力阀的结构图和图形符号。比例电磁铁 1 通电后产生的吸力经推杆 2 和传力弹簧 3 作用在锥阀芯 4 上，当锥阀芯左端的液压力大于电磁吸力时，锥阀芯被顶开溢流。连续地改变控制电流的大小，即可连续按比例地控制锥阀的开启压力，即可调节溢流阀压力的大小。

直动式比例压力阀的控制功率较小，通常控制流量为 1～3L/min，低压力等级的最大可达 10L/min。直动式压力阀可用于小流量系统作溢流阀或安全阀；更主要的是作为先导阀，控制功率放大级主阀，构成先导式压力阀。

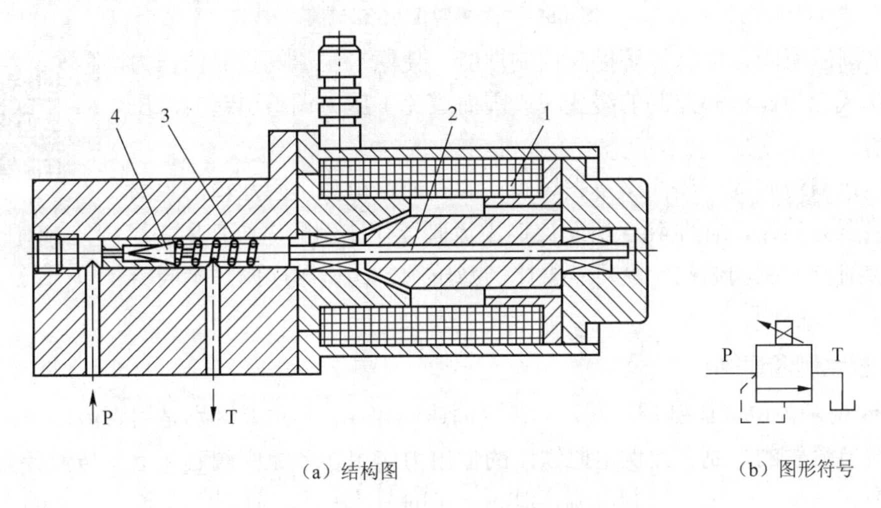

（a）结构图　　（b）图形符号

1—比例电磁铁　2—推杆　3—传力弹簧　4—锥阀芯

图 4-62　直动锥阀式比例压力阀

（2）先导锥阀式比例溢流阀

图 4-63 所示为先导锥阀式比例溢流阀的结构图、图形符号和实物图。这种阀用比例电磁铁取代先导型溢流阀导阀的手调装置（调压手柄），便成为先导锥阀式比例溢流阀。该阀下部与普通溢流阀的主阀相同，上部则为比例先导压力阀。该阀还附有一个手动调整的安全阀（先导阀）9，用以限制比例溢流阀的最高压力；以避免因电子仪器发生故障，使得控制电流过大，压力超过系统允许最大压力的可能性。比例电磁铁的推杆向先导阀芯施加推力，该推力作为先导级压力负反馈的指令信号。随着输入电信号强度的变化，比例电磁铁的电磁力将随之变化，从而改变推力的大小，使锥阀的开启压力随输入信号的变化而变化。若输入信号连续地、按比例地或按一定程序变化，则比例溢流阀所调节的系统压力也连续地、按比例地或按一定的程序进行变化。因此比例溢流阀多用于系统的多级调压或实现连续的压力控制。

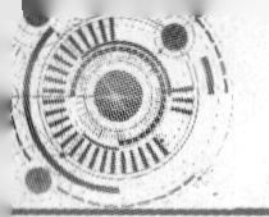

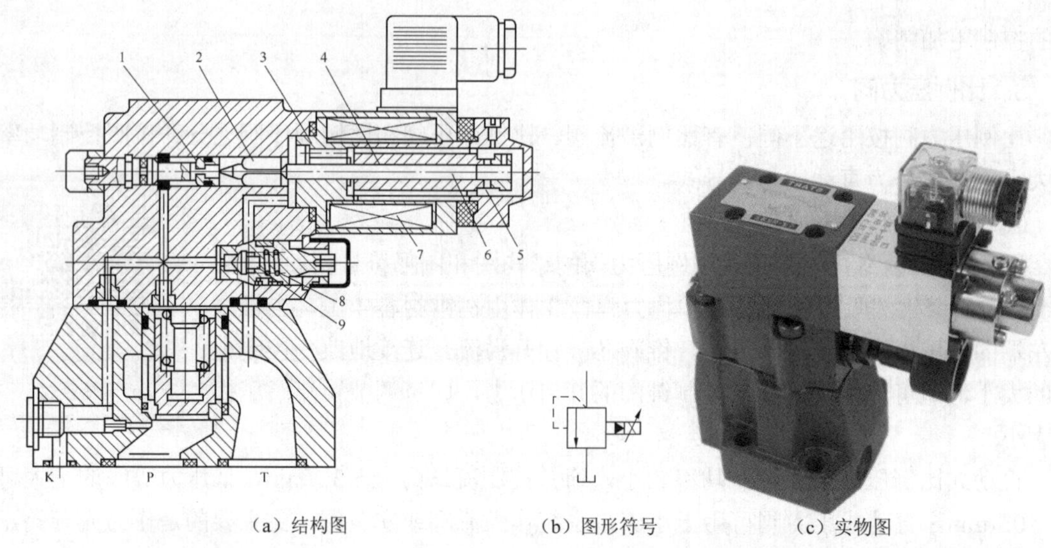

（a）结构图　　（b）图形符号　　（c）实物图

1—阀座　2—先导锥阀　3—轭铁　4—衔铁　5、8—弹簧　6—推杆　7—线圈　9—先导阀

图 4-63　先导锥阀式比例溢流阀

先导锥阀式比例溢流阀的工作原理

采用比例溢流阀，可以显著提高控制性能，使原来溢流阀控制的压力调整由阶跃式变为比例阀控制的缓变式，因而避免了压力调整引起的液压冲击和振动。

如将比例溢流阀的泄漏油路及先导阀 9 的回油路单独引回油箱，主阀出油口也接压力油路，则图 4-63 所示比例溢流阀可作比例顺序阀使用。若改变比例溢流阀的主阀结构，就可获得比例减压阀、比例顺序阀等不同类型的比例压力控制阀。

4. 电液比例调速阀

图 4-64 所示为电液比例调速阀。与普通调速阀相比，其主要区别是用直流比例电磁铁取代了手柄对节流阀的控制。比例电磁铁 1 的输出力作用在节流阀阀芯 2 上，与弹簧力、液动力、摩擦力相平衡。一定的控制电流，对应一定的节流开度；通过改变输入电流的大小，即可改变通过调速阀的流量。若输入的电流是连续地或按一定程序变化的，则电液比例调速阀所控制的流量也按比例或按一定程序变化。

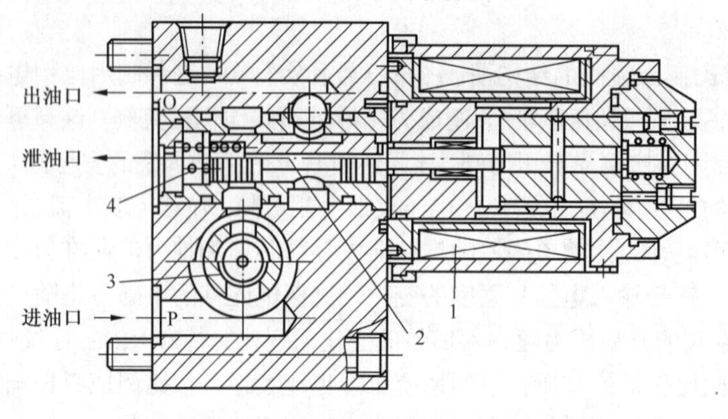

（a）结构图　　（b）实物图

1—比例电磁铁　2—节流阀阀芯　3—定差减压阀　4—弹簧

图 4-64　电液比例调速阀

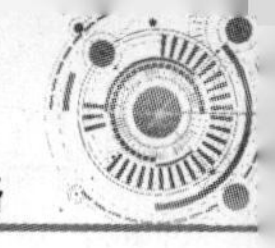

电液比例调速阀可用于制造行业的注塑机、抛光机和多工位加工机床等速度控制系统中，当输入对应于多种速度的电流信号后，就可以实现多种加工速度的控制。输入电信号连续变化时，被控制的机床执行元件的运动速度也可实现连续变化。

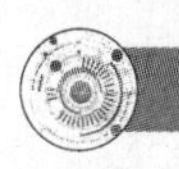

4.6　多缸工作控制回路

4.6.1　同步回路

在液压装置中，常需使两个以上的液压缸做同步运动，理论上依靠流量控制即可达到这一目的，但若要做到精密的同步，则须采用比例式阀或伺服阀配合电子感测元件、计算机来完成。以下介绍几种基本的同步回路。

图 4-65 所示为使用调速阀的同步回路，因为很难调整到使两个流量一致，所以精度比较差。

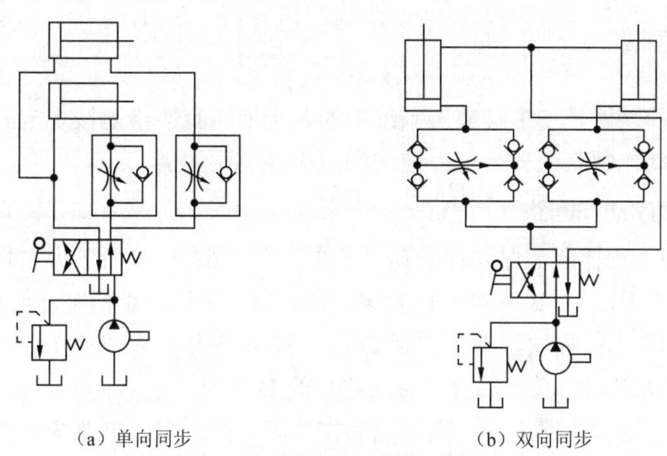

图 4-65　使用调速阀的同步回路

图 4-66 所示为使用分流阀的同步回路。该回路同步精度较高，其工作原理是当换向阀在左位工作时，压力为 p_y 的油液经两个尺寸完全相同的节流孔 4 和 5 及分流阀上 a、b 处两个可变节流孔进入缸 1 和缸 2，两缸活塞前进。当分流阀的滑轴 3 处于某一平衡位置时，滑轴两端压力相等，即 $p_1=p_2$，节流孔 4 和节流孔 5 上的压力降（p_y-p_1）和（p_y-p_2）相等，则进入缸 1 和缸 2 的流量相等；当缸 1 的负荷增加时，p_1 上升，滑轴 3 右移，a 处节流孔加大，b 处节流孔变小，使压力 p_1 下降，p_2 上升；当滑轴 3 移到某一平衡位置时，p_1 又重新和 p_2 相等，两缸保持速度同步，但 a、b 处开口大小和开始时是不同的，活塞后退，液压油经单向阀 6 和单向阀 7 流回油箱。

图 4-67 所示为通过机械连接实现同步的回路，将两个（或若干个）液压缸的活塞杆运用机械装置（如齿轮或刚性梁）连接在一起，使它们的运动相互牵制，这样即可不必在液压系统中采取任何措施而实现同步。此种同步方法简单，工作可靠，但它不宜使用在两缸距离过大、两缸负载差别过大的场合。

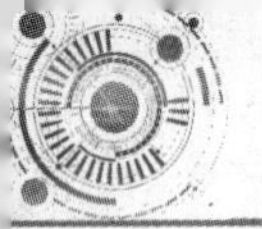

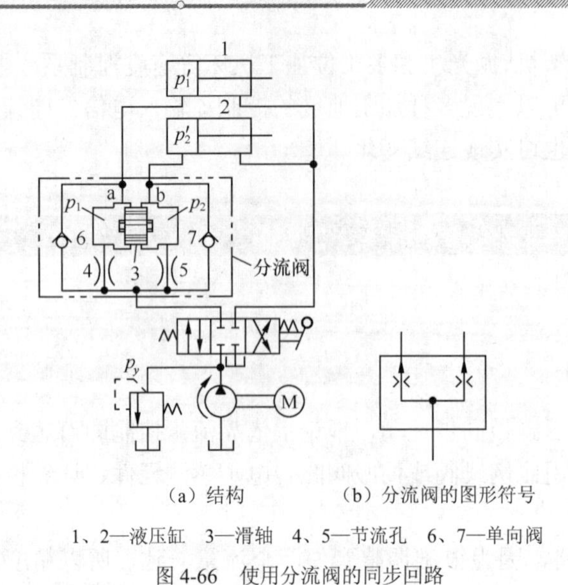

（a）结构　　（b）分流阀的图形符号

1、2—液压缸　3—滑轴　4、5—节流孔　6、7—单向阀

图 4-66　使用分流阀的同步回路

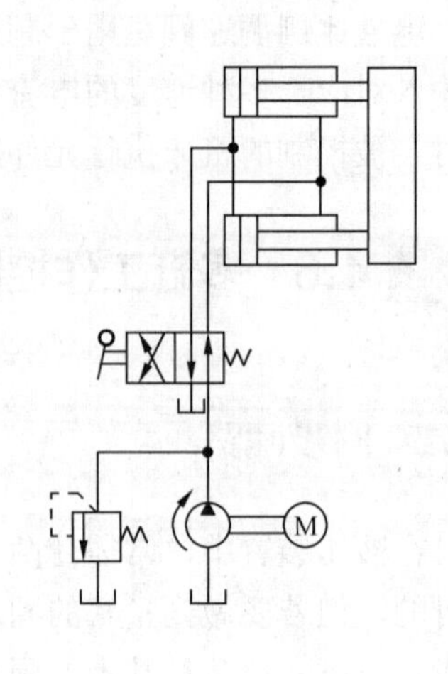

图 4-67　通过机械连接实现同步的回路

4.6.2　顺序动作回路

顺序动作回路的功能是使多缸液压系统中的各个液压缸严格地按规定的顺序动作。按控制方式不同，顺序动作回路可分为行程控制和压力控制两大类。

1. 行程控制顺序动作回路

图 4-68 所示为行程控制顺序动作回路。其中，图 4-68（a）所示为由行程阀控制的顺序动作回路，在该状态下，A、B 两液压缸活塞均在右端。当推动手柄时，使阀 C 在左位工作，缸 A 左行，完成动作①；挡块压下行程阀 D 后，缸 B 左行，完成动作②；手动换向阀复位后，缸 A 先复位，实现动作③；随着挡块后移，阀 D 复位，缸 B 退回，实现动作④。至此，顺序动作全部完成。这种回路工作可靠，但动作顺序一经确定，再改变就比较困难了，同时管路长，布置比较麻烦。

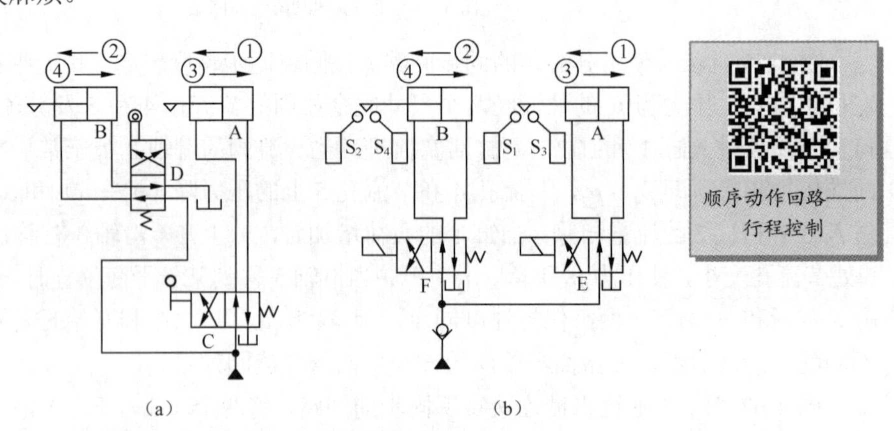

图 4-68　行程控制顺序动作回路

图 4-68（b）所示为由行程开关控制的顺序动作回路，当阀 E 电磁铁得电换向时，缸 A 左行，完成动作①；触动行程开关 S_1 使阀 F 电磁铁得电换向，控制缸 B 左行完成动作②；当缸 B 左行至触动行程开关 S_2 时，阀 E 电磁铁失电，缸 A 返回；实现动作③后，触动 S_3 使

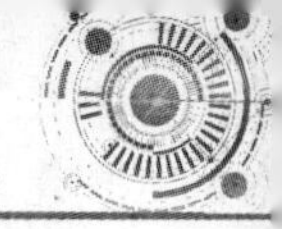

F 电磁铁断电，缸 B 返回，完成动作④；最后触动 S_4 使泵卸荷或引起其他动作，完成一个工作循环。这种回路的优点是控制灵活、方便，但其可靠程度主要取决于电气元件的质量。

2. 压力控制顺序动作回路

图 4-69 所示为使用顺序阀的压力控制顺序动作回路。当换向阀左位接入回路，且顺序阀 D 的调定压力大于液压缸 A 的最大前进工作压力时，压力油先进入液压缸 A 的左腔，实现动作①；当液压缸行至终点时，压力上升，压力油打开顺序阀 D，进入液压缸 B 的左腔，实现动作②；同样，当换向阀右位接入回路，且顺序阀 C 的调定压力大于液压缸 B 的最大返回工作压力时，两液压缸则按③和④的顺序返回。显然这种回路动作的可靠性取决于顺序阀的性能及其压力调定值，即它的调定压力应比前一个动作的压力高出 0.8～1.0MPa，否则顺序阀易在系统压力脉冲中造成误动作。由此可见，这种回路适用于液压缸数目不多、负载变化不大的场合。其优点是动作灵敏，安装连接较方便；缺点是可靠性不高，位置精度低。

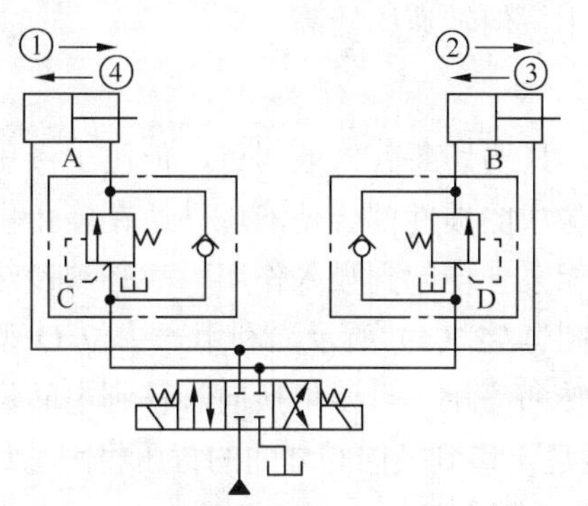

图 4-69　使用顺序阀的压力控制顺序动作回路

4.6.3　多执行元件互不干扰回路

多执行元件互不干扰回路的功用是防止因液压系统中的几个液压执行元件因速度快慢的不同而在动作上的相互干扰。

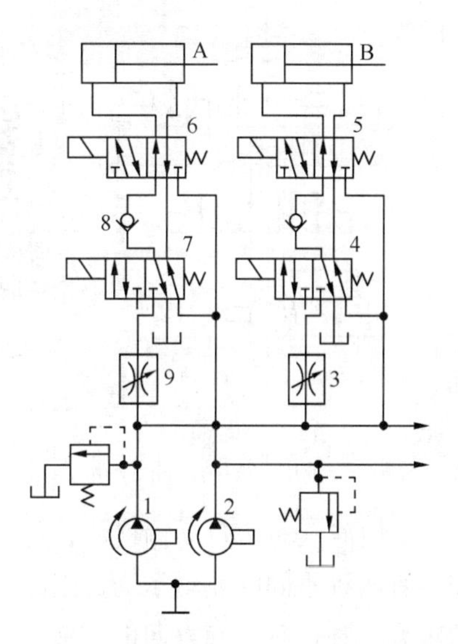

1—小流量液压泵　2—大流量液压泵
3、9—调速阀　4、5、6、7—电磁换向阀
8、12—单向阀　10、11—溢流阀　A、B—液压缸

图 4-70　双泵供油互不干扰回路

图 4-70 所示为双液压泵供油来实现的多缸快慢速互不干扰回路。图中的液压缸 A 和 B 各自要完成“快进—工进—快退”的自动工作循环。在图示状态下各缸原位停止。当阀 5、阀 6 的电磁铁均通电时，各缸均由双泵中的大流量泵 2 供油并做差动快进。这时如某一个液压缸，例如缸 A，先完成快进动作，由挡块和行程开关使阀 7 电磁铁通电，阀 6 电磁铁断电，此时大流量泵进入缸 A 左腔的油路被切断，而缸右腔的油经阀 6、阀 7 回油箱，缸 A 速度由调速阀 9 调节。但此时缸 B 仍做快进运动，互不影响。当各缸都转为工进后，它们全由小流量泵 1 供油。此后，若缸 A 又率先完成工进，行程开关使阀 7 和阀 6 的电磁铁均通电，缸 A 即由大流量泵 2 供油快退，当电磁铁均断电时，各缸都停止运动，并被

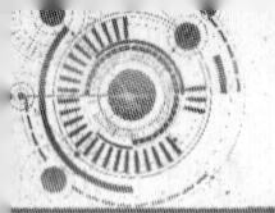

锁在所在的位置上。由此可见，这种回路之所以能够实现多缸的快慢速运动互不干扰，是由于快速和慢速各由一个液压泵分别供油，再由相应的电磁铁进行控制的缘故。

4.7 液压马达的其他回路

1. 液压马达串、并联回路

行走机械常使用液压马达来驱动车轮，并依据行驶条件的不同进行驱动，如在平地行驶时需要高速，上坡时需要有大转矩输出，转速降低。因此，采用两个液压马达以串联或并联方式达到上述目的。

如图 4-71 所示，将两个液压马达的输出轴连接在一起，当电磁阀 2 通电时，电磁阀 1 断电，两液压马达并联，液压马达输出转矩大，转速却比较低；当电磁阀 1、2 都通电时，两液压马达串联，液压马达转矩小，但转速比较高。

2. 液压马达制动回路

液压马达制动回路的工作原理

欲使液压马达停止运转，只要切断其供油即可，但由于液压马达本身的转动惯性及其驱动负荷所造成的惯性都会使液压马达在停止供油后再继续转动一会儿，液压马达会像泵一样起到吸入作用，故必须设法避免马达把空气吸入液压系统中。如图 4-72（a）所示，利用一中位 O 型的换向阀来控制液压马达的正转、反转和停止。只要将换向阀移到中间位置，马达就停止运转，但由于惯性，马达出口到换向阀之间的背压将因马达停止运转而增大，这有可能将回油管路或阀件破坏，因此必须在图 4-72（b）所示的系统中装一制动溢流阀。如此，当出口处的压力增加到制动溢流阀所调定的压力时，阀被打开，马达也制动。

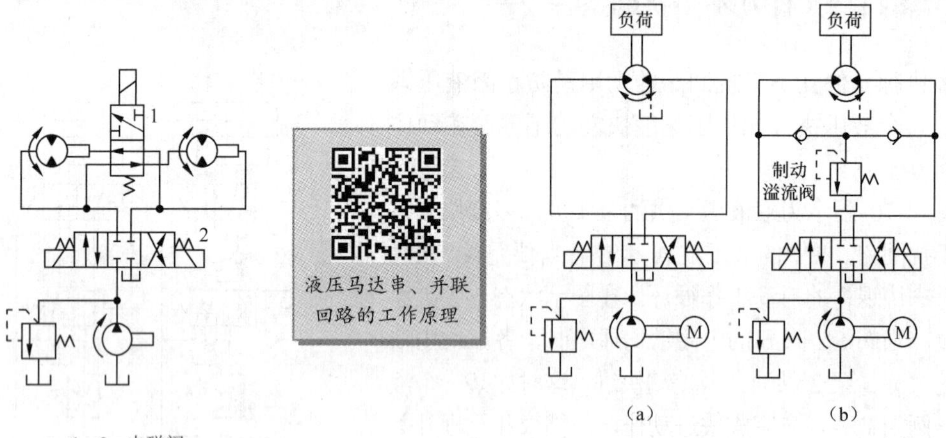

1、2—电磁阀

图 4-71　液压马达串、并联回路

图 4-72　液压马达制动回路

液压马达补油回路的工作原理

又如液压马达驱动输送机，在一方向有负载、另一方向无负载时，其需要有两种不同的制动压力。因此，这种制动回路如图 4-73 所示，每个制动溢流阀各控制不同方向的油液。

3. 液压马达的补油回路

当液压马达停止运转（停止供油）时，由于惯性，它会继续转动一点，

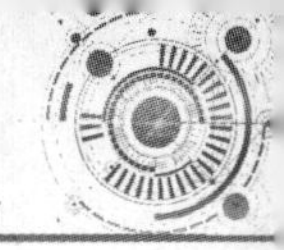

因此，在马达入口处无法供油，造成真空现象。

如图 4-74 所示，在马达入口及回油管路上各安装一个开启压力较低（小于 0.05MPa）的单向阀。当马达停止时，其出口压力油由油槽经此单向阀送到马达入口补充缺油。

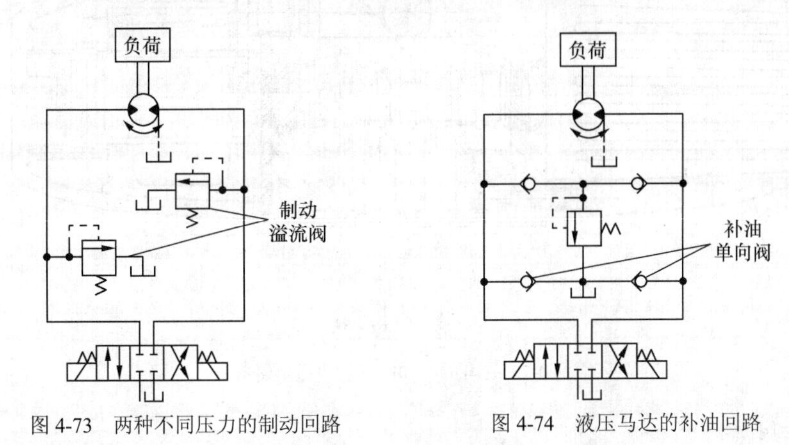

图 4-73　两种不同压力的制动回路　　图 4-74　液压马达的补油回路

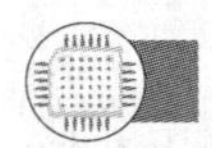

实验与实训

实验五　液压阀的拆装

一、实验目的

液压阀是液压系统的控制元件，通过对液压阀的拆装，熟悉各种常用液压阀的结构及其可能出现的故障，掌握各种液压阀的工作原理，熟悉各种阀的功能及其适用场合，了解不同液压阀与其他元件的连接方式，掌握液压阀结构、性能、特点和工作原理。

二、实验内容及方案

根据液压阀的三大类，方向控制阀、压力控制阀和流量控制阀，按一定步骤拆解换向阀、减压阀、节流阀等控制阀，观察并了解各零件在液压阀中的作用，了解液压阀的工作原理，并重新装配液压阀。

（1）换向阀

换向阀的作用是利用阀芯相对于阀体的运动，改变阀体上各阀口的通断状态，使油路接通、关断或变换油流的方向，从而使液压执行元件启动、停止或变换运动方向。

型号：34DO-B10H 三位四通电磁阀，结构图如图 4-75 所示。

主要零部件分析如下。

① 观察直流电磁换向阀与交流电磁换向阀的外形特征，分析其外形不同的原因。

② 将阀拆开，观察其主要组成零件的结构，分析每个零件的作用。

③ 根据阀芯、阀孔内腔的形状和阀底面各油口的标志，分析阀的工作原理。

④ 观察中位机能不同的三位电磁换向阀的阀体和阀芯，分析其中位机能与阀芯结构之间的关系。

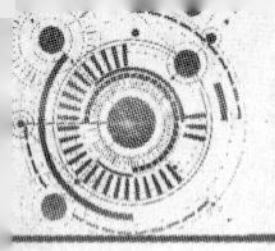

⑤ 分析电磁换向阀的优缺点及交、直流电磁换向阀适用于什么场合。

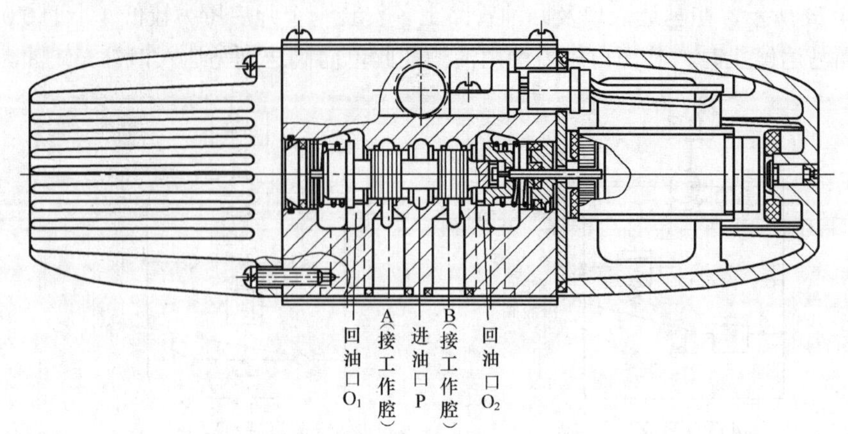

图 4-75　34DO-B10H 三位四通电磁阀

（2）减压阀

型号：J 型先导式减压阀，结构图如图 4-24 所示。

主要零部件分析如下。

① 将阀拆开，观察其主要组成零件的结构，弄清阀的工作原理，着重理解其能减压并使出口压力稳定的原理。

② 仔细查看主阀芯的结构，分析阀芯上三角槽及阀芯小孔的作用。分析当阀芯上的小孔堵塞时，油路可能产生的故障。

③ 观察阀的进、出油口的位置与溢流阀进、出油口的位置有什么不同。如果阀已无标牌，如何判断它是减压阀还是溢流阀？

④ 注意观察 J 型减压阀有无远程控制口，如果有，它起什么作用？

（3）节流阀

型号：L-10B 型节流阀，结构图如图 4-76 所示。

它主要由阀芯、推杆、手轮和弹簧等组成，压力油从油口 P_1 流入，经阀芯左端的轴向三角槽后由 P_2 流出。阀芯在弹簧力的作用下始终紧贴在推杆的端部。旋转手轮可使推杆沿轴向移动，改变节流口的通流截面积，从而调节通过阀的流量。

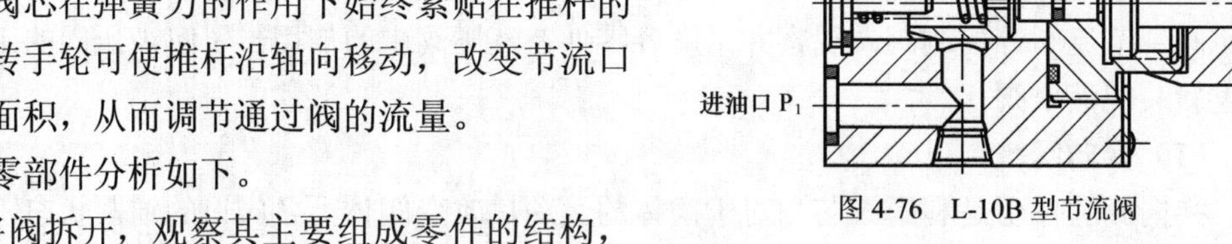

图 4-76　L-10B 型节流阀

主要零部件分析如下。

① 将阀拆开，观察其主要组成零件的结构，特别注意观察其阀芯上节流口的形式及调速时其节流截面尺寸的变化情况。

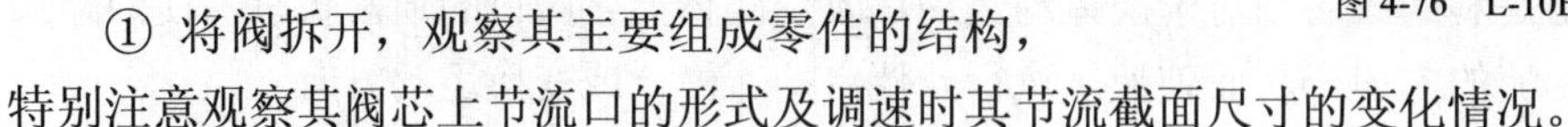

② 弄清节流阀的调速原理，分析节流阀调速的缺点。分析其容易出现的故障。

三、实验设备

实验所需液压元件一览表见表 4-7。

表 4-7　　实验所需液压元件一览表

元件名称	数量	元件名称	数量
电磁换向阀	1 个	螺钉旋具	1 个
先导式减压阀	1 个	内六角扳手	1 个
L-10B 节流阀	1 个	钳子	1 个
固定扳手	1 个	实训台	1 个

四、实验步骤

① 检查所准备的液压阀是否齐全，液压阀是否完整。

② 液压阀中的液压油全部泄压。

③ 用内六角扳手和固定扳手配合使用，先拆除电磁换向阀的各个零部件，观察和熟悉并记录阀体零部件的结构，再按照拆除的相反顺序进行安装。

④ 拆除减压阀阀体的各个零部件，观察、熟悉并记录零部件的结构，再按照拆除的相反顺序进行安装。

⑤ 拆除节流阀阀体的各个零部件，观察、熟悉并记录零部件的结构，再按照拆除的相反顺序进行安装。

⑥ 完成全部的阀体拆装后进行安装后的检查，检查阀体是否完整。

⑦ 将拆装好的液压阀放回原来的位置，并做好实训台整理。

五、实验报告

实验报告应包含以下几方面的内容。

① 实验目的和内容。

② 实验设备和工具。

③ 参数记录及处理（见表 4-8）。

表 4-8　　液压阀结构分析表

液压元件名称	有无阀芯	有无进油口	有无出油口	有无中位	有无手轮	有无推杆
电磁换向阀						
减压阀						
节流阀						

六、思考题

1．说明实物中的 34DO-B10H 电磁换向阀的中位机能。

2．左、右电磁铁都不得电时，阀芯靠什么对中？

3．电磁换向阀的泄油口的作用是什么？

4．静止状态时减压阀与溢流阀的主阀芯分别处于什么状态？

5．泄漏油口如果发生堵塞现象，减压阀能否减压工作？为什么？泄油口为什么要直接单独接回油箱？

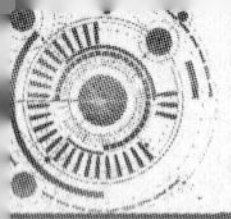

实验六　基本换向阀换向回路的安装与调试

一、实验目的

熟悉和了解熟悉换向阀的工作原理及图形符号，基本换向阀的结构、特点、性能和工作原理，掌握基本换向回路的安装技术要求和注意事项，熟悉基本换向回路的调试方法，了解基本换向回路的故障排除方法，了解接近开关的应用和工作原理。培养实际动手能力和团结合作的能力，培养学习液压传动课程的兴趣，以及进行实际工程设计的积极性，为学生进行创新设计，拓宽知识面，打好一定的知识基础。

二、实验内容及方案

学生可根据个人兴趣，安装运行一个或多个液压换向回路，查看缸的运动状态。现以O型的三位四通电磁换向阀为例，采用一个三位四通电磁换向阀控制的回路。当电磁铁1YA通电时，滑阀向右移动，左位油路接通，液压缸向右移动；当两电磁铁都没有电时，滑阀位于中位，液压缸停止；当电磁铁2YA通电时，滑阀左移，右位油路接通，液压缸左移。回路安装示意图如图4-77所示。

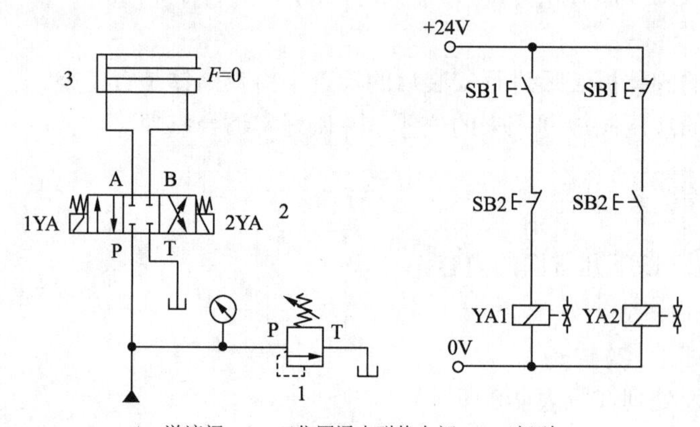

1—溢流阀　2—三位四通电磁换向阀　3—液压缸

图4-77　回路安装示意图

三、实验设备

实验所需液压元件一览表见表4-9。

表4-9　实验所需液压元件一览表

元件名称	数量	元件名称	数量	元件名称	数量
实验台	1台	直动式溢流阀	1个	液压油泵	1台
三位四通电磁换向阀	1个	油管	若干条	接近开关及其支架	2个
液压缸	1个	压力表	2个	继电器	2个
电线	若干条	按钮开关	3个	24V电源	1个

本回路安装实物图如图4-78所示。

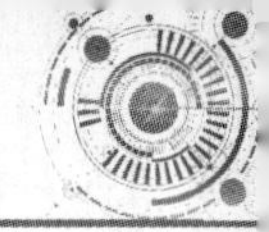

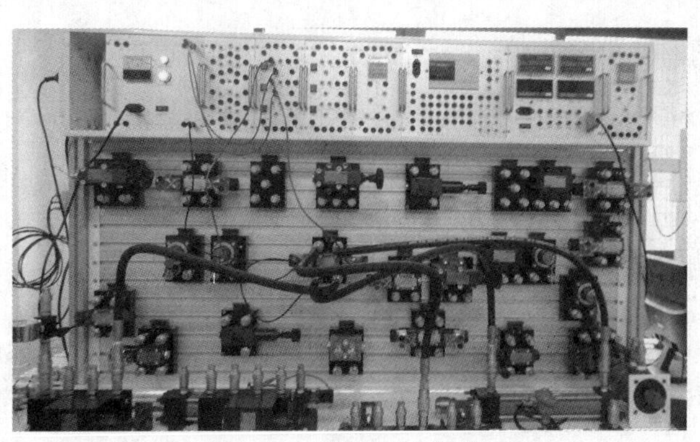

图 4-78　回路安装实物图

四、实验步骤

① 检查溢流阀是否完全退出。

② 根据实验内容，设计实验所需回路，所设计的回路必须经过认真检查，确保正确无误。

③ 按照检查无误的回路要求，选择液压元件，并且检查其性能的完好性。

④ 将检验好的液压元件安装在插件板的适当位置，通过快速接头和软管按照回路要求，把各个元件连接起来（包括压力表）。（注：并联油路可用多孔油路板）

⑤ 按照回路图，确认安装连接正确后，旋松泵出口处的溢流阀 1。经过检查确认正确无误后，再启动液压泵，按要求调压；调整系统压力，使系统工作压力在系统额定压力范围（<3MPa）。

⑥ 按钮 SB1 闭合，三位四通电磁换向阀 1YA 得电换向，液压缸伸出。

⑦ 按钮 SB2 闭合，三位四通电磁换向阀 2YA 得电换向，液压缸缩回。

⑧ 实验完毕后，应先旋松溢流阀 1 手柄，完全松开溢流阀，使其完全退出，然后停止液压泵。经确认回路中压力为零后，取下连接油管和元件，归类放入规定的抽屉中或规定地方，并保持系统的清洁。

五、实验报告

实验报告应包含以下几方面内容。

① 实验目的和内容。

② 实验设备和工具。

③ 参数记录及处理。液压缸运动换向过程中电磁铁得电情况调试记录表见表 4-10。

表 4-10　　电磁铁得电情况调试记录表

动作	电磁铁		压力/MPa
	1YA	2YA	
液压缸左行			
液压缸右行			
液压缸停止			

注：用“+”表示电磁铁 YA 通电；用“-”表示电磁铁断电。

④ 注意回路必须搭接安全阀（溢流阀）回路，启动泵站前，完全打开安全阀；实验完成

后，完全打开安全阀，停止泵站。

六、思考题

1．本实验油路中，阀 2 的作用是什么？
2．三位四通电磁阀有几种中位机能，分别什么作用？
3．本实验中，怎样注意提高实验结果的真实性和可靠性？

实验七　单级调压回路安装与调试

一、实验目的

熟悉和了解直动式溢流阀的工作原理、结构、特点和性能，掌握单级调压回路的安装技术要求和注意事项，熟悉单级调压回路的调试方法，了解单级调压回路的故障排除方法，了解接近开关的应用和工作原理。培养实际动手能力和团队合作的能力，培养学习液压传动课程的兴趣，以及进行实际工程设计的积极性，为调动学生进行创新设计，拓宽知识面，打好一定的知识基础。

二、实验内容及方案

溢流阀的主要作用有两点，一是用来保持系统或回路的压力恒定，如在定量泵节流调速系统中作溢流恒压阀，用以保持泵的出口压力恒定；二是在系统中作安全阀用，在系统正常工作时，溢流阀处于关闭状态，而当系统压力大于或等于其调定压力时，溢流阀才开启溢流，对系统起过载保护作用。此外，溢流阀还可作背压阀、卸荷阀、制动阀、平衡阀和限速阀等使用。

按其结构和工作原理可分为直动式和先导式两种。直动式溢流阀一般用于低压小流量系统，或作先导阀用；而先导式溢流阀常用于高压、大流量液压系统的溢流、调压和稳压。

本次实验利用直动式溢流阀实验液压回路的单级调压，回路安装示意图如图 4-79 所示。溢流阀是依靠改变弹簧压缩量来改变压力的。在液压泵出口处设置并联溢流阀即可组成单级调压回路，溢流阀在本实验中起调节系统压力的作用，为系统提供所需压力（<3MPa）。

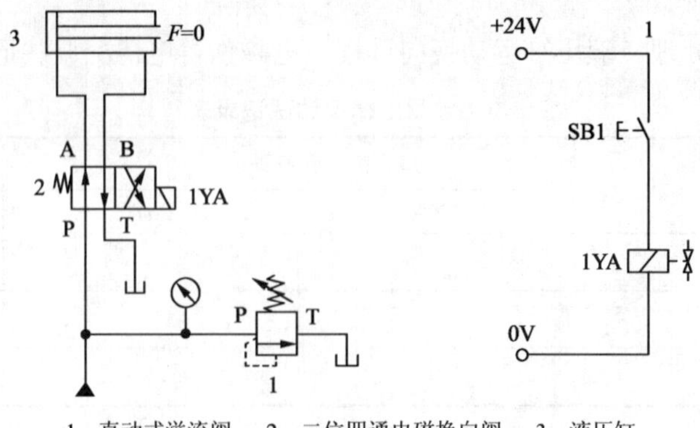

1—直动式溢流阀　2—二位四通电磁换向阀　3—液压缸

图 4-79　回路安装示意图

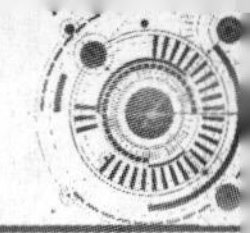

三、实验设备

实验所需液压元件一览表见表 4-11。

表 4-11　　实验所需液压元件一览表

元件名称	数量	元件名称	数量	元件名称	数量
实验台	1 台	直动式溢流阀	1 个	液压泵	1 台
二位四通电磁换向阀	1 个	油管	若干条	接近开关及其支架	2 个
液压缸	1 个	压力表	2 个	继电器	2 个
电线	若干条	按钮开关	2 个	24V 电源	1 个

本回路安装实物图如图 4-80 所示。

图 4-80　回路安装实物图

四、实验步骤

① 关掉液压泵，保证系统无压力。

② 检查溢流阀是否完全退出。

③ 依据液压实验回路准备好相关实验器材。

④ 按照实验回路连接好液压回路。

⑤ 检查开关（继电器）按钮控制接线图是否正确，打开电源开关，测试回路是否正确。

⑥ 检查无误，完全松开溢流阀 1 后。启动泵站，调节溢流阀 1 调节压力（控制在安全压力范围内，＜3MPa）。

⑦ 按钮 SB1 闭合，二位四通电磁换向阀换向，调节溢流阀 1，在不同的压力下工作，了解溢流阀的调压方式。

⑧ 实验完毕后完全松开溢流阀，使其完全退出，拆卸液压系统，清理相关的实验器材，保持清洁。

五、实验报告

实验报告应包含以下几方面内容。

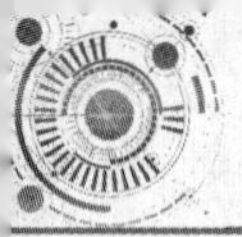

① 实验目的和内容。

② 实验设备和工具。

③ 参数记录及处理。保持 SB1 闭合，溢流阀调节到不同的压力下液压缸运行状态调试记录表见表 4-12。

表 4-12　　三种不同压力下的液压缸运行状态

项目		数据	序号						
			1	2	3	4	5	6	7
启闭过程	开启过程	压力 p_1（　）							
		流量 Q_1（　）							
	闭合过程	压力 p_2（　）							
		流量 Q_2（　）							
压力稳定波动值	工作压力 p_3（　）								
	波动值 Δp（　）								
卸荷压力	卸荷前工作压力 p_4（　）								
	卸荷压力 p_5（　）								

④ 注意回路必须搭接安全阀（溢流阀）回路，启动泵站前，完全打开安全阀：实验完成后，完全打开安全阀，停止泵站。

六、思考题

1．本实验油路中，阀 1 的作用是什么？

2．溢流阀的启闭特性是否重合，为什么？

3．本实验中，怎样注意提高实验结果的真实性和可靠性？

实验八　减压回路的安装与调试

一、实验目的

熟悉和了解减压阀的工作原理、结构、特点和性能，掌握并应用减压阀的二级调压和多级调压特性，掌握二级减压回路的安装技术要求和注意事项，熟悉二级减压回路的调试方法，了解二级减压回路的故障排除方法，了解接近开关的应用和工作原理。培养实际动手能力和团队合作的能力，培养学习液压传动课程的兴趣，以及进行实际工程设计的积极性，为学生进行创新设计，拓宽知识面，打好一定的知识基础。

二、实验内容及方案

减压回路如图 4-31 所示。本次实验采用直动式减压阀，利用减压阀的工作特性完成减压回路的安装与调试，减压回路安装示意图如图 4-81 所示。

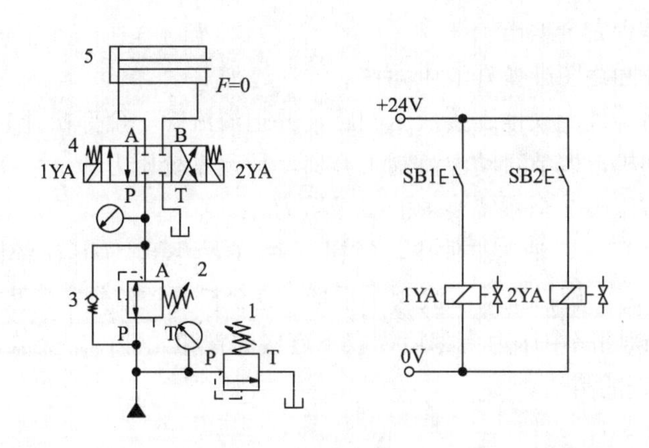

1—溢流阀　2—直动式减压阀　3—单向阀　4—三位四通电磁换向阀　5—液压缸

图 4-81　减压回路安装示意图

三、实验设备

实验所需液压元件一览表见表 4-13。

表 4-13　实验所需液压元件一览表

元件名称	数量	元件名称	数量	元件名称	数量
实验台	1 台	直动式溢流阀	1 个	液压泵	1 台
O 型中位机能的三位四通电磁换向阀	1 个	油管	若干条	接近开关及其支架	2 个
液压缸	1 个	压力表	2 个	继电器	2 个
电线	若干条	按钮开关	2 个	24V 电源	1 个
单向阀	1 个				

本回路安装实物图如图 4-82 所示。

图 4-82　减压回路安装实物图

四、实验步骤

① 关掉液压泵，保证系统无压力。

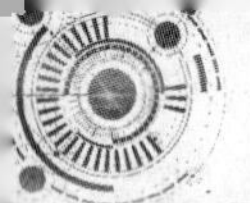

② 检查溢流阀是否完全退出。

③ 依据实验原理回路图准备好液压元件。

④ 按照液压回路准确无误地连接液压回路，并把溢流阀 1 全部松开。

⑤ 启动泵站电动机，调节直动溢流阀 1 开口，调定系统压力。

⑥ 调节直动式减压阀 2 至系统要求的二级压力。

⑦ 按钮开关 SB1 闭合，液压缸伸出，按钮开关 SB2 闭合，液压缸缩回。

⑧ 实验完毕后，应先旋松直动溢流阀 1 手柄，完全松开溢流阀，使其完全退出，然后停止液压泵工作。经确认回路中压力为零后，取下连接油管和元件，归类放入规定的抽屉中或规定地方，并保持系统的清洁。

五、实验报告

实验报告应包含以下几方面内容。

① 实验目的和内容。

② 实验设备和工具。

③ 分别控制 SB1 和 SB2 闭合，调试记录表（见表 4-14）。

表 4-14　　调试记录表

项目	参数	次数			
		1	2	3	4
减压性能 （缸Ⅱ终点时，调节减压阀）	阀进口压力 p_1（　　）				
	阀出口压力 p_2（　　）				
阀出口压力对进口压力的变化 （缸Ⅱ运动中） p_1=4MPa；p_j=1.5MPa	阀出口压力 p_2（　　）				
	阀进口压力 p_1（　　）				
阀进口压力对出口压力的变化 p_j=1.5MPa	阀进口压力 p_1（　　）				
	阀出口压力 p_2（　　）				
流经阀的流量对出口压力的影响（缸Ⅱ停止和运动） p_1=4MPa；p_j=1.5MPa	流经阀的流量 Q（　　）				
	阀出口压力 p_2（　　）				

六、思考题

1．该实验中如果采用先导式减压阀，会有什么样的实验现象？与直动式减压阀的区别有哪些？

2．减压阀减压需要满足什么样的条件？

实验九　两级换速控制回路的安装与调试

一、实验目的

掌握多种液压元器件在回路中的综合应用，掌握调速阀的使用方法和工作原理，熟悉两

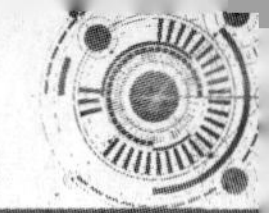

级换速控制回路的安装与调试，掌握两级换速控制回路的安装技术要求和注意事项，熟悉两级换速控制回路的调试方法，了解两级换速控制回路的故障排除方法，了解接近开关的应用和工作原理。培养实际动手能力和团队合作的能力，培养学习液压传动课程的兴趣，以及进行实际工程设计的积极性，为调动学生进行创新设计，拓宽知识面，打好一定的知识基础。

二、实验内容及方案

在液压系统中，通过调速回路解决各执行机构不同的速度要求。调速回路是液压系统中典型的液压控制回路。速度控制是通过调速元件改变主回路的通流面积，进而调节进入执行机构的液体流量来实现执行元件的调速的。调速回路的核心是调速元件节流阀和调速阀，节流阀结构简单，并能获得较大的调速范围，但系统中节流损失大，效率低，容易引起油液发热。在调速性能要求较高的场合，一般采用调速阀调速，调速阀是由定差减压阀和节流阀串联而成的，在节流阀节流原理的基础上，又在阀门内部结构上增设了一套压力补偿装置，改善节流后压力损失大的现象，使节流后流体的压力基本上等同于节流前的压力，不受出入口压力差变化的影响，维持稳定的流量，能够精确地控制执行元件的速度，同时减少流体的发热。

调速回路以调速元件在主回路中的位置不同，分为主油路调速和旁路调速两种，主油路调速又分为进油路调速、回油路调速和主油路双向调速。本实验采用回油路调速方案，回油路调速是将节流阀串联在回油路上，在液压泵出口并联一个溢流阀，液压泵的压力由溢流阀调定后基本保持不变，回油路中液压缸的流量由调速阀调节，而多余的油液经溢流阀流回油箱。由于溢流阀一直处于工作状态，所以泵出口压力保持恒定不变，故又称为定压式节流调速回路。

本次实验采用调速阀接入回路，与其他元器件一起构成两级速度控制回路，安装示意图如图 4-83 所示，安装实物图如图 4-84 所示。

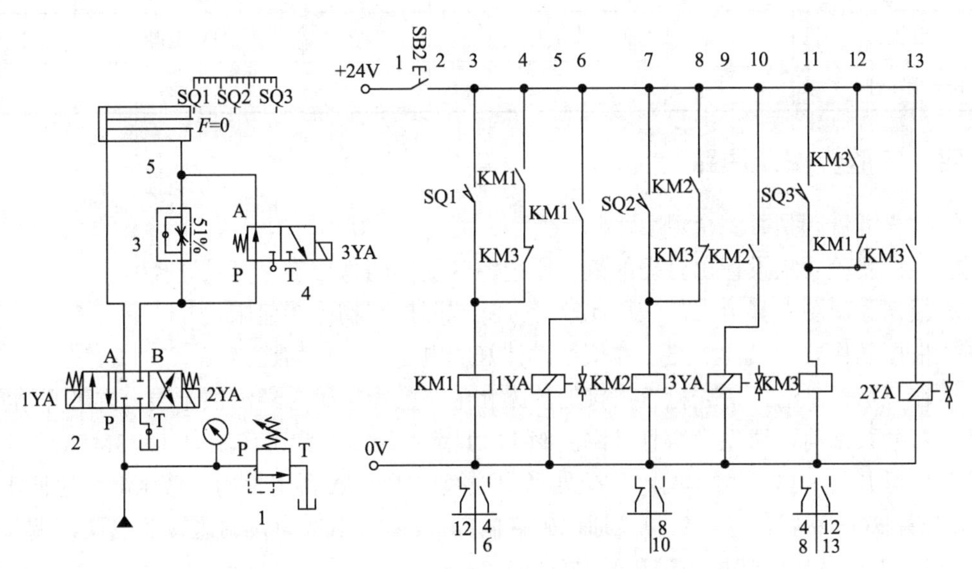

1—溢流阀　2—三位四通电磁换向阀　3—调速阀
4—二位三通电磁换向阀　5—液压缸

图 4-83　两级速度控制回路安装示意图

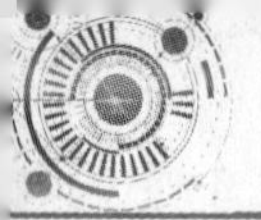

图 4-84　两级速度控制回路安装实物图

三、实验设备

实验所需液压元件一览表见表 4-15。

表 4-15　　实验所需液压元件一览表

元件名称	数量	元件名称	数量	元件名称	数量
实验台	1 台	直动式溢流阀	1 个	液压泵	1 台
O 型中位机能的三位四通电磁换向阀	1 个	油管	若干条	接近开关及其支架	2 个
液压缸	1 个	压力表	2 个	继电器	2 个
电线	若干条	按钮开关	2 个	24V 电源	1 个
液控单向阀	1 个				

四、实验步骤及油路

① 检查溢流阀是否完全退出。

② 根据实验要求设计出合理的液压原理图（提供两种控制，可供选择）。

③ 根据原理图选择恰当的液压元器件，并按图把实物连接起来。

④ 根据动作要求设计电路，并依据设计好的电路进行实物连接。

⑤ 在开启泵站前，请先检查搭接的油路和电路是否正确，经测试无误，方可开始实验。

⑥ 启动泵站前，请先完全打开溢流阀 1，调定系统压力到工作压力（<3MPa）。

⑦ 接近开关 SQ1 感触信号，三位四通电磁换向阀 1YA 得电换向，液压缸快速伸出。直到接近开关 SQ2 感触信号，二位三通电磁换向阀 3YA 得电换向，调速阀 3 受压，调节调速阀的开口来改变液压缸速度，液压缸减速运行。

⑧ 接近开关 SQ3 感触信号，三位四通电磁换向阀 2YA 得电换向（1YA 和 3YA 失电），液压缸快速缩回。直到接近开关 SQ1 感触信号，重复刚开始的步骤。

⑨ 实验完毕后，完全松开溢流阀，使其完全退出，停止液压泵电动机，待系统压力为零后，拆卸油管及液压阀，并把它们放回规定的位置，整理好实验台，并保持系统的清洁。

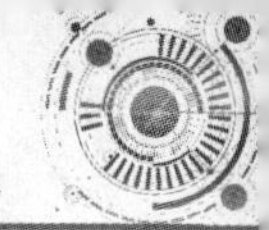

五、实验报告

实验报告应包含以下几方面内容。

① 实验目的及主要内容。

② 实验设备及主要元件、器具。

③ 实验记录与处理。

④ 两级速度控制回路调试表（见表 4-16、表 4-17）（用“+”表示电磁铁 YA 通电；用“-”表示电磁铁断电）。

表 4-16　两级速度回路调试表 1

项目	元件名称		
	1YA	2YA	3YA
启动泵站			
液压缸快速伸出			
液压缸慢速伸出			
液压缸伸出停止			
液压缸快速缩回			
液压缸慢速缩回			

注：用“+”表示电磁铁 YA 通电；用“-”表示电磁铁断电。

表 4-17　两级速度回路调试表 2

项目	状态	元件名称			
		溢流阀 1	调速阀 3	液压缸 5	换向阀 2
启动泵站	阀进口压力 p_1（　　）				
	流量 Q				
液压缸快速伸出	阀进口压力 p_1（　　）				
	流量 Q				
液压缸慢速伸出	阀进口压力 p_1（　　）				
	流量 Q				
液压缸伸出停止	阀进口压力 p_1（　　）				
	流量 Q				
液压缸快速缩回	阀进口压力 p_1（　　）				
	流量 Q				
液压缸慢速缩回	阀进口压力 p_1（　　）				
	流量 Q				

六、思考题

1．液压缸的运动速度取决于什么？调速阀调速的优点是什么？

2．调速阀如何进行调节从而实现速度控制？

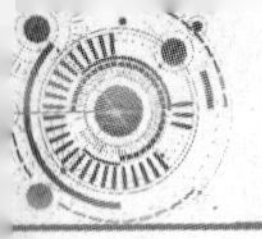

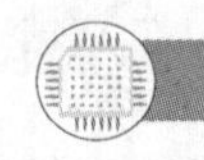

本章小结

本章主要介绍了常见的液压基本回路，即方向控制回路、速度控制回路、压力控制回路、同步回路等。

方向控制回路用以实现液压系统执行元件的启动、停止、换向。这些动作通过控制进入执行元件的液流通、断或改变方向来实现。有阀控、泵控和执行元件控制三种方式。

调压回路控制整个液压系统或局部的压力，使其保持恒定或限制其最高值。有单级调压回路、二级调压回路、多级调压回路、按比例进行压力调节的回路等。

减压回路使系统中的某一部分油路具有较系统压力低的稳定压力。最常见的减压回路是通过定值减压阀与主油路相连，也可实现两级或多级减压。

卸荷回路用来在系统换向或短时间停止工作时将泵排出的油液直接流回油箱，解除泵的负荷。卸荷回路有复合泵的卸荷回路、二位二通阀旁路卸荷的回路、利用换向阀中位机能卸荷的回路、利用溢流阀远程控制口卸荷的回路。

增压回路增加系统的局部压力，实现系统的高压要求。增压回路有利用串联液压缸的增压回路和利用增压器的增压回路。

保压回路使系统在液压缸不动或仅有工件变形所产生的微小位移的情况下，稳定地维持住压力。有液控单向阀保压回路、液压泵保压回路、蓄能器保压回路。

平衡回路用于防止垂直或倾斜放置的液压缸和与之相连的工作部件因自重而自行下落。通常采用单向顺序阀的平衡回路和液控顺序阀的平衡回路。

调速回路是液压系统的核心。通过改变进入执行机构的液体流量实现速度控制。控制方式有节流控制、液压泵控制和液压马达控制。将节流阀串联在主油路上，需要并联一溢流阀，多余的油液经溢流阀流回油箱，称为定压式节流调速回路；节流阀或调速阀和主回路并联，称为旁路节流调速，多余的油液由节流阀流回油箱，泵的压力随负载改变。容积式调速采用改变液压泵或液压马达的有效工作容积进行调速，无节流和溢流损失，组合形式有变量泵-定量马达（或液压缸）式、定量泵-变量马达式、变量泵-变量马达式。

增速回路使液压执行元件在空载时获得所需的高速，以提高系统的工作效率。增速回路有差动回路、蓄能器快速补油回路、双泵供油的快速运动回路。

速度换接回路使液压执行机构在一个工作循环中从一种运动速度变换到另一种运动速度，包括快速与慢速的换接回路、两种慢速的换接回路。

多缸工作控制回路应用于在液压装置中需使两个以上的液压缸做同步运动的场合。常用的回路有采用调速阀的同步回路、采用分流阀的同步回路、通过机械连接实现同步的回路、比例阀精密同步回路。

顺序动作回路的功能是使多缸液压系统中的各个液压缸严格地按规定的顺序动作。按控制方式不同，顺序动作回路可分为行程控制和压力控制两大类。

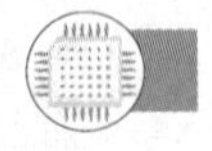

思考与练习

4-1　简述液压控制阀的作用和类型。

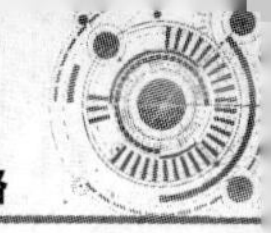

4-2　简述普通单向阀和液控单向阀的作用、组成和工作原理。

4-3　简述三位四通电液换向阀的作用、组成和工作原理。

4-4　何谓换向阀的“位”与“通”？画出三位四通电磁换向阀、二位三通机动换向阀及三位五通电液换向阀的图形符号。

4-5　何谓中位机能？画出 O 型、M 型和 P 型中位机能，并说明各适用何种场合。

4-6　简述先导式溢流阀的结构和工作原理。

4-7　简述直动式顺序阀的作用、组成和工作原理。

4-8　简述先导式减压阀的结构和工作原理。

4-9　简述普通节流阀的作用、结构和工作原理。

4-10　简述调速阀的工作原理。

4-11　何谓叠加阀？叠加阀有何特点？

4-12　双向变量泵方向控制回路中，变量泵是哪种泵？怎样实现方向的改变？蓄能器起什么作用？

4-13　主油路节流调速回路中溢流阀的作用是什么？压力调整有何要求？节流阀调速和调速阀调速在性能上有何不同？

4-14　图 4-52 所示双泵供油快速运动回路中，泵 1 和泵 2 各有什么特点？单向阀的作用是什么？溢流阀为什么接在去系统油路上？

4-15　简述图 4-53 所示液压压床的补油回路的工作过程，并说出该系统的特点。

4-16　在两个慢速换接回路中能否利用两调速阀并联回路？为什么？

4-17　在图 4-30（a）所示的二级调压回路中，为什么阀 4 的调定压力一定要小于阀 2 的调定压力？在图 4-30（b）中，三个调节阀的调定压力的关系如何？

4-18　如图 4-85 所示，溢流阀调定压力 $p_{s1} = 5$ MPa，减压阀的调定压力 $p_{s2} = 1.5$ MPa，$p_{s3} = 3.5$ MPa，活塞运动时，负载 $F_L = 2000$N，活塞面积 $A = 20 \times 10^{-4}\text{m}^2$，减压阀全开时的压力损失及管路损失忽略不计，求：

（1）活塞运动及到达终点时，A、B、C 各点的压力是多少；

（2）当负载 $F_L = 4000$N 时，A、B、C 各点的压力是多少。

4-19　在图 4-86 所示的回路中，溢流阀的调定压力为 5.0 MPa，减压阀的调定压力为 2.5 MPa，试分析下列各情况，并说明减压阀阀口处于什么状态。

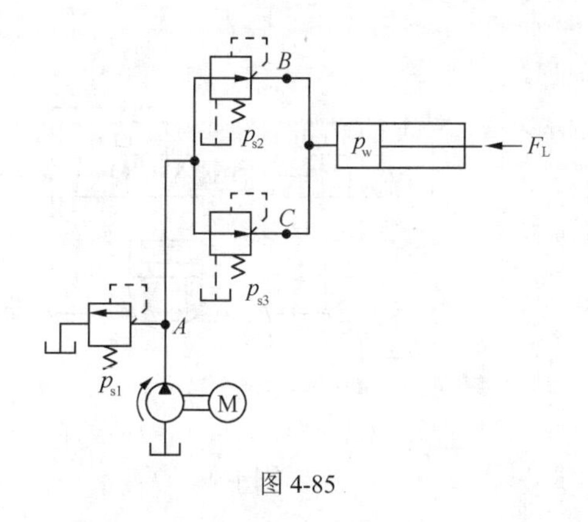

图 4-85

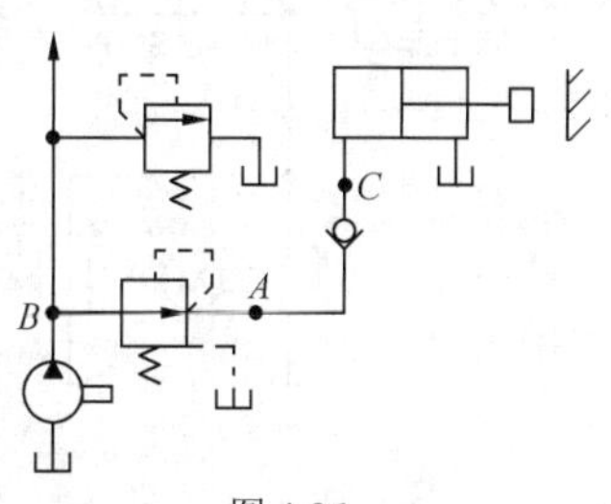

图 4-86

（1）当泵压力等于溢流阀调定压力时，夹紧缸使工件夹紧后，A、C 点的压力各为多少？

（2）当泵压力由于工作缸快进、压力降到 1.5MPa 时（工件原先处于夹紧状态），A、C 点的压力为多少？

（3）夹紧缸在夹紧工件前做空载运动时，A、B、C 三点的压力各为多少？

4-20　液压缸的活塞面积为 $A = 100 \times 10^{-4}\text{m}^2$，负载在 500～40000N 的范围内变化，为使负载变化时活塞运动速度稳定，在液压缸进口处使用一个调速阀，若将泵的工作压力调到泵的额定压力（压力为 6.3MPa），阀是否适合？为什么？

4-21　如图 4-87 所示，上模重量为 30000N，活塞下降时回油腔活塞有效面积 $A = 60 \times 10^{-4}\text{m}^2$，溢流阀调定压力 $p_s = 7\text{MPa}$，摩擦阻力、惯性力、管路损失忽略不计。求：

（1）顺序阀的调定压力需要多少；

（2）上模在液压缸上端且不动，换向阀在中位，图中压力表指示的压力是多少；

（3）当活塞下降至上模触到工作物时，图中压力表指示的压力是多少。

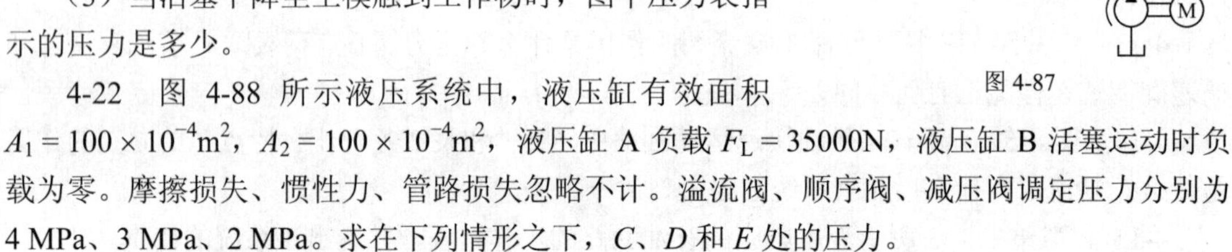

图 4-87

4-22　图 4-88 所示液压系统中，液压缸有效面积 $A_1 = 100 \times 10^{-4}\text{m}^2$，$A_2 = 100 \times 10^{-4}\text{m}^2$，液压缸 A 负载 $F_L = 35000\text{N}$，液压缸 B 活塞运动时负载为零。摩擦损失、惯性力、管路损失忽略不计。溢流阀、顺序阀、减压阀调定压力分别为 4 MPa、3 MPa、2 MPa。求在下列情形之下，C、D 和 E 处的压力。

（1）泵运转后，两换向阀处于中位。

（2）A+线圈通电，液压缸 A 活塞移动到终点时。

（3）A+线圈断电，B+线圈通电，液压缸 B 活塞运动到终点时。

4-23　图 4-89 所示为由插装式锥阀组成换向阀的两个例子，如果在阀关闭时，A、B 有压力差，试判断电磁铁通电和断电时，压力油能否开启锥阀而通流，并分析各自是作为何种换向阀使用的。

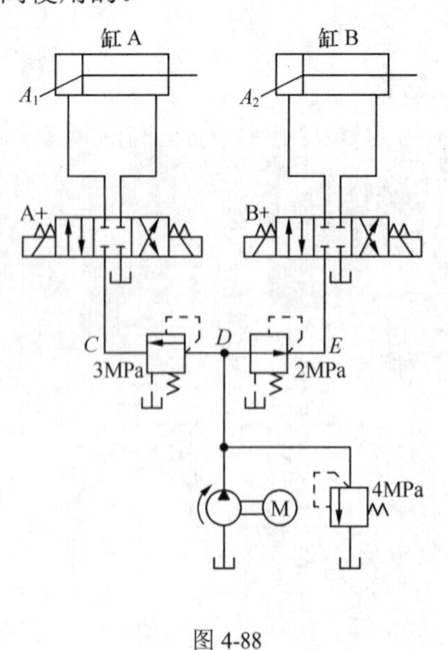

图 4-88

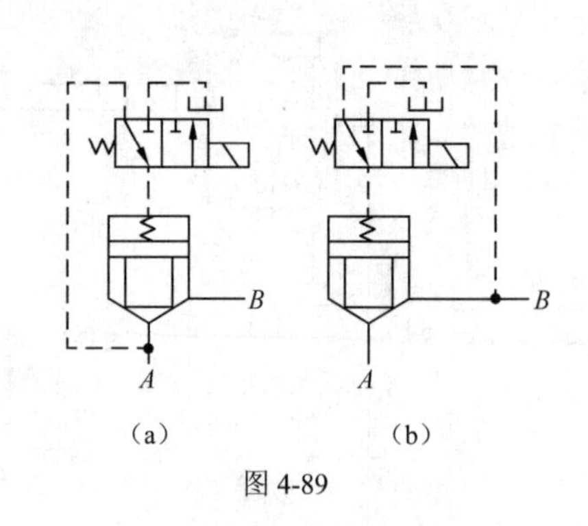

图 4-89

4-24　图 4-90 所示为采用非限制式变量泵的调压回路，请说出它的调压原理。

4-25　在图 4-91 所示的回路中，若溢流阀的调定压力分别为 $p_{Y1}=6\text{MPa}$，$p_{Y2}=4.5\text{MPa}$，泵出口处的负载阻力为无限大，试问，在不计管道损失和调压偏差的情况下。

（1）换向阀下位接入回路时，泵的工作压力为多少？B 点和 C 点的压力各为多少？

（2）换向阀上位接入回路时，泵的工作压力为多少？B 点和 C 点的压力又是多少？

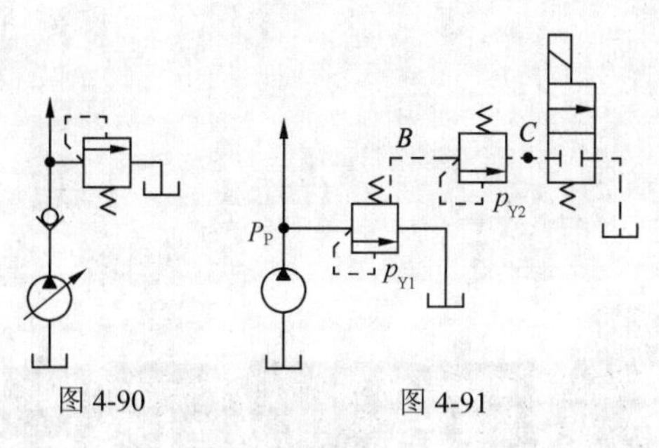

图 4-90　　图 4-91

4-26　在图 4-92 所示的回路中，已知活塞运动时的负载 $F=1.2\text{kN}$，活塞面积为 $15\times10^{-4}\text{m}^2$，溢流阀调定压力值为 4.5MPa，两个减压阀的调定压力值分别为 $p_{J1}=3.5\text{MPa}$ 和 $p_{J2}=2\text{MPa}$，如油液流过减压阀及管路时的损失可忽略不计，试确定活塞在运动时和停在终端位置时，A、B、C 三点的压力值。

4-27　图 4-93 所示为由复合泵驱动的液压系统，活塞快速前进时负荷 $F=0$，慢速前进时负荷 $F=20000\text{N}$，活塞有效面积为 $40\times10^{-4}\text{m}^2$，左边溢流阀及右边卸荷阀调定压力分别是 7MPa 与 3MPa。大排量泵流量 $Q_{大}=20\text{L/min}$，小排量泵流量为 $Q_{小}=5\text{L/min}$，摩擦阻力、管路损失、惯性力忽略不计。

（1）活塞快速前进时，复合泵的出口压力是多少？进入液压缸的流量是多少？活塞的前进速度是多少？

（2）活塞慢速前进时，大排量泵的出口压力是多少？复合泵出口压力是多少？要改变活塞前进速度，需由哪个元件来调整？

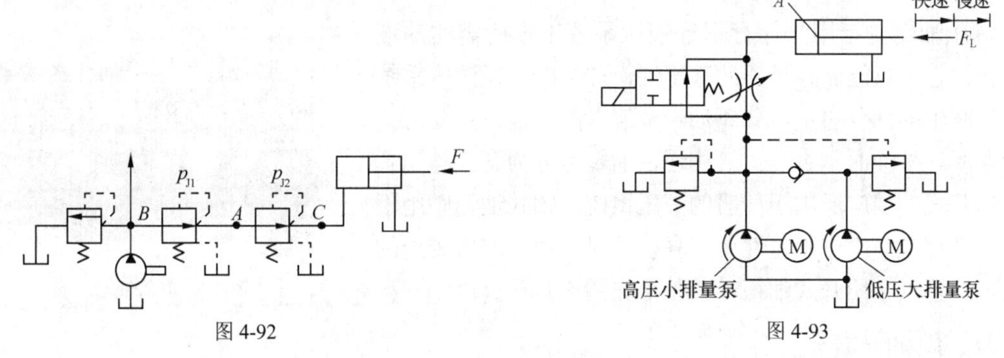

图 4-92　　图 4-93

4-28　如图 4-94 所示，已知两液压缸的活塞面积相同，液压缸无杆腔面积 $A=20\times10^{-4}\text{m}^2$，负载分别为 $F_1=8000\text{N}$，$F_2=4000\text{N}$，如溢流阀的调定压力为 4.5MPa，试分析当减压阀压力调定值分别为 1MPa、2MPa、4MPa 时，两液压缸的动作情况。

4-29　分析图 4-95 所示回路的工作过程，说明回路特点。

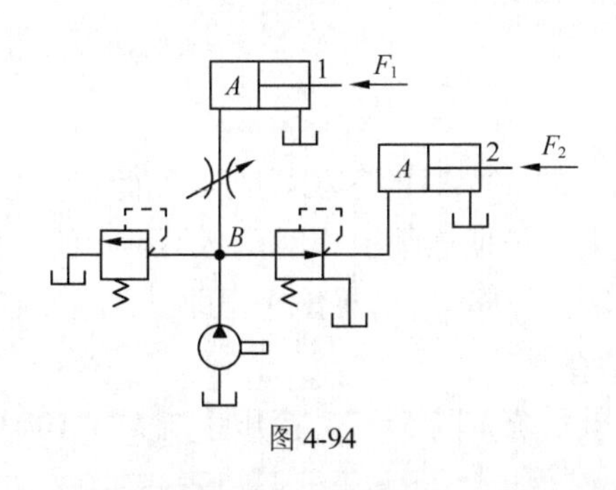

图 4-94

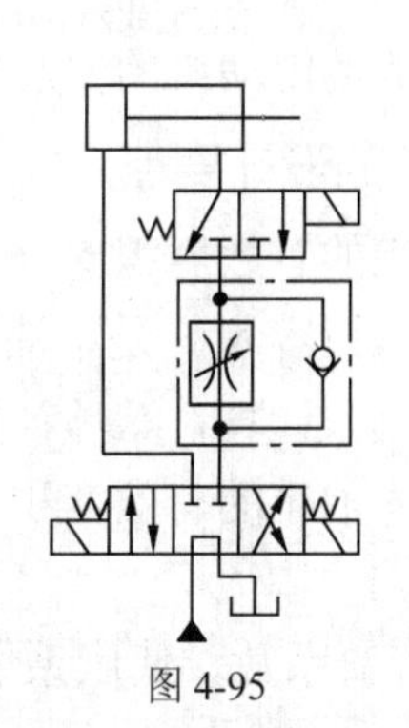

图 4-95

第5章

液压辅助元件

液压辅助元件包括油箱、管件、过滤器、密封装置、蓄能器等。它们和其他液压元件一样，都是液压系统中不可缺少的组成部分，对系统的动态性能、工作稳定性、工作寿命、噪声和温度变化等都有直接影响，必须予以重视。其中油箱需根据系统要求自行设计，其他辅助元件则一般做成标准件，供设计时选用。

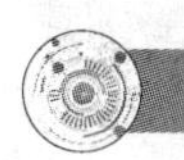

5.1 油箱

液压油箱是指用来储存保证液压系统工作所需的油液的容器，它不仅能储存足够的液压油，并且能散发液压系统工作中产生的部分热量，分离油液中混入的空气，沉淀污染物及杂质。按油面是否与大气相通，油箱可分为开式与闭式两种。开式油箱广泛用于一般的液压系统；闭式油箱则用于水下、高空或对工作稳定性要求高以及对噪声有严格要求的场合。这里仅介绍开式油箱，其外形如图5-1所示。

图5-1 开式油箱外形

1. 油箱的结构

图5-2所示为油箱结构示意图，它由回油管1、泄油管2、吸油管3、空气滤清器4、安装板5、隔板6、放油口7、过滤器8、清洗窗9和油位指示器10等组成。隔板6将吸油管3与回油管1、泄油管2隔开。顶部、侧部及底部分别装有空气滤清器、油位指示器等，安装液压泵及其驱动电动机的安装板5可固定在油箱的顶面上。

2. 油箱的设计要点

（1）油箱的有效容积 V

油箱的有效容积 V 是指油面高度为油箱高度的80%时的容积。应根据液压系统发热、散热平衡的原则来计算，这项计算在系统负载较大、长期连续工作时是必不可少的。但对于一般情况来说，油箱的有效容积可以按液压泵的额定流量 Q_n 估算出来，即

$$V = kQ_n \tag{5-1}$$

式中，k 为经验系数，低压系统 k 取2～4，中压系统 k 取5～7，高压系统 k 取10～12。

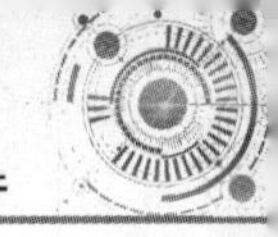

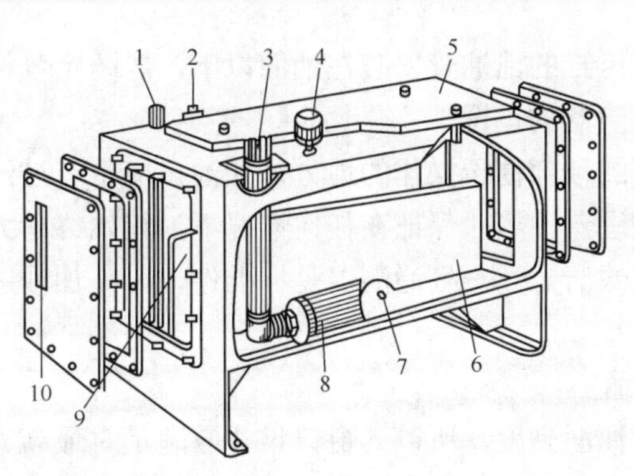

1—回油管 2—泄油管 3—吸油管 4—空气滤清器 5—安装板 6—隔板
7—放油口 8—过滤器 9—清洗窗 10—油位指示器

图5-2 油箱结构示意图

（2）油箱箱体结构

油箱的外形可依总体布置确定，为了有利于散热，宜用长方体。油箱三个方向的尺寸可根据安放在顶盖上的泵和电动机及其他元件的尺寸、最高油面只允许到达油箱高度的80%等因素来确定。

中小型油箱的箱体常用3～4mm厚的钢板直接焊成，大型油箱的箱体则用角钢焊成骨架后再焊上钢板。箱体的强度和刚度要能承受住装在其上的元器件的重量、机器运转时的转矩及冲击等，为此，油箱顶部应比侧壁厚3～4倍。为了便于散热、放油和搬运，箱体底脚高度应为150～200mm，箱体四周要有吊耳，底脚的厚度为油箱侧壁厚的2～3倍。箱体的底部应设置放油口，且底面最好向放油口倾斜，以便清洗和排除油污。

（3）油箱的防锈

油箱内壁应涂上耐油防锈的涂料。外壁如涂上一层极薄的黑漆（厚度不超过0.025mm），会有很好的辐射冷却效果。而铸造的油箱内壁一般只进行喷砂处理，不涂漆。

（4）油箱的密封

为了防止油液被污染，油箱上各盖板、管口处都要妥善密封。注油器上要加滤油网。为防止油箱出现负压而设置的通气孔上须装空气滤清器。空气滤清器的容量至少应为液压泵额定流量的2倍。油箱内回油集中部分及清污口附近应装设一些磁性块，以去除油液中的铁屑和带磁性颗粒。

（5）吸油管、回油管和泄油管的设置

吸油管和回油管应尽量相距远些，两管之间要用隔板隔开，以增加油液循环距离，使液体有足够的时间分离气泡，沉淀杂质，消散热量。隔板高度最好为箱内油面高度的3/4。

吸油管入口处要装粗过滤器，管端与箱底、箱壁间距离均不宜小于管径的3倍，以便四周吸油。粗过滤器距箱底不应小于20mm。粗过滤器与回油管管端在油面最低时仍应浸入油面以下，防止吸油时吸入空气或回油冲入油箱时搅动油面而混入气泡。回油管管端应斜切45°，以增大出油口截面积，减慢出口处油流速度。此外，应使回油管斜切口面对着箱壁，以便油液散热。当回油管排回的油量很大时，应使它的出口处高出油面，向一个带孔或不带孔的斜槽（倾角为5°～15°）排油，使油流散开，一方面减慢流速，另一方面排走油液中的空气，减慢回油流速，减少它的冲击搅拌作用。也可以采取让它通过扩散室的办法来达到以上这两方面的目的。

泄油管的安装分两种情况，阀类的泄油管安装在油箱的油面以上，以防止产生背压，影

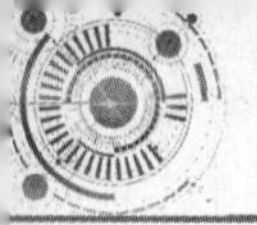

响阀的工作；液压泵或液压缸的泄油管安装在油面以下，以防空气混入。

（6）加油口和空气滤清器的设置

加油口应设置在油箱的顶部便于操作的地方，加油口应带有过滤网，平时加盖密封。为了防止空气中的灰尘杂物进入油箱，保证在任何情况下油箱始终与大气相通，油箱上的通气孔应安装规格足够的空气滤清器。空气滤清器是标准件，可与加油过滤功能组合为一体化结构，根据需要选用。

（7）油位指示器的设置

油位指示器用于监测油面高度，所以其窗口尺寸应满足对最高、最低油位的观察，且要装在易于观察的地方。

（8）其他设计要点

油箱中如要安装热交换器，必须考虑好它的安装位置，以及测温、控制等措施。

油箱中的油液温度一般希望保持在30～50℃范围之内，最高不超过65℃，最低不低于15℃，如果液压系统靠自然冷却仍不能使油温控制在上述范围内，就须安装冷却器；反之，当环境温度太低，无法使液压泵启动或正常运转时，就须安装加热器。

5.2 冷却器和加热器

1. 冷却器

冷却器一般应安放在回油管或低压管路上，如溢流阀的出口处、系统的主回油路上，或设置单独的冷却系统。冷却器要求散热面积足够大，散热效率高，压力损失小。根据冷却介质的不同，冷却器可分为水冷式、风冷式等，它们的类型和特点见表5-1。

表5-1 冷却器的类型和特点

类型	结构举例	实物图	特点
水冷式冷却器	出水口 进水口 蛇形管水冷式冷却器		这种冷却器直接装在油箱内，冷却水从蛇形管内部通过，带走油液中的热量。其结构简单，但冷却效率低，耗水量大
	1—出水口 2—封头 3—出油口 4—隔板 5—进油口 6—进水口 多管水冷式冷却器		在这种冷却器中，油液从进油口5流入，从出油口3流出；冷却水从进水口6流入，通过多根水管后由出水口1流出。油液在水管外部流动时，它的行进路线因冷却器内设置了隔板而加长，因而增强了热交换效果

续表

类型	结构举例	实物图	特点
风冷式冷却器	翅片管风冷式冷却器		这种冷却器的散热面积为光滑管的 8～10 倍。椭圆管的散热效果一般比圆管更好

2. 加热器

对于需要保持油温稳定的液压系统，一般都需要采用加热器。液压系统中所使用的加热器通常都是电加热器。电加热器结构简单，控制方便，可以根据需要设定温度，这种加热器的安装方式及实物如图 5-3 所示，它用法兰盘水平安装在油箱侧壁上，发热部分全部浸在油液内。加热器应安装在油液流动处，以利于热量的交换。由于油液是热的不良导体，因此单个加热器的功率容量不能太大，以免其周围油液的温度过高而发生变质。

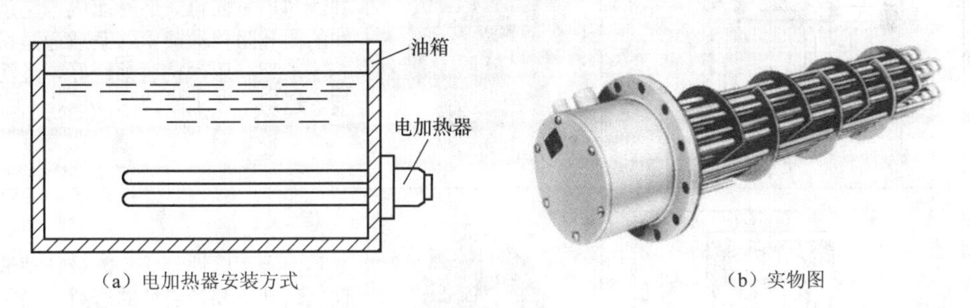

（a）电加热器安装方式　　（b）实物图

图 5-3　电加热器

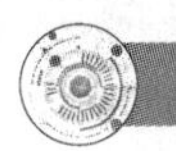

5.3　过滤器

1. 过滤器的类型和特点

过滤器的作用是过滤混在油液中的杂质，降低系统中油液的污染度，保证系统的正常工作。根据滤芯的不同，过滤器可分为网式、线隙式、纸质式、烧结式和磁性过滤器等，它们的类型和特点见表 5-2。

表 5-2　过滤器的类型和特点

类型	结构简图	实物图	特点
网式过滤器			其滤芯以铜丝网为过滤材料，在周围开有很多孔的塑料或金属筒形骨架上包着一层或两层铜丝网，其过滤精度取决于铜丝网层数和网孔的大小。这种过滤器结构简单，通流能力大，清洗方便，但过滤精度低，一般用于液压泵的吸油口

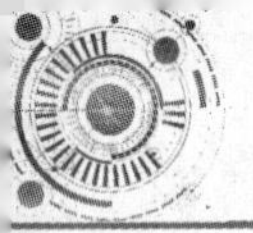

续表

类型	结构简图	实物图	特点
线隙式过滤器			其滤芯用铜线或铝线密绕在筒形骨架的外部制成，依靠铜丝间的微小间隙滤除混入液体中的杂质。其结构简单，通流能力大，过滤精度比网式过滤器高，但不易清洗，多为回油过滤器
纸质式过滤器			其滤芯为平纹或波纹的酚醛树脂或木浆微孔滤纸制成的纸芯，将纸芯围绕在带孔的镀锡铁做成的骨架上，以增大强度。为增加过滤面积，纸芯一般做成折叠形。其过滤精度较高，一般用于油液的精过滤，但堵塞后无法清洗，须经常更换滤芯
烧结式过滤器			其滤芯用金属粉末烧结而成，利用颗粒间的微孔阻挡油液中的杂质通过。其滤芯能承受高压，抗腐蚀性好，过滤精度高，适用于要求精滤的高压、高温液压系统
磁性过滤器			滤芯由永久磁铁制成，能吸住油液中的铁屑、铁粉和带磁性的磨料。它常与其他形式滤芯合起来制成复合式过滤器，对加工钢铁件的机床液压系统特别适用

2. 过滤器的选用

过滤器应根据液压系统的技术要求，按过滤精度、通流能力、工作压力、工作温度等条件选定其类型、尺寸大小及其他工作参数，选用的原则如下。

① 过滤精度应满足液压系统的要求。过滤精度是滤去杂质的颗粒度大小。颗粒度越小，则过滤精度越高。按所能过滤杂质颗粒直径 d 的大小不同，过滤器可分粗过滤器（$d \geqslant 0.1$mm）、普通过滤器（d=0.01～0.1mm）、精密过滤器（d=0.005～0.01mm）和特精过滤器（d=0.001～0.005mm）四个等级。过滤器的精度越高，对系统越有利，但不必要的高精度，会导致滤芯寿命下降，成本提高。选用过滤器时，应根据其使用目的确定合理精度及价格的过滤器。各种液压系统对油液精度的要求见表5-3。

表5-3　各种液压系统对油液精度的要求

系统类型	润滑系统	传动系统			伺服系统	特殊系统
压力/MPa	0～2.5	≤7	>7	≤35	≤21	≤35
颗粒度/mm	≤0.100	<0.050	≤0.025	≤0.0050	≤0.0050	≤0.001

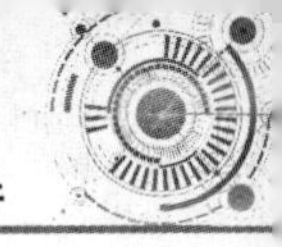

② 能在较长时间内保持足够的通流能力。

③ 滤芯具有足够的强度。

④ 滤芯抗腐蚀性能好，能在规定的温度下持久地工作。

⑤ 滤芯的清洗、更换和维护要方便。

3. 过滤器的安装位置

过滤器在液压系统中的安装位置通常有以下几种。

（1）安装在泵的吸油口处

泵的吸油路上一般都安装有过滤器，如图 5-4 中 1 所示，目的是滤去较大的杂质微粒以保护液压泵，此外过滤器的过滤能力应为泵流量的两倍以上。

（2）安装在泵的出口油路上

此处安装过滤器的目的是滤除可能侵入阀类等元件的污染物。同时应安装安全阀以防过滤器堵塞，如图 5-4 中 2 所示。

（3）安装在系统的回油路上

这种安装起间接过滤作用。一般与过滤器并联安装一背压阀，当过滤器堵塞达到一定压力值时，背压阀打开，如图 5-4 中 3 所示。

（4）安装在液压系统分支油路上

主要是装在溢流阀的回油路上，这时不是所有的油液都经过过滤器，这样可降低过滤器的容量，如图 5-4 中 4 所示。

（5）安装在单独过滤系统中

大型液压系统可专设一套由液压泵和过滤器组成的独立过滤回路，以加强滤油效果，如图 5-4 中 5 所示。

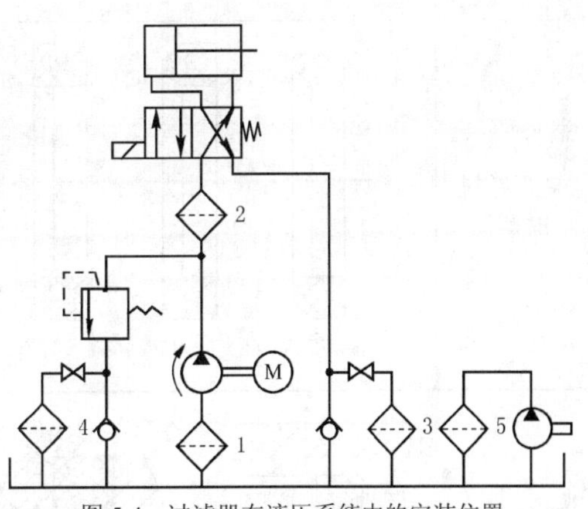

图 5-4 过滤器在液压系统中的安装位置

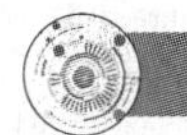

5.4 密封装置

密封装置的作用是防止液压元件和液压系统中液压油的内漏和外漏，保证液压系统能建立必要的工作压力，还可以防止外漏油液污染工作环境。密封装置应具有良好的密封性，耐磨，耐油，耐用，结构简单，拆装维护方便。常用的密封装置有间隙密封、O 形密封圈密封、Y 形密封圈密封、V 形密封圈密封和滑环式组合密封圈密封等。常用密封装置的类型和特点见表 5-4。

表 5-4 常用密封装置的类型和特点

类型	结构简图	特点
间隙密封		间隙密封并不是把油封住不让其泄漏，从工艺上讲，恰恰需要泄漏掉一部分油液，泄漏的油液一方面起到润滑作用，另一方面起到散热作用。这种密封的优点是摩擦力小，缺点是磨损后不能自动补偿，主要用于直径较小的圆柱面之间，如液压泵内的柱塞与缸体之间、滑阀的阀芯与阀孔之间的配合

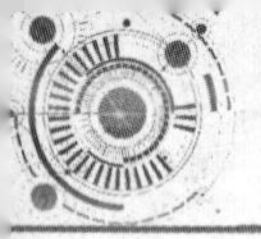

续表

类型	结构简图	特点
O 形密封圈密封		O 形密封圈一般用耐油橡胶制成，其横截面呈圆形。它具有良好的密封性能，内外侧和端面都能起密封作用，结构紧凑，对运动件的摩擦阻力小，制造容易，装拆方便，成本低，且高低压均可以用，工作压力可达 0～30MPa，工作温度为-40～120℃，所以在液压系统中得到广泛应用
Y 形密封圈密封		这种密封能随着工作压力的变化自动调整密封性能。压力越高，则唇边被压得越紧，密封性越好；当压力降低时，唇边压紧程度也随之降低，从而减少了摩擦阻力和功率消耗。它还能自动补偿唇边的磨损，保持密封性能不降低。工作压力可达 20MPa，工作温度为-30～100℃。在装配时注意唇边应对着有压力油的油腔
V 形密封圈密封	（a）压环 （b）密封环 （c）支承环	这种密封通常由压环、密封环和支承环等多层涂胶织物压制而成，能保证良好的密封性。当压力更高时，可以增加中间密封环的数量。这种密封圈在安装时要预压紧，所以摩擦阻力较大。唇形密封圈安装时应使其唇边开口面对压力油，使两唇张开，分别贴紧在机件的表面上。最高工作压力可达 50MPa，工作温度为-40～80℃
滑环式组合密封圈密封	1—O 形密封圈 2—滑环	这种密封为 O 形密封圈与截面为矩形的聚四氟乙烯塑料滑环组成的组合密封装置。由于密封间隙靠滑环保证，而不是 O 形密封圈，因此摩擦阻力小而且稳定，工作压力可达 80MPa。往复运动密封时，速度可达 15m/s；往复摆动与螺旋运动密封时，速度可达 5m/s

5.5 蓄能器

蓄能器是一种储存油液压力能，并在需要时释放出来供给系统的能量储存装置。它能作辅助动力源，充当应急动力源，补漏保压，吸收脉动，降低噪声。根据蓄能器内油液加载方式不同，可分为重力式、弹簧式和充气式三种。目前常用的多是利用气体压缩和膨胀来储存、释放液压能的充气式蓄能器。它有气囊式、活塞式、气瓶式、隔膜式等几种，它们的特点见表 5-5。

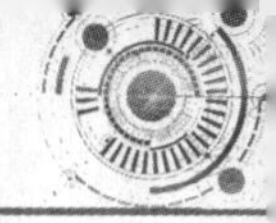

表 5-5 充气式蓄能器的类型和特点

类型	结构简图	实物图	特点
活塞式蓄能器	1—活塞 2—缸体 3—气门 a—油孔		活塞 1 的上部为压缩气体（一般为惰性气体），下部为高压油。压缩气体由气门 3 充入，压力油经油孔 a 进出。活塞 1 随蓄能器中油压的增减而在缸体 2 内上下移动。活塞上有 O 形密封圈防止泄漏。这种蓄能器结构简单，工作可靠，寿命长，尺寸小，适合用在大流量的低压回路中。但因活塞有一定的惯性且 O 形密封圈存在较大的摩擦力，所以反应不够灵敏 活塞式蓄能器的工作原理
气囊式蓄能器	1—壳体 2—气囊 3—充气阀 4—提升阀		气囊用耐油橡胶制成，固定在耐高压的壳体上部，气囊内充入惰性气体，壳体下端的提升阀 4 由弹簧加菌形阀构成，压力油由此通入，并能在油液全部排出时，防止气囊膨胀挤出油口。这种结构使气、液密封可靠，因气囊惯性小而克服了活塞式蓄能器响应慢的缺点，并且尺寸小，重量轻；其弱点是工艺性较差 气囊式蓄能器的工作原理
气瓶式蓄能器	气体 液压油		气瓶式蓄能器容量大，惯性小，反应灵敏，占地小，没有摩擦损失；但气体易混入油内，影响液压系统运行的平稳性，必须经常注入气体，附属设备多，一次性投资较大。它适用于大流量的中、低压回路
隔膜式蓄能器	d_0 H_1 H H_2 d_1 d_2 d_3		隔膜式蓄能器是液压气动系统中的一种能量储蓄装置。它在适当的时机将系统中的能量转换为压缩能或位能储存起来，当系统需要时，又将压缩能或位能转换为液压能或气压能等释放出来，重新补供给系统。当系统瞬间压力增大时，它可以吸收这部分的能量，保证整个系统压力正常

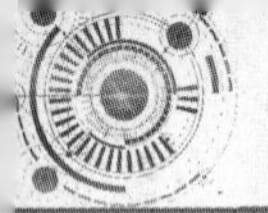

5.6 油管及管接头

1. 油管

油管的作用是将各液压元器件连接起来。液压系统中使用的油管有钢管、紫铜管、橡胶管、尼龙管、耐油塑料管等。油管必须根据系统的工作压力、使用环境及其安装位置正确选用。油管的类型、特点和使用范围见表 5-6。

表 5-6　油管的类型、特点和使用范围

类型	特点	使用范围
钢管	能承受高压，价廉，耐油，抗腐蚀，刚性好，但装配时不易弯曲	中高压系统（$p>2.5$MPa）优先采用冷拔无缝钢管；低压系统（$p<2.5$MPa）用焊接钢管
紫铜管	能承受 6.5～10MPa 压力，易弯曲成形，但价格高，抗振能力差，易使油液氧化	可在中低压系统中使用，常用在仪表和装配不便处
尼龙管	能承受 2.5～8MPa 压力，价廉，半透明材料，可观察流动情况，加热后可任意弯曲成形和扩口，冷却后即定形，但使用寿命较短	只在低压系统中使用
塑料管	耐油，价廉，装配方便，但承受压力低，长期使用会老化	只用于压力低于 0.5MPa 的回油或泄油管路
橡胶管	分高压橡胶管和低压橡胶管两种，高压橡胶管（压力达 20～30MPa）由耐油橡胶和钢丝编织层制成，价格高；而低压橡胶管由耐油橡胶和帆布制成	高压橡胶管多用于高压管路；低压橡胶管用于回油管路

油管的内径 d 可由 $d=2\sqrt{\dfrac{Q}{\pi \upsilon}}$（$\upsilon$为允许流速，压力管取 2.5～5m/s，其他管取 1～3m/s）计算后，根据有关标准圆整而得，再通过液压设计手册来确定管壁厚。

油管的安装应横平竖直，尽量减少转弯。管道应避免交叉，转弯处的半径应大于油管外径的 3～5 倍。为了便于安装管接头及避免振动影响，平行管之间的距离应大于 100mm。长管道应选用标准管夹固定牢固，以防止振动和碰撞。

软管直线安装时要有 30%左右的余量，以适应油温变化、受拉和振动的需要。弯曲半径要大于 9 倍软管外径，弯曲处到接头的距离至少等于 6 倍的外径。

2. 管接头

管接头的作用是将油管与油管、油管与液压元件等进行可拆卸连接。管接头的类型有很多，按接头的通路方向可分为直通、弯头、三通、四通、铰接等形式；按其与油管的连接方式可分为管端扩口式、卡套式、焊接式、扣压式等。管接头与机体的连接常用圆锥螺纹和普通细牙螺纹连接。油管接头的类型、特点和使用范围见表 5-7。

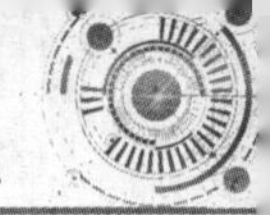

表 5-7　　油管接头的类型、特点和使用范围

类型	结构图	特点和使用范围
扩口式管接头	1—接头体　2—螺母　3—导套　4—接管	利用管子端部扩口进行密封，不需其他密封件；适用于薄壁管件和压力较低的场合
卡套式管接头	1—接头体　2—螺母　3—卡套　4—接管　5—密封圈	利用卡套的变形卡住管子并进行密封；轴向尺寸控制不严格，易于安装；工作压力可达 31.5MPa；但对管子外径要求高
扣压式管接头	1—接头螺母　2—接头体	管接头由接头螺母和接头体组成，软管装好后再用模具扣压，使软管有一定的压缩量。这种结构具有较好的抗拔脱性和密封性
快换管接头	1、7—弹簧　2、6—阀芯　3—钢球　4—外套　5—接头体	管子拆开后可自行密封，管道内的油液不会流失，因此适用于经常拆卸的场合。结构比较复杂，局部压力损失较大

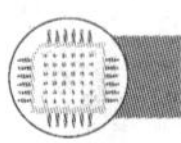

本章小结

本章主要介绍了常用液压辅助元件的工作机理等知识。

液压辅助元件是保证液压传动系统正常工作的不可或缺的部分。液压辅助元件包括油箱、管件、过滤器、密封装置、蓄能器等，它们和其他液压元件一样，对系统的动态性能、工作稳定性、工作寿命、噪声和温升等都有直接影响，必须予以重视。

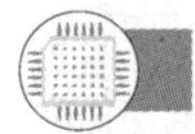

思考与练习

5-1　密封件应满足哪些基本要求？

5-2　安装 Y 形密封圈时应注意什么问题？

5-3　选用过滤器时应考虑哪些问题？

5-4　过滤器分为哪些种类？绘图说明过滤器一般安装在液压系统中的什么位置？

5-5　蓄能器有哪些功用？安装和使用蓄能器时应注意哪些事项？

5-6　油管的种类有哪些？

第 6 章

典型液压系统分析

各种液压系统都是由基本回路组成的，但不同的液压机械工作要求不一样，又有各自的特点。同一工作性质的液压设备，由于工作能力、工作环境的不同，也有其特殊的一面。本章通过对几个常见的典型液压系统的分析，阐释这些设备的工作原理、过程和特点，为同类性质和其他设备的液压系统的分析提供方法，为液压系统的设计提供示例和经验。6.6 节给出了液压系统的常见故障，以及故障分析和故障排除的方法。

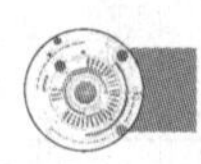

6.1 组合机床动力滑台液压系统

组合机床是由一些通用部件和专用部件组合而成的专用机床，广泛应用于成批大量机械零件的生产中。组合机床上的主要通用部件——动力滑台是用来实现进给运动的，只要配以不同用途的主轴头，即可实现钻、扩、铰、镗、铣端面、倒角及攻螺纹等加工。动力滑台有机械动力滑台和液压动力滑台之分。液压动力滑台利用液压缸将泵站所提供的液压能转换成滑台运动所需的机械能。它对液压系统性能的主要要求是速度换接平稳，进给速度稳定，功率利用合理，效率高，发热少。现以 YT4543 型液压动力滑台为例分析组合机床动力液压滑台液压系统的工作原理和特点。

6.1.1 YT4543 型液压动力滑台液压系统概述

该动力滑台要求进给速度范围为 6.6～600mm/min，最大进给力为 4.5×10^4N。图 6-1 所示为 YT4543 型液压动力滑台的液压系统原理图。

YT4543 型液压动力滑台的工作循环为快进—第一次工作进给—第二次工作进给—止挡块停留—快退—原位停止。本系统采用限压式变量叶片泵供油、电液换向阀换向、液压缸差动连接来实现快进。用行程阀实现快进与工进的转换，用二位二通电磁换向阀进行两个工进速度之间的转换，为了保证进给的尺寸精度，用止挡块停留来限位。

6.1.2　YT4543 型液压动力滑台液压系统的工作原理

1. 快进

如图 6-1 所示，按下启动按钮，电磁铁 1YA 得电，电液换向阀 6 的先导阀阀芯向右移动，从而引起主阀芯向右移，使其左位接入系统，形成差动连接。其主油路如下。

进油路：泵 1—单向阀 2—电液换向阀 6 左位—行程阀 11 下位—液压缸左腔。

回油路：液压缸的右腔—电液换向阀 6 左位—单向阀 5—行程阀 11 下位—液压缸左腔。

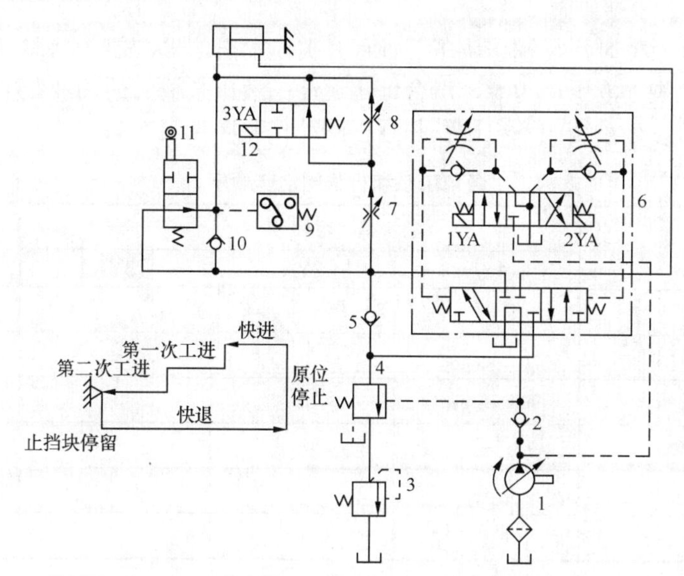

1—变量泵　2、5、10—单向阀　3—背压阀　4—液控顺序阀　6—电液换向阀
7、8—调速阀　9—压力继电器　11—行程阀　12—换向阀

图 6-1　YT4543 型液压动力滑台的液压系统原理图

2. 第一次工作进给

当滑台快速运动到预定位置时，滑台上的行程挡块压下了行程阀 11 的阀芯，切断了该通道，压力油须经调速阀 7 进入液压缸的左腔。由于油液流经调速阀，因此系统压力上升，打开液控顺序阀 4，此时，单向阀 5 的上部压力大于下部压力，所以单向阀 5 关闭，切断了液压缸的差动回路，回油经液控顺序阀 4 和背压阀 3 流回油箱，从而使滑台转换为第一次工作进给（简称工进）。其主油路如下。

进油路：泵 1—单向阀 2—电液换向阀 6 左位—调速阀 7—换向阀 12 右位—液压缸左腔。

回油路：液压缸右腔—电液换向阀 6 左位—液控顺序阀 4—背压阀 3—油箱。

因为工作进给时，系统压力升高，所以变量泵 1 的输油量便自动减小，以适应工作进给的需要。其中，进给量大小由调速阀 7 调节。

3. 第二次工作进给

第一次工进结束后，行程挡块压下行程开关，使 3YA 通电，二位二通电磁换向阀 12 左位接入系统将通路切断，进油必须经调速阀 7 和调速阀 8 才能进入液压缸，此时，由于调速阀 8 的开口量小于调速阀 7 的开口量，所以进给速度再次降低，其他油路情况同第一次工作进给。

4. 止挡块停留

当滑台工作进给完毕之后，碰上止挡块的滑台不再前进，停留在止挡块处，同时，系统

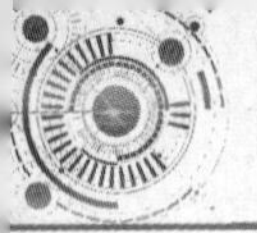

压力升高，当升高到压力继电器9的调定值时，压力继电器动作，经过时间继电器的延时，再发出信号使滑台返回，滑台的停留时间可由时间继电器在一定范围内调整。

5. 快退

时间继电器经延时发出信号，2YA通电，1YA、3YA断电，其主油路如下。

进油路：泵1—单向阀2—电液换向阀6右位—液压缸右腔。

回油路：液压缸左腔—单向阀10—电液换向阀6右位—油箱。

6. 原位停止

当滑台退回到原位时，行程挡块压下行程开关，发出信号，使2YA断电，电液换向阀6处于中位，液压缸失去液压动力源，滑台停止运动。液压泵输出的油液经电液换向阀6直接回到油箱，泵卸荷。该系统的各电磁铁和行程阀动作顺序见表6-1。

表6-1　各电磁铁和行程阀动作顺序

动作	电磁铁			行程阀
	1YA	2YA	3YA	
快进	+	−	−	−
第一次工作进给	+	−	−	+
第二次工作进给	+	−	+	+
止挡块停留	+	−	+	+
快退	−	+	−	+
原位停止	−	−	−	−

6.1.3 YT4543型液压动力滑台液压系统的特点

YT4543型液压动力滑台液压系统具有如下特点。

① 系统采用了限压式变量叶片泵-调速阀（背压阀式）的调速回路，能保证稳定的低速运动（进给速度最小可达6.6mm/min）、较好的速度刚性和较大的调速范围。

② 系统采用了限压式变量叶片泵和差动连接式液压缸来实现快进，能源利用比较合理。当滑台停止运动时，电液换向阀使液压泵在低压下卸荷，减少了能量损耗。

③ 系统采用了行程阀和顺序阀实现快进与工进的换接，不仅简化了电气回路，而且使动作可靠，换接精度亦比电气控制高。至于两个工进之间的换接，由于两者速度都比较低，因此采用电磁阀完全能保证换接精度。

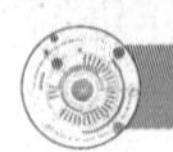

6.2 180t钣金冲床液压系统

6.2.1 概述

钣金冲床改变上、下模的形状，即可进行成形、剪切、冲裁等工作。图6-2所示为180t钣金冲床液压系统控制动作顺序图，图6-3所示为其液压系统原理图。动作顺序为压缸快速下降—压缸慢速下降（加压成形）—压缸暂停（降压）—压缸快速上升。

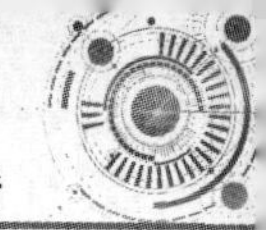

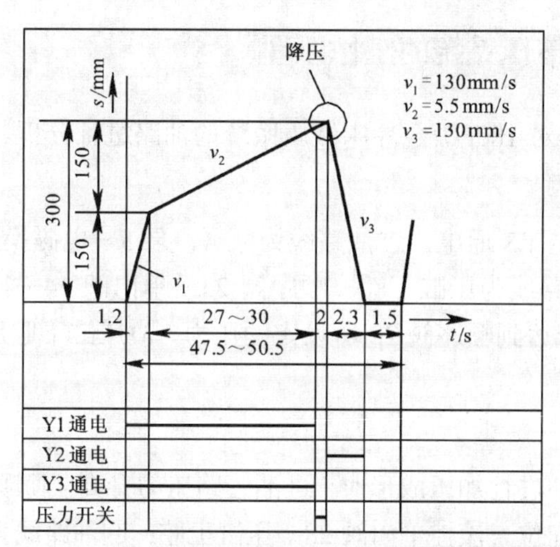

图 6-2　180t 钣金冲床液压系统控制动作顺序图

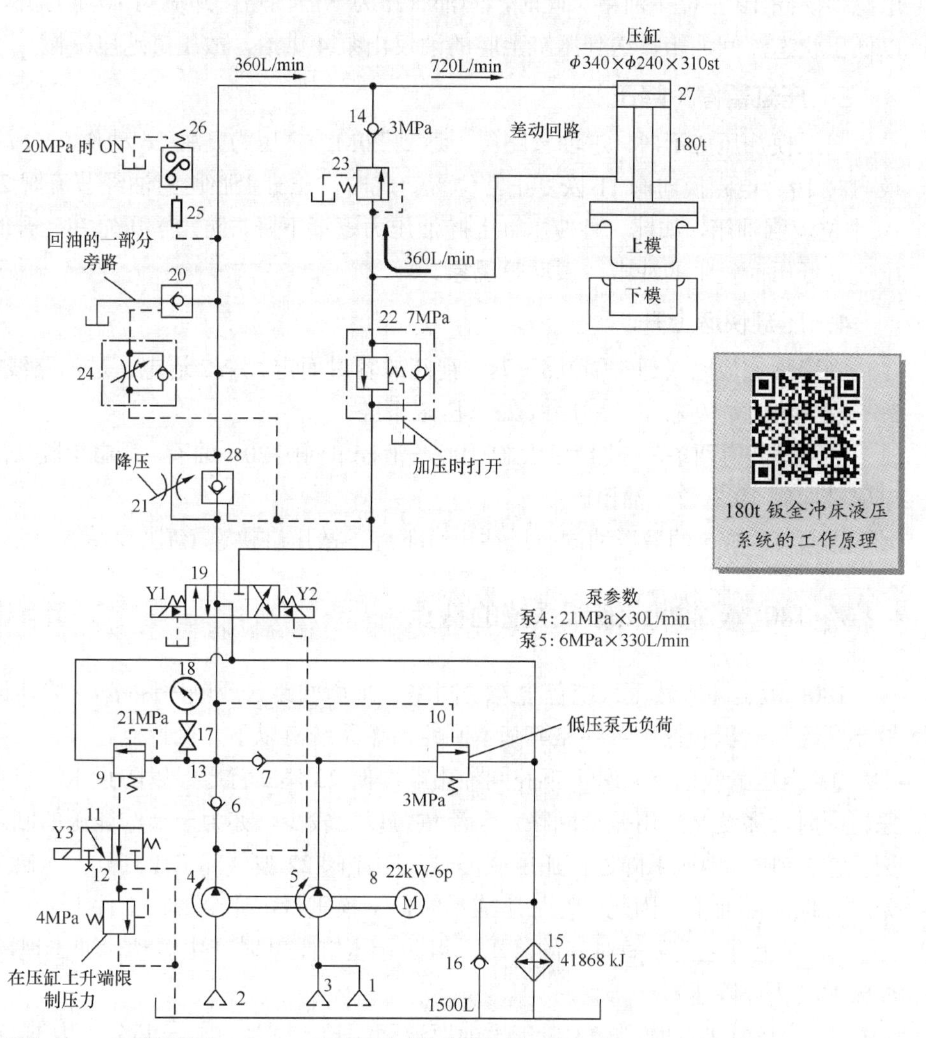

1、2、3—普通过滤器　4、5—双联液压泵　6、7、13、14、16—普通单向阀　8—电动机　9、12—溢流阀　10—卸荷阀　11—二位三通电磁换向阀　15—冷却器　17—截止阀　18—压力表　19—三位四通电磁换向阀　20、28—液控单向阀　21、24—节流阀　22—液控顺序阀　23—普通顺序阀　25—阻尼孔　26—压力开关　27—液压缸

图 6-3　180t 钣金冲床液压系统原理图

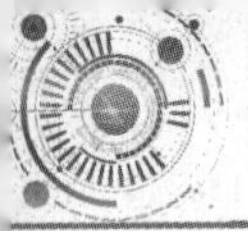

6.2.2 180t 钣金冲床液压系统的工作原理

根据图 6-2 和图 6-3 对 180t 钣金冲床液压系统的油路进行分析。

1. 压缸快速下降

按下启动按钮，Y1、Y3 通电，进油路线为泵 4、泵 5—电磁换向阀 19 左位—液控单向阀 28—压缸上腔；回油路线为压缸下腔—顺序阀 23—单向阀 14—压缸上腔。压缸快速下降时，进油管路压力低，未达到顺序阀 22 所设定的压力，故压缸下腔压力油再回压缸上腔，形成一差动回路。

2. 压缸慢速下降

当压缸上模碰到工件进行加压成形时，进油管路压力升高，使顺序阀 22 打开，进油路线为泵 4—电磁换向阀 19 左位—液控单向阀 28—压缸上腔；回油路线为压缸下腔—顺序阀 22—电磁换向阀 19 左位—油箱。此时，回油管路为一般油路，卸荷阀 10 被打开，泵 5 的压力油以低压状态流回油箱，送到压缸上腔的油仅由泵 4 供给，故压缸速度减慢。

3. 压缸暂停（降压）

当上模加压成形时，进油管路压力达到 20MPa，压力开关 26 动作，Y1、Y3 断电，电磁换向阀 19、电磁换向阀 11 恢复正常位置。此时，压缸上腔压力油经节流阀 21、电磁换向阀 19 中位流回油箱，如此，可使压缸上腔油压力逐渐下降，防止了压缸在上升时上腔油压由高压变成低压而发生的冲击、振动等现象。

4. 压缸快速上升

当降压完成时（通常需 0.5～7s，视阀的容量而定），Y2 通电，进油路线如下：泵 4、泵 5—电磁换向阀 19 右位—顺序阀 22—压缸下腔。

回油路线有两条，分别为：压缸上腔—液控单向阀 20—油箱，压缸上腔—液控单向阀 28—电磁换向阀 19 右位—油箱。

因泵 4、泵 5 的液压油同时送往压缸下腔，故压缸快速上升。

6.2.3 180t 钣金冲床液压系统的特点

180t 钣金冲床液压系统包含差动回路、平衡回路（或顺序回路）、降压回路、两段压力控制回路、高压和低压泵回路等基本回路。该系统有以下几个特点。

① 当压缸快速下降时，下腔回油由顺序阀 23 建立背压，以防止压缸自重产生失速等现象。同时，系统又采用差动回路，泵流量可以比较少，亦为一节约能源的回路。

② 当压缸慢速下降进行加压成形时，顺序阀 22 被外部引压打开，压缸下腔压油几乎毫无阻力地流回油箱，因此，在加压成形时，上模重量可完全加在工件上。

③ 在上升之前做短时间的降压，可防止压缸上升时产生振动、冲击现象，100t 以上的冲床尤其需要降压。

④ 当压缸上升时，有大量压力油要流回油箱，回油时，一部分压力油经液控单向阀 20 流回油箱，剩余压力油经电磁换向阀 19 右位流回油箱，如此，电磁换向阀 19 可选用额定流量较小的阀件。

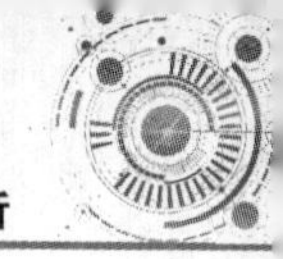

⑤ 当压缸下降时，系统压力由溢流阀 9 控制；压缸上升时，系统压力由溢流阀 12 控制。如此，可使系统产生的热量减少，防止了油温上升。

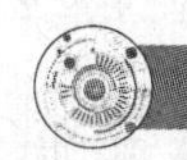

6.3 “穿地龙”机器人液压控制系统

6.3.1 “穿地龙”机器人主机功能结构

“穿地龙”机器人是一种可在土中克服土壤阻力自行行走的设备，用于实现 PE（聚乙烯）或 PVC（聚氯乙烯）管、电缆、光缆等中、小直径管线的地下非开挖铺设施工。该设备的液压系统原理如图 6-4 所示，图中可看出其执行机构主要由液压驱动的锥形头部、转向装置、冲击装置三部分组成。工作时，微机系统发出各种操作指令，冲击装置往返运动提供机器人前进驱动力；转向装置旋转运动提供锥形头部转动的驱动力，实现机器人在土壤中的姿态调整。

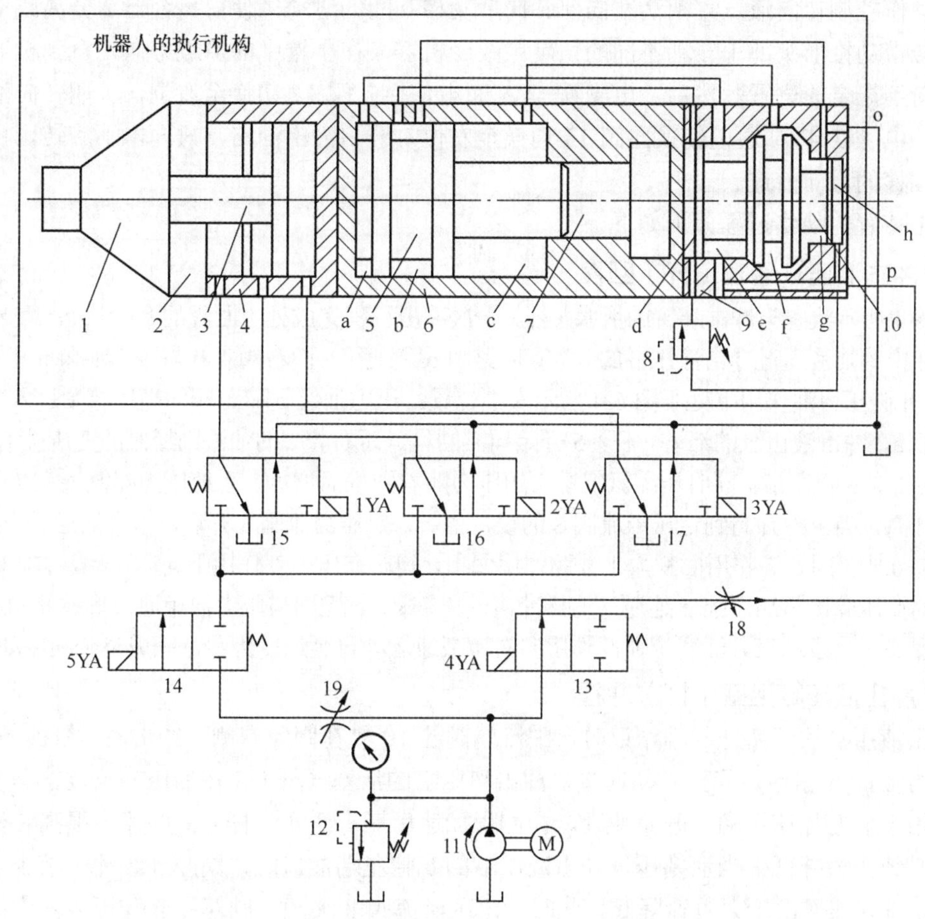

1—锥形头部　2—转向离合器　3—转向液压缸活塞　4—转向液压缸缸体　5—冲击液压缸活塞（杆）　6—冲击液压缸缸体　7—氮气室　8—定压溢流阀　9—配流阀阀体　10—配流阀阀芯　11—变量液压泵　12—溢流阀　13、14—二位二通电磁换向阀　15、16、17—电磁阀　18—调速阀　19—节流阀

图 6-4 “穿地龙”机器人液压系统原理图

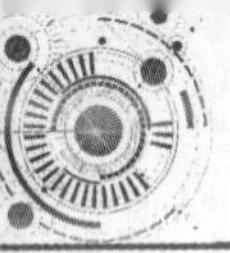

6.3.2 “穿地龙”机器人液压控制系统及其工作原理

如图 6-4 所示，系统的执行器即为整个机器人的执行机构，其中冲击装置包括左、中、右三个工作腔 a、b、c 的冲击液压缸缸体 6 及活塞（杆）5（p 和 o 分别为压力油口、回油口）、氮气室 7、压力反馈式配流阀（包括阀体 9，阀芯 10，d、e、f、g、h 等 5 个配流阀腔）等部件；转向装置包括双向活塞三腔液压缸缸体 4、活塞（杆）3 和转向离合器 2 等部件。系统的油源为变量液压泵 11，其压力由溢流阀 12 设定；冲击液压缸和转向液压缸为并联油路，分别通过二位二通电磁换向阀 13 和 14 控制两缸油路的通断，通过调速阀 18 和节流阀 19 调节两缸的工作流量及运动速度，系统的工作原理如下。

当机器人同时前进和转弯时，电磁铁 4YA、5YA 均通电使换向阀 13、14 均切换至左位，液压泵的压力油同时进入冲击和转向两个回路，使机器人的执行机构同时实现冲击和旋转运动。

当机器人只转弯时，首先通过电磁铁 4YA 断电使换向阀 13 切换至右位，关闭冲击油路；电磁铁 5YA 通电使换向阀 14 切换至左位，开启转向油路，通过三个电磁铁（1YA、2YA、3YA）的协调动作控制转向液压缸两活塞向前、向后及相互间的运动，使得离合器 2 分离或接合，产生旋转带动锥形头部 1 转动不同的角度，改变机器人在土壤中的前进方向，直到机器人的头部转向到指定的位置。然后，电磁铁 5YA 断电使换向阀 14 切换至右位，关闭转向油路使其保压；电磁铁 4YA 通电使换向阀 13 切换至左位，开启冲击油路，只冲击不旋转，机器人沿头部偏移的方向前进。

冲击装置的动作过程分析如下。

1. 冲击液压缸活塞（杆）回程

图 6-4 所示状态为冲击装置的活塞（杆）一次冲击行程完成处于回程的开始状态。配流阀的左阀腔 d 中的油液通过冲击液压缸的 b 腔，回路口 o 通油箱，而右阀腔 h 与压力油口 p 相通，阀芯 10 在 h 腔压力油作用下处于图 6-4 所示左端位置。压力油经 p 口、阀的高压腔 e 进入冲击液压缸左腔 a，冲击液压缸的活塞（杆）5 开始向右回程，而右腔 c 的油液则经阀的变压腔 f、低压腔 g、回油口 o 回油箱，同时压缩氮气室 7 的压力随着回程而增加，系统压力随氮气室 7 的压力升高而升高，当压力升高到定压溢流阀 8 的设定值时，定压溢流阀 8 开启，压力油经 p 口和阀 8 进入阀腔 d 中，因 d 腔作用面积大于 h 腔作用面积，阀芯在压力差作用下向右运动，靠向阀腔右侧，阀的变压腔 f 与高压腔 e 连通。这样冲击液压缸 a、c 腔均与压力油相通，形成差动连接，活塞回程加速阶段结束。活塞依惯性作用向右做减速运动直至速度为零，完成整个回路动作。

2. 冲击液压缸活塞（杆）冲程

冲击液压缸的活塞杆回程结束时，配流阀阀芯 10 靠在阀腔右侧，冲击液压缸的 a、c 腔均与压力油口 p 相通，保持差动连接，冲击液压缸的活塞（杆）5 在油压差及被压缩的氮气膨胀作用下向左加速运动，开始冲程。在冲程加速后期，活塞（杆）5 的速度很高，油液流量大，系统压力降低。当活塞越过冲击液压缸的 b 腔左端油口时，阀腔 d 经冲击液压缸中腔 b 与回油口 o 连通，压力迅速降低。此时，定压溢流阀 8 关闭，阀芯在 h 腔压力油作用下迅速向左运动，靠在阀腔左侧，而活塞（杆）5 则依靠惯性高速撞击冲击液压缸的左端面，产生冲击力克服土壤阻力，带动机体向左运动一段距离。这时，一次冲击结束，系统又恢复到回程初始状态。通过如此循环实现冲击液压缸活塞的回程与冲程运动，每次冲击后机器人都向前行进一段距离，从而实现了机器人在土壤中的自行前进。

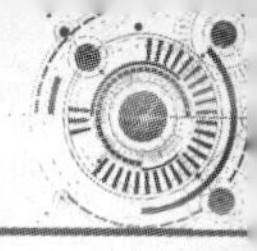

6.3.3 “穿地龙”机器人液压控制系统的特点

① “穿地龙”机器人的执行机构采用液压驱动，体积小，功率和冲击力大。可以同时实现土中的冲击前进与转向。

② 冲击装置采用三腔液压缸及压力反馈式配流机构，转向装置采用双活塞液压缸，并分别采用调速阀和节流阀实现进油节流调速；通过电磁换向阀的通断组合实现冲击装置和转向装置的分时或同时工作。

③ 技术参数：该机器人的转向转矩为 90～150N・m；冲击频率为 100～300 次/min；液压系统的工作压力为 16MPa。

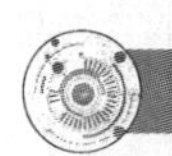

6.4 塑料注射成形机液压系统

6.4.1 概述

塑料注射成形机简称注塑机。它将颗粒状的塑料加热熔化到流动状，用注射装置快速、高压注入模腔，保压一定时间，冷却后成形为塑料制品。

注塑机的工作循环为合模—注射—保压—预塑—开模—顶出制品—顶出缸后退—合模—冷却定型，以上动作分别由合模缸、预塑液压马达、注射缸、注射座和顶出缸完成，另外注射座通过液压缸可前后移动。

注塑机液压系统要求有足够的合模力，可调节的合模、开模速度，可调节的注射压力和注射速度，可调节的保压压力，系统还应设有安全联锁装置。

6.4.2 SZ-250A 型注塑机液压系统工作原理

SZ-250A 型注塑机属中小型注塑机，每次最大注射容量为 250cm^3。图 6-5 所示为其液压系统原理图。图 6-6 所示为其电气控制顺序动作分析图，在图 6-6 中，a_0～a_3 为合模缸的行程开关；b_0、b_1 为注射座的行程开关；c_0～c_3 为注射缸的行程开关；d_0、d_1 为顶出缸的行程开关；t_1 为控制慢速注射的时间；t_2 为控制合模保压的时间；p 为压力开关，合模缸到达高压值时该压力开关动作。

各执行元件的动作循环主要依靠行程开关切换电磁换向阀来实现，各液压缸及电磁铁通、断电动作顺序如图 6-6 所示。

1．关安全门

为保证操作安全，注塑机都装有安全门。关安全门，机动换向阀 6 恢复常位，合模缸才能动作，系统开始整个动作循环。

2．合模

动模板慢速启动，快速前移，当接近定模板时，液压系统转为低压、慢速控制。在确认模具内没有异物存在后，系统转为高压，使模具闭合。这里采用了液压机械式合模机构，合模缸通过对称五连杆结构推动模板进行开模和合模，连杆机构具有增力和自锁作用。

① 慢速合模（2Y、3Y0 通电）：大流量泵 1 通过电磁溢流阀 3 卸载，小流量泵 2 的压力

由先导式溢流阀 4 调定，泵 2 的压力油经电液换向阀 5 右位进入合模缸左腔，推动活塞以带动连杆慢速合模，合模缸右腔油液经阀 5 和冷却器回油箱。

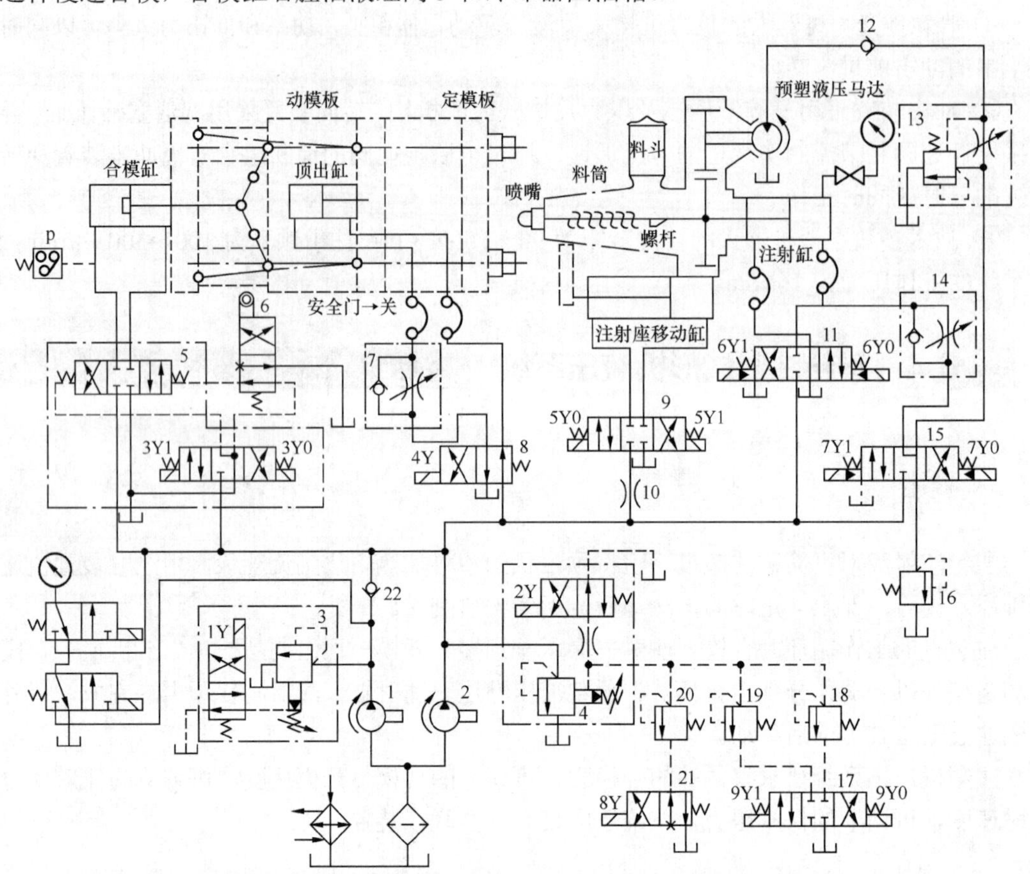

1、2—液压泵　3—电磁溢流阀　4—先导式溢流阀　5、11、15—电液换向阀　6—机动换向阀　7—单向节流阀
8、9、17、21—电磁换向阀　10—节流阀　12、22—单向阀　13—旁通型调速阀　14—单向节流阀
16—背压阀　18、19、20—远程调压阀

图 6-5　SZ-250A 型注塑机液压系统原理图

② 快速合模（1Y、2Y、3Y1 通电）：慢速合模转快速合模时，由行程开关发令使 1Y 得电，泵 1 不再卸载，其压力油经单向阀 22 与泵 2 的供油汇合，同时向合模缸供油，实现快速合模，最高压力由阀 3 限定。

③ 低压合模（2Y、3Y1、9Y1 通电）：泵 1 卸载，泵 2 的压力由远程调压阀 18 控制。因阀 18 所调压力较低，合模缸推力较小，故即使两个模板间有硬质异物，也不致损坏模具表面。

④ 高压合模（2Y、3Y1 通电）：泵 1 卸载，泵 2 供油，系统压力由先导式溢流阀 4 控制，高压合模，并使连杆产生弹性变形，牢固地锁紧模具。

3. 注射座前移（2Y、5Y1 通电）

在注塑机上安装、调试好模具后，注塑喷枪要顶住模具注塑口，故注射座要前移。泵 2 的压力油经电磁换向阀 9 右位进入注射座移动缸右腔，注射座前移使喷嘴与模具注塑口接触，注射座移动缸左腔油液经阀 9 回油箱。

4. 注射

注射是指注射螺杆以一定的压力和速度将料筒前端的熔料经喷嘴注入模腔，分慢速注射

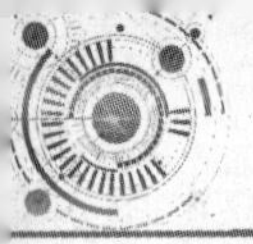

和快速注射两种。

① 慢速注射（2Y、5Y1、7Y1、8Y 通电）：泵 2 的压力油经电液换向阀 15 左位和单向节流阀 14 进入注射缸右腔，左腔油液经电液换向阀 11 中位回油箱，注射缸活塞带动注射螺杆慢速注射，注射速度由单向节流阀 14 调节，远程调压阀 20 起定压作用。

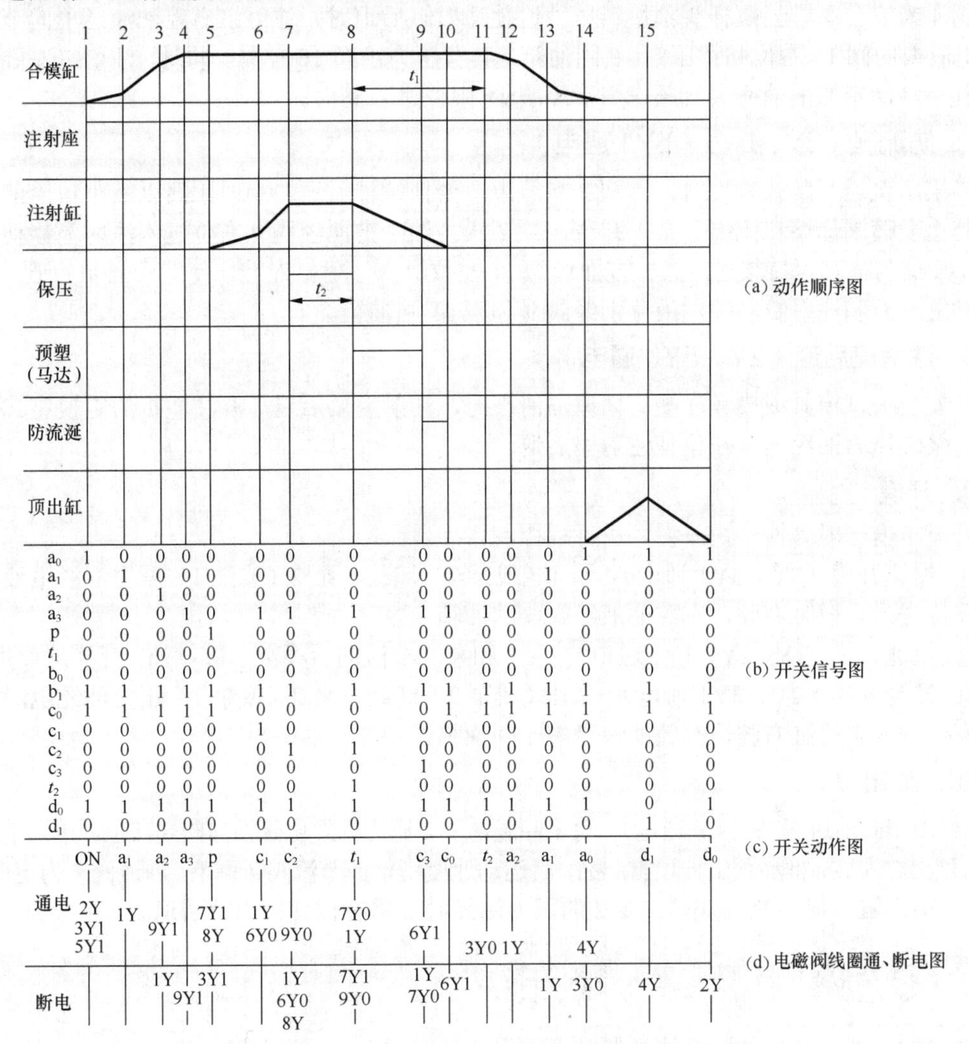

图 6-6　SI-250A 型注塑机液压系统电气控制顺序动作分析图

② 快速注射（1Y、2Y、5Y1、6Y0、7Y1、8Y 通电）：泵 1 和泵 2 的压力油经电液换向阀 11 右位进入注射缸右腔，左腔油液经阀 11 回油箱。由于两个泵同时供油，且不经过单向节流阀 14，因此注射速度加快。此时，远程调压阀 20 起安全作用。

5. 保压（2Y、5Y1、7Y1、9Y0 通电）

由于注射缸对模腔内的熔料实行保压并补缩，因此，只需少量油液，所以泵 1 卸载，泵 2 单独供油，多余的油液经溢流阀 4 回油箱，保压压力由远程调压阀 19 调节。

6. 预塑（1Y、2Y、5Y1、7Y0 通电）

保压完毕（时间控制），从料斗加入的熔料随着螺杆的转动被带至料筒前端，进行加热熔化，并建立一定压力。当螺杆头部熔料压力到达能克服注射缸活塞退回的阻力时，螺杆开始

后退。后退到预定位置，即螺杆头部熔料达到所需注射量时，螺杆停止转动并后退，准备下一次注射。与此同时，在模腔内的制品冷却成形。

螺杆转动由预塑液压马达通过齿轮机构驱动。泵1和泵2的压力油经电液换向阀15右位、旁通型调速阀13和单向阀12进入预塑液压马达，液压马达的转速由旁通型调速阀13控制，溢流阀4为安全阀。当螺杆头部熔料压力迫使注射缸后退时，注射缸右腔油液经单向节流阀14、电液换向阀15右位和背压阀16回油箱，其背压力由阀16控制。同时，注射缸左腔产生局部真空，油箱的油液在大气压作用下经阀11中位进入其内。

7. 防流涎（2Y、5Y1、6Y1通电）

当采用直通开敞式喷嘴时，预塑加料结束，要使螺杆后退一小段距离以减小料筒前端压力，防止喷嘴端部熔料流出。泵1卸载，泵2压力油一方面经阀9右位进入注射座移动缸右腔，使喷嘴与模具保持接触，另一方面经阀11左位进入注射缸左腔，使螺杆强制后退。注射座移动缸左腔和注射缸右腔油液分别经阀9和阀11回油箱。

8. 注射座后退（2Y、5Y0通电）

在安装调试模具或模具注塑口堵塞需清理时，注射座要后退离开注塑机的定模座。泵1卸载，泵2压力油经阀9左位使注射座后退。

9. 开模

开模速度一般为慢—快—慢，由行程控制。

① 慢速开模（2Y、3Y1通电）：泵1（或泵2）卸载，泵2（或泵1）压力油经电液换向阀5左位进入合模缸右腔，左腔油液经阀5回油箱。

② 快速开模（1Y、2Y、3Y1通电）：泵1和泵2合流向合模缸右腔供油，开模速度加快。

③ 慢速开模（2Y、3Y1通电）：泵1（或泵2）卸载，泵2（或泵1）压力油经电液换向阀5左位进入合模缸右腔，左腔油液经阀5回油箱。

10. 顶出

① 顶出缸前进（2Y、4Y通电）：泵1卸载，泵2压力油经电磁换向阀8左位、单向节流阀7进入顶出缸左腔，推动顶出杆顶出制品，其运动速度由单向节流阀7调节，溢流阀4为定压阀。

② 顶出缸后退（2Y通电）：泵2的压力油经阀8常态位使顶出缸后退。

6.4.3 SZ-250A型注塑机液压系统的特点

SZ-250A型注塑机液压系统具有以下特点。

① 因注射缸液压力直接作用在螺杆上，所以注射压力p_z与注射缸的油压p的比值为D^2/d^2（D为注射缸活塞直径，d为螺杆直径）。为满足加工不同塑料对注射压力的要求，一般注塑机都配备三种不同直径的螺杆，在系统压力为14MPa时，获得的注射压力为40～150MPa。

② 为保证足够的合模力，防止高压注射时模具开缝产生塑料溢边，该注塑机采用了液压-机械增力合模机构，还可采用增压缸合模装置。

③ 根据塑料注射成形工艺，模具的启闭过程和塑料注射的各阶段速度不一样，而且快慢速之比可达 50～100，为此，该注塑机采用了双泵供油系统，快速时双泵合流，慢速时泵2（流量为48 L/min）供油，泵1（流量为194 L/min）卸载，系统功率利用比较合理。有时在多泵分级调速系统中，还兼用差动增速或充液增速等方法。

④ 系统所需多级压力由多个并联的远程调压阀控制。如果采用电液比例压力阀来实现多级压力调节，再加上电液比例流量阀调速，不仅减少了元件，降低了压力及速度变换过程中

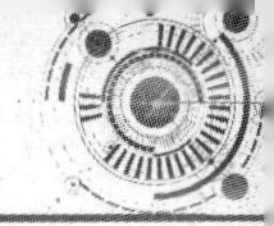

的冲击和噪声，还为实现计算机控制创造了条件。

⑤ 注塑机各执行元件的循环动作主要依靠行程开关按事先编程的顺序完成。这种方式灵活、方便。

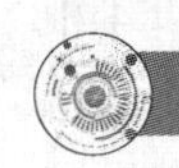

6.5　油罐封头双动拉伸液压机系统

6.5.1　主机功能结构

该液压机为生产壁厚为 10～30mm 的储存和运输汽油的油罐封头的专用设备，也可用于液化石油气罐的生产。上横梁、两个侧壁及下横梁用四根拉杆通过液压螺母拉紧，形成一个封闭式的框架。随机专用的液压螺母预紧拉杆时，通过控制液压螺母中压力的高低，可以精确地控制拉杆的预紧力，使液压机在最大的使用提升载荷下，也能保证上、下横梁与侧壁的紧密贴合。用来安装凸模的活动横梁 37 在主液压缸 36 及提升液压缸 38（见图 6-7）的“夹持”操纵下，可以在安装于两侧壁上的导向板间上下滑动，完成快进、拉伸及返回动作。柱塞式压边液压缸 32 与主液压缸均安装在上横梁上。下行时，与压边缸柱塞头相连的压边环接触工件前，与主液压缸同步；接触工件后，与活动横梁分离，将工件压紧在工作台上。其回程则靠提升缸借助活动横梁推动柱塞杆上的台肩实现。顶出液压缸 19 与提升液压缸一起安装在下横梁上，下横梁上固定有安装凹模的工作台。

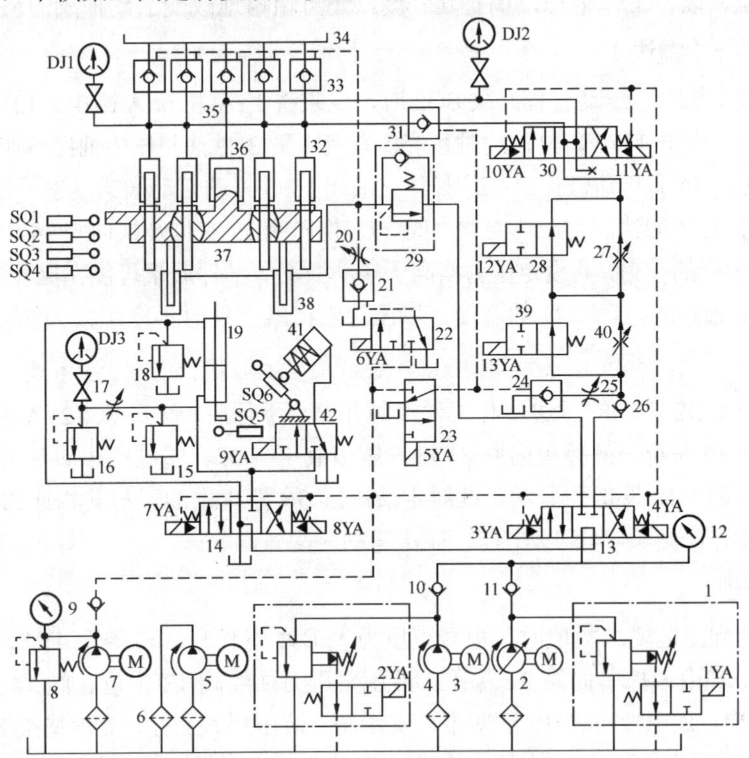

1、4—电磁溢流阀　2—手动变量轴向柱塞泵　3、5、7—定量柱塞泵　6—过滤器　8、15、16、18—溢流阀　9、12—压力表　10、11、26—单向阀　13、14、30—三位四通电液换向阀　17—截止阀　19—顶出液压缸　20、25—可调节流阀　21、24、31—液控单向阀　22、23、28、39、42—二位二通电磁换向阀　27、40—调速阀　29—顺序阀　32—压边液压缸　33、35—充液阀　34—充液箱　36—主液压缸　37—活动横梁　38—提升液压缸　41—行程作用缸

图 6-7　油罐封头双动拉伸液压机液压系统原理图

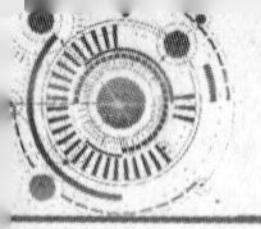

6.5.2 液压系统及其工作原理

该液压缸的系统原理图如图 6-7 所示，系统的主油源为并联的定量柱塞泵 3 与手动变量轴向柱塞泵 2，改变变量泵排量可满足不同的流量要求。其压力分别由电磁溢流阀 1 和 4 根据拉伸工艺要求设定，并由压力表 12 显示。系统的控制油源为定量柱塞泵 7，其压力由溢流阀 8 设定，并由压力表 9 显示。定量柱塞泵 5 为离线过滤泵，该泵从油箱回油区通过粗过滤器吸油，经过滤器 6 送回到油箱的吸油区，在系统运行中一直从事油箱清理工作，同时，该泵还有向油箱加油和从油箱向外排油的功能。

该液压机的工艺过程为：快速下行（快进）—慢速下行（慢进）—压边—加液压垫—拉伸—释压—回程—顶出，各工况下系统的工作原理如下。

1. 快速下行（快进）

电磁铁 1YA、2YA、4YA 和 6YA 通电，泵 2 和泵 3 由卸荷转为工作态，同时向系统供油，两泵的压力油经单向阀 10 和 11、三位四通电液换向阀 13 右位、单向阀 26、二位二通电磁换向阀 39 和 28 的右位及三位四通电磁换向阀 30 中位进入主液压缸 36，同时经液控单向阀 31 进入压边液压缸 32，推动活动横梁向下运动。在活动横梁、凸模及三种共七个缸活塞自重的作用下，活动横梁快速下行，主液压缸 36 及压边液压缸 32 中形成一定真空，借此从充液箱 34 经充液阀 35 和 33 分别向主液压缸 36 充油，实现凸模的快速下行。可调节流阀 20 为提升液压缸 38 提供一定的背压，以使工作平稳，调整其开度，还可粗略地改变活动横梁的快速下行速度。

2. 慢速下行（慢进）

当活动横梁上的挡铁压动行程开关 SQ2 时，电磁铁 1YA 和 6YA 断电，12YA 通电，其他与快速下行相同。由于 1YA 断电，此时系统仅有液压泵 3 供油。压力油经调速阀 27 和阀 30 同时进入主液压缸 36 和压边液压缸 32，封住充液阀 35 并推动活动横梁慢速下行。因液控单向阀 21 截止，提升缸中的油液则经单向顺序阀 29、换向阀 13 右位及换向阀 14 中位排回油箱，顺序阀 29 起平衡阀的作用，其设定压力略高于活动横梁等部件质量可能在提升液压缸 38 中产生的压力；慢进速度取决于阀 27 的开度，以压边圈接触工件时不产生太大的冲击为准。

3. 压边

当压边液压缸 32 带动的压边圈与工件接触并停止下行后，电磁铁 12YA 断电、10YA 通电，压力油经阀 30 左位、液控单向阀 31 进入压边液压缸 32，通过压边圈对工件施压。压边力由电接点压力表 DJ1 设定并显示。此时主液压缸 36 停止进油，与其相连的活动横梁与压边缸柱塞台肩脱开，由顺序阀 29 平衡，停止运动。

4. 加液压垫

当压边力达到工艺要求数值时，电接点压力表 DJ1 发信号，电磁铁 4YA、10YA 断电，7YA 通电。压边缸由液控单向阀 31 保压。液压泵压力油经阀 13 中位、阀 14 左位进入顶出液压缸 19 的下腔，顶出液压缸 19 活塞带动支承垫（液压垫）上行，支承垫接触工件下表面，达到适当的预置支承力后，电接点压力表 DJ3 发信号，电磁铁 7YA 断电，顶出缸加垫结束。

5. 拉伸

电磁铁 7YA 断电的同时，电磁铁 1YA、4YA、13YA 及 11YA 通电。此时双泵同时供

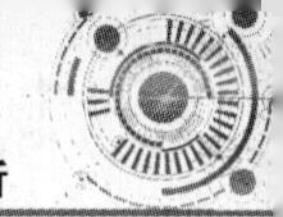

油，流量由调速阀 40 调节，压力油经阀 30 右位进入主液压缸 36，推动活动横梁带动凸模开始对工件实施拉伸。提升液压缸 38 中的液压油经单向顺序阀 29、阀 13 右位及阀 14 中位返回油箱。拉伸过程中，顶出液压缸 19 中的活塞被迫随工件下行，顶出液压缸 19 下腔的油液经截止阀 17 及背压溢流阀 16 排回油箱，从而形成具有一定反力的浮动液压垫。浮动支承力的大小由阀 16 及节流阀根据工艺要求设定，由电接点压力表 DJ3 显示。溢流阀 15 在此起安全阀作用。

6．释压

拉伸尺寸到位时，活动横梁压动行程开关 SQ4，电磁铁 11YA、4YA、1YA、2YA 及 13YA 断电，泵停止供油，5YA 通电，主液压缸及压边缸通过节流阀 25 及液控单向阀 24 释压，释压速度通过改变节流阀 25 的开度来调节。

7．回程

主液压缸及压边缸的压力降低至要求的范围内时，即电接点压力表 DJ1 与 DJ2 均发信号后，电磁铁 1YA、2YA 及 3YA 通电，5YA 断电。双泵同时供油，压力油经阀 13 左位及阀 29 中的单向阀进入提升液压缸 38 中，并导通充液阀 33 及 35，推动活动横梁向上运动，碰到压边液压缸 32 柱塞杆上的台肩后，主液压缸及压边缸一起实现回程动作，两缸中的液压油分别经充液阀 33 及 35 返回到充液箱 34 中，活动横梁运动到位，压动行程开关 SQ1，电磁铁 1YA 及 3YA 断电，各缸停止运动，回程结束。

8．顶出

回程结束，行程开关 SQ1 同时使电磁铁 7YA 及 9YA 通电，定量柱塞泵 3 的压力油经阀 10、阀 13 的中位及阀 14 的左位进入顶出液压缸 19 的下腔，推动顶出液压缸 19 向上运动，顶出液压缸上腔的油液经阀 14 的左位排回油箱。同时，油液还经换向阀 42 的左位进入行程作用缸 41，使行程开关 SQ6 进入工作位置。顶出缸向上运动将工件顶出凹模，压动行程开关 SQ6，使电磁铁 7YA 断电，顶出动作停止。延时一段时间后，电磁铁 8YA 通电，9YA 断电，压力油液经阀 13 中位及阀 14 右位进入顶出缸上腔，推动顶出液压缸活塞下行，下腔的油液经阀 14 右位排回油箱。此时缸 41 将行程开关 SQ6 撤回到非工作位置。顶出缸回程到位后，压动行程开关 SQ5，电磁铁 8YA、1YA 及 2YA 断电，顶出缸停止运动。至此一次工作循环结束。

系统的电磁铁动作顺序表见表 6-2。

表 6-2　　系统的电磁铁动作顺序

工况	发信	1YA	2YA	3YA	4YA	5YA	6YA	7YA	8YA	9YA	10YA	11YA	12YA	13YA
启动	人													
快进	人	+	+		+		+							
慢进	SQ2		+		+								+	
压边	SQ3		+		+						+			
加垫	DJ1		+					+						
垫停	DJ2		+											
拉伸	DJ3	+	+		+							+		+

续表

工况	发信	1YA	2YA	3YA	4YA	5YA	6YA	7YA	8YA	9YA	10YA	11YA	12YA	13YA
释压	SQ4					+								
回程	DJ1 DJ2	+	+	+										
回停	SQ1		+											
顶出	SQ1		+						+	+				
顶停	SQ6		+							+				
顶回	延时		+					+						
停止	SQ5													

6.5.3 液压系统的特点

① 系统所有的执行器共用一组并联的液压泵，提高了能源利用率。当工艺要求需改变执行器的速度时，可手动调节变量泵的排量，以满足不同的流量要求；主液压缸及压边缸快速下行采用了靠运动件自重滑落充液阀充液，极大地减小了液压泵流量规格；为减小冲击，系统仅在压边圈接触工件前对主液压缸及压边缸采取了节流调速，其他工步均为容积调速，有效地降低了系统的能耗；各执行器都处于停止状态时，液压泵均采取了卸荷措施，也为系统减小了能耗。

② 三位四通电液换向阀 13 与 14 串联，实现了顶出与活动横梁间动作的互锁，保证了系统的安全。

③ 拉伸工步在工件下方加了液压垫，不但使拉伸动作平稳，而且保证了产品的成形质量。

④ 采用液控单向阀保压，通过节流释压（释压速度可调）；采用单向顺序阀平衡工作部件自重。

⑤ 系统采用可编程控制器（PLC）控制，可以实现调整、手动及自动工作方式。其间的转换或产品更换时，各参数的调整均很方便。系统工作可靠，造价也远低于一般的继电接点的控制方式。

⑥ 液压系统设置有多个电液换向阀和液控单向阀，所以系统设置了独立的控制油源，以便于实现减小油路间干扰。

⑦ 液压泵站设置了独立于主系统之外的离线过滤系统，提高了系统油液的清洁度。过滤系统的粗过滤器及精过滤器均置于油箱之外，清洗、更换十分方便。

⑧ 液压系统中所有液压控制阀均为板式阀，并块式集成实现油路连接，便于装配、调整、更换、维修及保养。

⑨ 系统参数：主系统额定压力为 31.5MPa；控制油源压力为 0～3MPa。

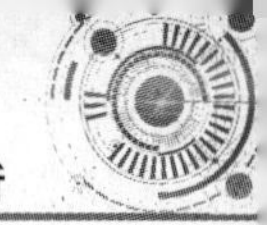

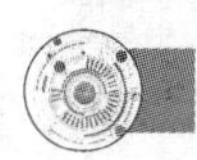

6.6　液压传动系统常见故障及其排除方法

6.6.1　液压系统的工作压力失常，压力上不去

压力是液压系统的两个基本参数之一，在很大程度上决定了液压系统工作性能的优劣。工作压力的大小取决于外负载的大小。工作压力失常表现在：当对液压系统调整时，出现调压阀失效，系统压力无法建立（压力不够）或者完全无压力，或者压力调不下来，或者上升后又下降以及压力不稳定。

1. 压力失常的影响

① 液压系统不能实现正确的工作循环，特别是在压力控制的顺序动作回路中。

② 执行部件处于原始位置不动作，液压设备不能工作。

③ 伴随出现噪声、执行运动部件速度显著降低等故障，甚至产生爬行。

2. 压力失常产生的原因

（1）液压泵原因造成的无流量输出或输出流量不够。

① 液压泵转向不对，根本无压力油输出，导致系统没有压力。

② 因电动机转速过低，功率不足，或者液压泵使用过久内部磨损，内泄漏大，容积效率降低，导致液压泵输出流量不够，系统压力低。

③ 液压泵进、出口装反，而泵又是不可反转泵，不但不能上油，而且还会冲坏油封。

④ 其他原因。如泵吸油管太细，吸油管密封不好，漏气，油液黏度太高，过滤器被杂质污染堵塞，造成泵吸油阻力大产生吸空现象，使泵的输出流量不够，系统压力无法升高。

（2）溢流阀等压力调节阀故障。溢流阀故障有两个方面：一是阀芯卡死在大开口位置，液压泵输出的压力油短路流回油箱致使压力上不去；二是阀芯卡死在关闭阀口的位置，系统压力降不下来。造成阀芯卡死的原因有阻尼孔堵塞，调压弹簧折断等。

（3）在工作过程中发现压力无法升高或压力无法下降，则很可能是换向阀失灵，导致系统卸荷或封闭；或由于阀芯与阀体配合面严重磨损所致。

（4）卸荷阀卡死在卸荷位置，系统总是卸荷，压力无法升高。

（5）系统存在内外泄漏，如泵泄漏、执行元件泄漏、控制元件泄漏、元件外泄漏等。

3. 压力失常排除方法

先检查液压泵电动机转向是否正确，电动机功率是否匹配，然后开机；看溢流阀溢出口是否有油液流出；调节溢流阀的压力，判断溢流阀是否有问题；在没有问题的情况下，检查是否有外部泄漏。如果上述都没有问题，液压缸泄漏的可能性很大；如果液压缸是新的或者刚修过，可能是密封部位太紧；如果没有这些问题，就是换向阀泄漏。对于新安装系统，压力上不去，多是由于溢流阀的原因。

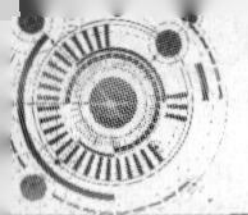

6.6.2 欠速

1. 欠速的现象

液压设备执行元件（液压缸或马达）的欠速包括两种情况：一是快速运动（快进）时速度不够快，不能达到设计值和新设备的规定值；二是在负载下其工作速度随负载的增加显著降低，特别是大型液压设备，这一现象尤为显著，速度一般与流量有关。

2. 欠速产生的原因

（1）快速运动速度不够的原因。

① 液压泵的输出流量不够或输出压力不足。

② 因溢流阀的故障导致部分油液流回油箱。

③ 系统的内泄漏严重。

④ 快进时阻力大，例如，导轨润滑油不足或断油，安装过紧导致的摩擦力大等。

（2）工作进给时，在负载下工进速度明显降低，即使开大调速阀故障依然存在。

① 系统在负载下，工作压力增高，泄漏增加，调好的速度因内外泄漏的增大而减少。

② 系统油温升高，泄漏增加，有效流量减少。

③ 液压系统设计不合理，当负载变化时，进入执行元件的流量也变化，引起速度的变化。

④ 油液中混有杂质，堵塞调速阀的节流口，造成工进速度降低，时堵时通，造成速度不稳。

⑤ 系统内进入空气。

⑥ 上述（1）中存在的问题。

3. 欠速排除方法

① 检查液压泵输出流量和输出压力是否存在问题。

② 检查溢流阀是否存在问题。

③ 适当减小导轨或执行元件的密封度。

④ 检查油液的污染情况。

⑤ 开机时排除执行元件中的空气。

⑥ 若上述问题解决后仍然存在问题，则可能是执行元件或换向元件内泄漏严重，先更换换向阀，若问题仍存在，检修执行元件。

6.6.3 液压元件常见故障与排除

液压元件常见故障分析及排除方法见表 6-3～表 6-8。

表 6-3 液压元件常见故障分析及排除方法

故障现象	故障分析	排除方法
不出油，输油量不足	1．电动机转向不对 2．吸油器或过滤器堵塞 3．轴向间隙或径向间隙过大 4．连接处泄漏 5．油液黏度太大或油液温升太高	1．检查电动机转向 2．疏通管道，清洗过滤器，换新油 3．检查更换有关零件 4．紧固各连接处螺钉，避免泄漏，严防空气混入 5．正确选用油液，控制温升

续表

故障现象	故障分析	排除方法
噪声严重，压力波动厉害	1．吸油管及过滤器堵塞或过滤器容量小 2. 吸油管密封处漏气或油液中有气泡 3．泵与联轴节不同心 4．油位低 5．油温低或黏度高 6．泵轴承损坏	1．清洗过滤器使吸油管通畅，正确使用过滤器 2．在连接部位或密封处加点油，如噪声减小，可拧紧接头处或更换密封圈；回油管口应在油面以下，与吸油管要有一定距离 3．调整至同心 4．加油液 5．把油液加热到适当的温度 6．检查更换泵轴承
泵轴油封漏油	漏油管道液阻过大，使泵体内压力升高到超过油封许用的耐压值	检查柱塞泵泵体上的泄油口是否用单独油管直接接通油箱。若发现把几台柱塞泵的泄油管并联在一根同直径的总管后再接通油箱或者把柱塞泵的泄油管接到总回油管上，则应予以改正。最好在泵泄油口接一个液压表，以检查泵体内的压力，其值应小于 0.08MPa

表 6-4　液压缸常见故障分析及排除方法

故障现象	故障分析	排除方法
爬行	1．空气侵入，液压缸端盖密封圈不同心 2．活塞杆与活塞不同心 3．活塞杆全长或局部弯曲 4．液压缸的安装位置偏移 5．液压缸内孔直线性不良（鼓形锥度等） 6．缸内腐蚀，拉毛 7．双活塞杆两端螺母拧得太紧，使其同心度不良	1．增设排气装置；如无排气装置，可开动液压系统以最大行程使工作部件快速运动，强迫排除空气。调整密封圈，使它不紧不松，保证活塞杆能来回用手平稳地拉动而无泄漏（大多允许微量渗油） 2．校正二者同心度 3．校直活塞杆 4．调整液压缸的位置 5．检查液压缸与导轨的平行性并校正 6．轻微者修去锈蚀和毛刺，严重者必须镗磨 7．螺母不宜拧得太紧，一般用手旋紧即可，以保持活塞处于自然状态
冲击	1．靠间隙密封的活塞和液压缸间隙过大，节流阀失去节流作用 2．端头缓冲的单向阀失灵，缓冲不起作用	1．按规定调配活塞与液压缸的间隙，减少泄漏现象 2．修整研配单向阀阀座
推力不足或工作速度逐渐下降甚至停止	1．液压缸和活塞配合间隙太大或 O 形密封圈损坏，造成高低压腔互通 2．由于工作时经常用工作行程的某一段，造成液压缸孔直线性不良（局部有腰鼓形），致使液压缸两端高低压油互通 3．缸端油封压得太紧或活塞杆弯曲，使摩擦力或阻力增加 4．泄漏过多 5．油温太高，黏度减小，靠间隙密封质量差的液压缸行速变慢。若液压缸两端高低压油腔互通，运行速度逐渐减慢直至停止	1．单配活塞和液压缸的间隙或更换 O 形密封圈 2．镗磨修整液压缸孔径，单配活塞 3．放松油封，以不漏油为限，校直活塞杆 4．寻找泄漏部位，紧固各结合面 5．分析发热原因，设法散热降温，如密封间隙过大则单配活塞或增装密封环

续表

故障现象	故障分析	排除方法
压力波动	1．弹簧弯曲或过软 2．锥阀与阀座接触不良 3．钢球与阀座密合不良 4．滑阀变形或拉毛 5．油不清洁，阻尼孔堵塞	1．更换弹簧 2．如锥阀是新的即卸下调整螺母，将导杆推几下，使其接触良好；或更换锥阀 3．检查锥阀圆度，更换钢球，研磨阀座 4．更换或修研滑阀 5．疏通阻尼孔，更换清洁油液
调整无效	1．弹簧断裂或漏装 2．阻尼孔堵塞 3．滑阀卡住 4．进、出油口装反 5．锥阀漏装	1．检查、更换或补装弹簧 2．疏通阻尼孔 3．拆出，检查，修补 4．检查油源方向 5．检查，补装
泄漏严重	1．锥阀或钢球与阀座的接触不良 2．滑阀与阀体间隙过大 3．管接头没拧紧 4．密封破坏	1．锥阀或钢球磨损时更换新的锥阀和钢球 2．检查阀体与阀芯间隙 3．拧紧连接螺母 4．检查更换密封
噪声及振动	1．螺母松动 2．弹簧变形，不复原 3．滑阀配合过紧 4．主动滑阀配合不良 5．锥阀过紧 6．出油路中有空气 7．流量超出允许值 8．和其他阀产生共振	1．紧固螺母 2．检查并更换弹簧 3．修研滑阀，使其灵活 4．检查滑阀与壳体的同心度 5．更换锥阀 6．排出空气 7．更换与流量对应的阀 8．采用不同额定压力值的阀（如额定压力值的差在0.5MPa以内时，则容易发生共振）

表6-5　减压阀的故障分析及排除方法

故障现象	故障分析	排除方法
压力波动不稳定	1．油液中混入空气 2．阻尼孔有时堵塞 3．滑阀与阀体内孔圆度超过规定，使阀卡住 4．弹簧变形或在滑阀中卡住，使滑阀移动困难或弹簧太软 5．钢球不圆，钢球与阀座配合不好或锥阀安装不正确	1．排除油中空气 2．清理阻尼孔 3．修研阀孔及滑阀 4．更换弹簧 5．更换钢球或拆开锥阀调整
二次压力无法升高	1．外泄漏 2．锥阀与阀座接触不良	1．更换密封件，紧固螺钉，并保证力矩均匀 2．修理或更换
不起减压作用	1．泄油口不通；泄油管与回油管相连，并有回油压力 2．主阀芯在全开位置卡死	1．泄油管必须与回油管道分开，单独回入油箱 2．修理、更换零件，检查油质

续表

故障现象	故障分析	排除方法
节流作用失灵及调速范围不大	1．节流阀和孔的间隙过大，有泄漏以及系统内部的泄漏 2．节流孔堵塞或阀芯卡住	1．检查泄漏部件损坏情况，予以修复或更换，注意接合部的油封情况 2．拆开清洗，更换新油液，使阀芯运动灵活
运动速度不稳定如逐渐减慢，突然增快及跳动现象	1．油中杂质黏附在油口边上，通油界面减小，使速度减慢 2．节流阀的性能较差，低速运动时由于振动使调节位置变化 3．节流阀内部、外部有泄漏 4．在筒式的节流阀中，因系统负荷有变化使速度突变 5．油温升高，油液的黏度变低，使温度逐步升高 6．阻尼装置堵塞，系统中有空气，出现压力变化及跳动	1．拆卸清洗有关零件，更换新油，并经常保持油液洁净 2．增加节流连锁装置 3．检查零件的精度和配合间隙，修配或更换较差的零件，连接处要严加封闭 4．检查系统压力和减压装置等部件的作用以及溢流阀的控制是否正常 5．液压系统稳定后调节节流阀或增加油温散热的装置 6．清洁零件，在系统中增加排气阀

表 6-6　换向阀的故障分析及排除方法

故障现象	故障分析	排除方法
滑阀不换向	1．滑阀卡死 2．阀体变形 3．具有中间位置的对中弹簧折断 4．操纵压力不够 5．电磁铁线圈烧坏或电磁铁推力不足 6．电气线路故障 7．液控换向阀控制油路无油或被堵塞	1．拆开清洗脏物，去毛刺 2．调节阀体安装螺钉使压紧力均匀或修研阀孔 3．更换弹簧 4．操纵压力必须大于 0.35MPa 5．检查，修理，更换 6．消除故障 7．检查原因并消除
电磁铁控制的方向阀作用时有响声	1．滑阀卡住或摩擦力过大 2．电磁铁不能压到底 3．电磁铁铁心接触面不平或接触不良	1．修研或调配滑阀 2．校正电磁铁高度 3．消除污物，修整电磁铁铁心

表 6-7　液控单向阀的故障分析及排除方法

故障现象	故障分析	排除方法
油液不逆流	1．控制压力过低 2．控制油管道接头漏油严重 3．单向阀卡死	1．提高控制压力使之达到要求值 2．紧固接头，消除漏油 3．清洗
逆方向不密封	1．单向阀在全开位置上卡死 2．单向阀锥面与阀座锥面接触不均匀	1．修配、清洗 2．检查或更换

表 6-8　油温过高的故障分析及排除方法

故障现象	故障分析	排除方法
当系统不需要压力油时，而油仍在溢流阀的设定压力下溢回油箱	卸荷回路的动作不良	检查电气回路、电磁阀、先导回路和卸荷阀的动作是否正常

续表

故障现象	故障分析	排除方法
液压原件规格选择不合理	1．阀规格过小，能量损失过大 2．选用泵时，泵的流量过大	1．根据系统的工作压力和通过该阀的最大流量选取 2．合理选泵
冷却不足	1．冷却水供应失灵或风扇失灵 2．冷却水管道中有沉淀	1．消除故障 2．清除沉淀
散热不足	油箱的散热面积不足	改装冷却系统或加大油箱容量及散热面积
液压泵过热	1．由于磨损造成功率损失 2．用黏度过高或过低的油工作	1．修理或更换 2．选择适合系统黏度的油
油液循环太快	油箱中油面过低	加油液到推荐的装置
油液的阻力过大	管道的内径和需要的流量不相适应或者阀门的内径不够大	装置适宜尺寸的管道和阀门或降低功率

本章小结

本章主要介绍了几种常见的典型液压系统，使读者进一步学习和了解液压系统的应用和工作过程，提高对液压系统的分析能力。

组合机床液压动力滑台液压系统特点如下。

① 采用了限压式变量叶片泵-调速阀调速回路，保证稳定的低速运动、较好的速度刚性和较大的调速范围。

② 采用了限压式变量泵和差动连接式液压缸来实现快进。

③ 采用了行程阀和顺序阀实现快进与工进的换接，换接精度高。

“穿地龙”机器人液压控制系统技术特点如下。

① 执行机构采用液压驱动，体积小，功率和冲击力大。可以同时实现土中的冲击前进与旋转。

② 冲击装置采用三腔液压缸及压力反馈式配流机构，转向装置采用双活塞液压缸，并分别采用调速阀和节流阀进油节流调速；通过电磁换向阀的通断组合实现冲击装置和转向装置的分时或同时工作。

注塑机液压系统特点如下。

① 注射缸液压力直接作用在螺杆上。

② 为保证足够的合模力，该注塑机采用了液压-机械增力合模机构。

③ 由于模具的启闭过程和塑料注射的各阶段速度不一样，该注塑机采用了双泵供油系统，快速时双泵合流，慢速时泵2供油，泵1卸载，还采用了差动增速或充液增速等方法。

④ 系统所需多级压力由多个并联的远程调压阀控制。

油罐封头双动拉伸液压机系统技术特点如下。

① 所有执行器共用一组并联的液压泵，提高了能源的利用率；主液压缸及压边缸快速下行采用了靠运动件自重滑落充液阀充液，减小了液压泵流量规格；其他工步均为容积调速，降低了系统的能耗；各执行器都处于停止状态时，液压泵均采取了卸荷措施，减小了能耗。

② 三位四通电液动换向阀13与14串联，实现了顶出与活动横梁间动作的互锁，保证了系统的安全。

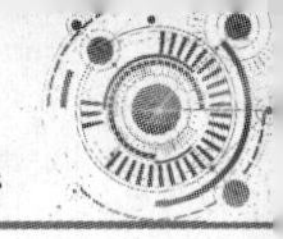

③ 采用液控单向阀保压，通过节流释压；采用单向顺序阀平衡工作部件自重。

④ 液压系统设置有多个电液换向阀和液控单向阀，所以系统设置了独立的控制油源，以便于实现减小油路间干扰。

⑤ 液压泵站设置了独立于主系统之外的离线过滤系统，提高了系统油液的清洁度。过滤系统的粗过滤器及精过滤器均置于油箱之外，清洗、更换十分方便。

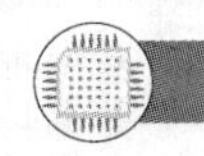

思考与练习

6-1　图 6-8 所示的液压系统能实现“A 夹紧—B 快进—B 工进—B 快退—原位停止—B 停止—A 松开—泵卸荷”等顺序动作的工作循环。

（1）试列出上述循环时电磁铁的动作顺序，填入表 6-9 中。

（2）说明系统是由哪些基本回路组成的。

表 6-9　　电磁铁动作顺序表

动作	电磁铁				
	1YA	1YA	1YA	1YA	1YA
A 夹紧					
B 快进					
B 工进					
B 快退					
原位停止					
B 停止					
A 松开					
泵卸荷					

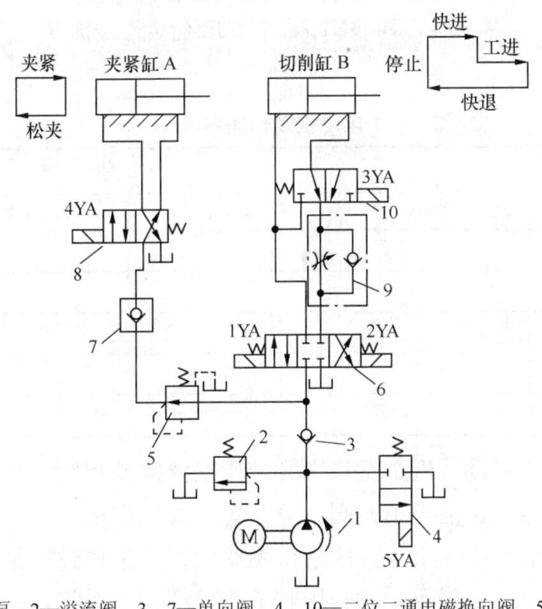

1—液压泵　2—溢流阀　3、7—单向阀　4、10—二位二通电磁换向阀　5—减压阀
6—三位四通电磁换向阀　8—二位四通电磁换向阀　9—单向节流阀

图 6-8

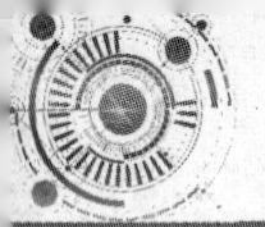

6-2　图6-9所示为汽车库升降平台的液压系统图，分析其工作过程和回路的特点。

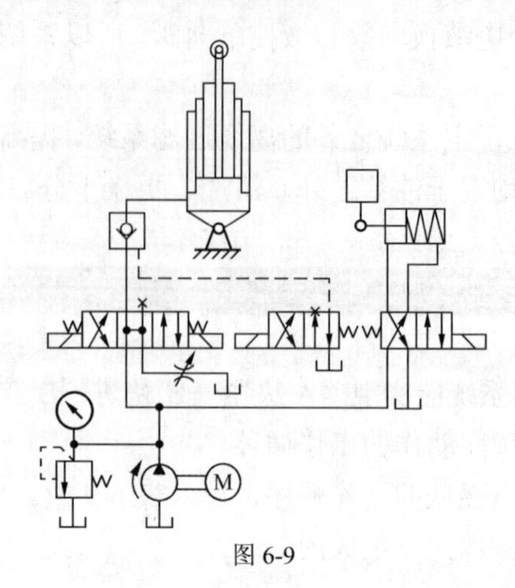

图6-9

6-3　根据图6-10所示，填写当实行下列工作循环时的电磁铁动作顺序表（见表6-10）。

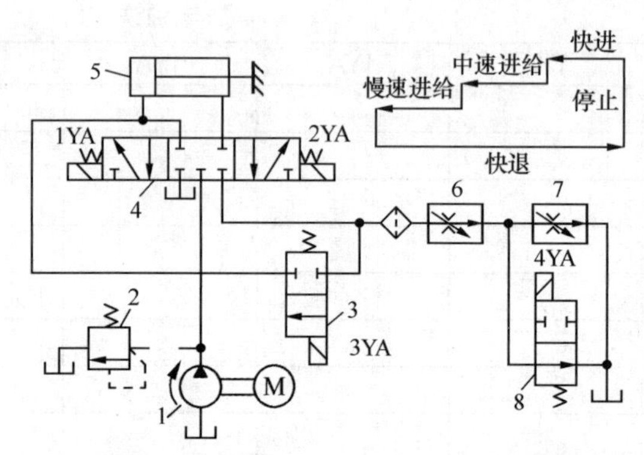

1—液压泵　2—溢流阀　3、8—二位二通电磁换向阀
4—三位五通电磁换向阀　5—液压缸　6、7—调速阀

图6-10

表6-10　　电磁铁动作顺序表

动作	电磁铁			
	1YA	2YA	3YA	4YA
快进				
中速进给				
慢速进给				
快退				
原位停止				

6-4　图6-11所示为移动式汽车维修举升液压系统的原理图，分析该系统的工作过程和特点，指出二位二通电磁阀、液控单向阀、分流集流阀的作用。

6-5　图6-12所示为JG21Y-160冲床液压系统图，其工作过程是“滑块快速下降—冲剪下降—快速上升—停止”工作循环。试分析其工作过程和系统特点。

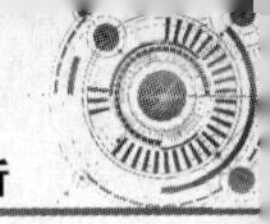

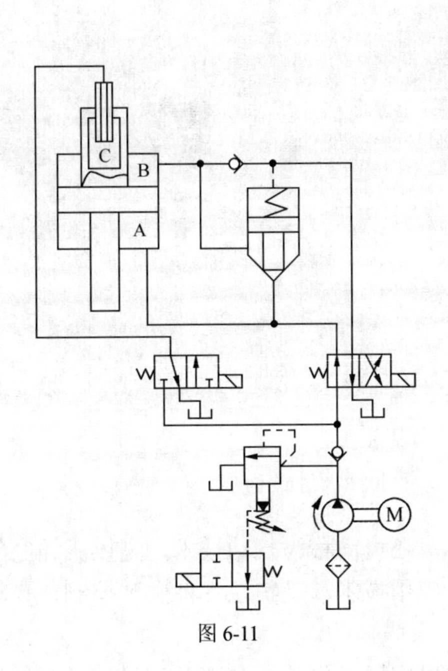

图 6-11

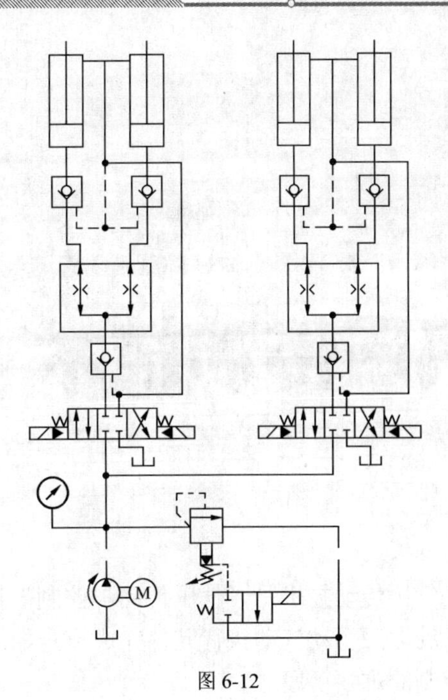

图 6-12

第 7 章

气压传动技术

气压传动技术是“气压传动与控制”技术的简称，还可简称为气动技术，是以压缩空气作为动力源驱动气动执行元件完成一定的运动规律的应用技术，是实现各种生产控制、自动化控制的重要手段之一。

气压传动技术在工业生产中应用十分广泛，它可以应用于包装、进给、计量、材料的输送、工件的转动与翻转、工件的分类等场合，还可用于车、铣、钻、锯等机械加工的过程。

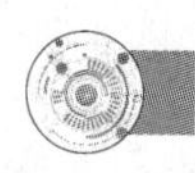

7.1 气压传动概述

7.1.1 气压传动系统的工作原理及组成

气压传动系统先将机械能转换成压力能，然后通过各种元件组成的控制回路来实现能量的调控，最终再将压力能转换成机械能，使执行机构实现预定的功能，按照预定的程序完成相应的动力与运动输出。气动装置所用的压缩空气是弹性流体，它的体积、压强和温度三个状态参量之间互为函数的关系，在气压传动过程中，不仅要考虑力学平衡，而且还要考虑热力学的平衡。

典型的气压传动系统的组成如图 7-1 所示，其元件及装置可分为以下几类。

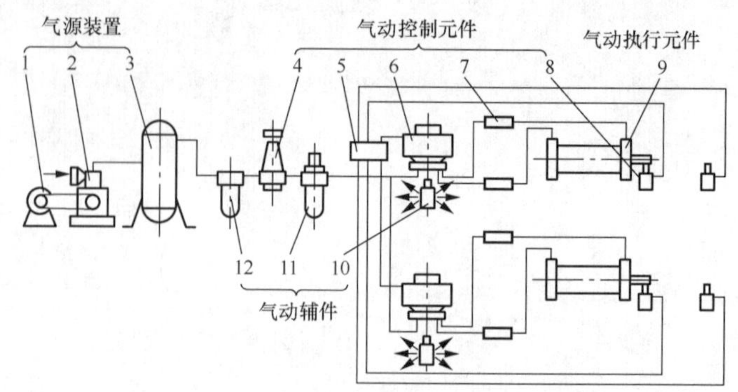

1—电动机　2—空气压缩机　3—储气罐　4—压力控制阀　5—逻辑元件　6—方向控制阀
7—流量控制阀　8—机控阀　9—气缸　10—消声器　11—油雾器　12—空气过滤器

图 7-1　典型的气压传动系统的组成

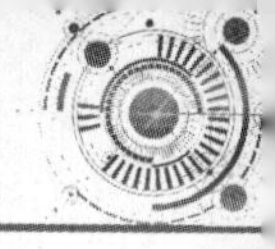

① 气源装置：它将原动机输出的机械能转变为空气的压力能，其主要设备是空气压缩机。

② 气动执行元件：将压力能转换为机械能的能量转换装置，如气缸和气动马达。

③ 气动控制元件：控制气体的压力、流量及流动方向，以保证执行元件具有一定的输出力和速度并按设计程序正常工作的元件，如各种压力控制阀、流量控制阀、逻辑控制阀和方向控制阀等。

④ 气动辅件：辅助保证空气系统正常工作的一些装置，主要作用是使压缩空气净化、润滑、消声以及用于元件间连接等，如过滤器、油雾器、消声器、管道和管接头等。

7.1.2　气压传动系统的特点

对比其他传动和控制方式，气动系统的主要优缺点如下。

1．优点

① 气动装置结构简单、安装维护方便、成本低、投资回收快。

② 工作环境适应性好，能在温度变化范围宽、温度高、灰尘多、振动大等环境中可靠地工作。

③ 对环境无污染，处理方便，无火灾爆炸危险，使用安全。

④ 工作寿命长，电磁阀寿命可达 3000 万～5000 万次，气缸寿命可达 2000～6000km。

⑤ 执行元件输出速度高，直线运动速度可达 15m/s。

⑥ 排气时气体因膨胀而温度降低，因而气动设备可以自动降温，长期运行也不会发生过热现象。

⑦ 有过载保护能力，执行元件在过载时会自动停止，无损坏危险，功率不够时会在负载作用下保持不动。

2．缺点

① 工作压力较低（一般为 0.4～0.8MPa），因此气压传动装置的推力一般不大于 40kN，仅适用于小功率的场合。在相同输出力的情况下，因此气压传动装置比液压传动装置尺寸大。

② 由于空气可压缩性较大，因此气压传动系统的速度稳定性差，给系统的位置和速度控制精度带来很大影响。

③ 气动信号传递的速度比光、电子速度慢，故不宜用于要求高传递速度的复杂回路中，但对一般机械设备，气动信号的传递速度是能够满足要求的。

④ 排气噪声大，需加消声器。

⑤ 因空气黏度小，润滑性差，需设置单独的润滑装置。

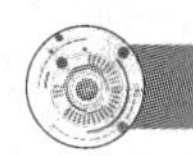

7.2　气源装置及辅助元件

气源装置是用来产生具有足够压力和流量的压缩空气并将其净化、处理及储存的一套装置。气源装置一般由三部分组成，如图 7-2 所示。

图 7-2 所示为典型气源系统的组成，其主要包括由以下元件。

① 产生压缩空气的气压发生装置，如空气压缩机。

② 净化压缩空气的辅助装置和设备，如过滤器、油水分离器、干燥器等。

③ 输送压缩空气的供气管道系统。

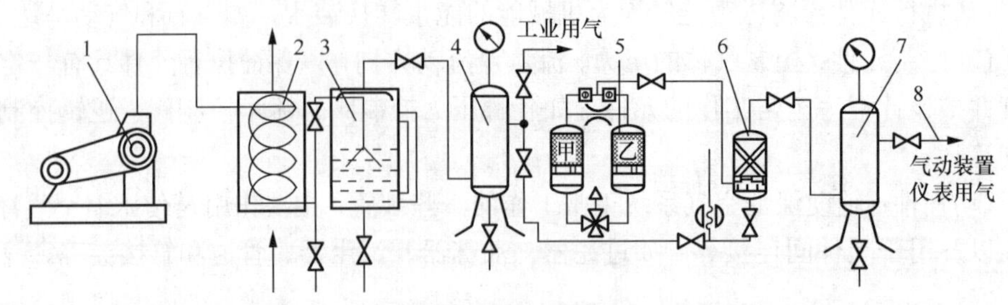

1—空气压缩机 2—后冷却器 3—除油器 4、7—储气罐 5—干燥器 6—过滤器 8—输气管道

图 7-2 典型气源系统的组成

7.2.1 气源装置

1. 作用与分类

空气压缩机（简称空压机）是将机械能转换为气体压力能的装置，满足气动设备对压缩空气压力和流量的要求，是系统的动力源。一般有活塞式、膜片式、螺杆式等几种类型，其中气压系统较常使用的机型为活塞式空压机。

2. 活塞式空压机工作原理

活塞式空压机工作原理图如图 7-3（a）所示。其图形符号及实物如图 7-3（b）、（c）所示。活塞式空压机通过曲柄连杆机构使活塞做往复运动而实现吸、压气，并达到提高气体压力的目的。曲柄 7 由原动机（电动机）带动旋转，从而驱动活塞 3 在缸体 2 内往复运动。当活塞向右运动时，气缸内容积增大而形成部分真空，活塞左腔的压力低于大气压力，吸气阀 8 开启，外界空气进入缸内，这个过程称为“吸气过程”；当活塞向左运动时，吸气阀关闭，随着活塞的左移，缸内压力高于排气阀弹簧的作用力后，排气阀 1 被打开，压缩空气被送至输出气管内，这个过程称为“排气过程”。曲柄旋转一周，活塞往复行程一次，即完成一个工作循环。

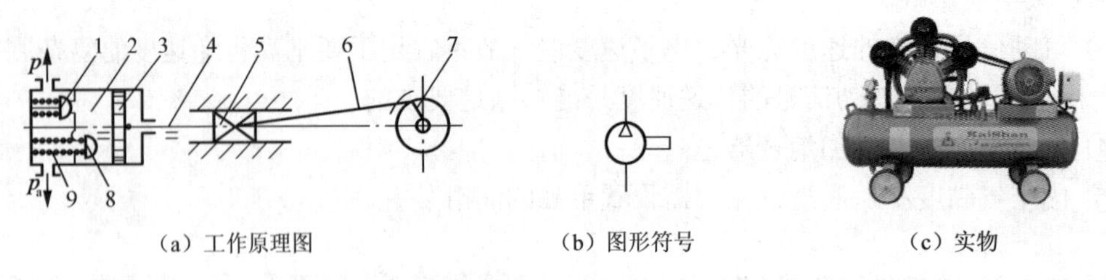

（a）工作原理图 （b）图形符号 （c）实物

1—排气阀 2—缸体 3—活塞 4—活塞杆 5—十字头 6—连杆 7—曲柄 8—吸气阀 9—弹簧

图 7-3 活塞式空压机

3. 选用原则

选用空气压缩机的根据是气压传动系统所需要的工作压力和流量两个参数。按工作压力分，第 1 种是低压空气压缩机，额定排气压力为 0.2MPa；第 2 种空气压缩机为中压空气压缩机，额定排气压力为 1MPa；第 3 种是高压空气压缩机，额定排气压力为 10MPa；第 4 种为

超高压空气压缩机，额定排气压力为 100MPa。

输出流量的选择，要根据整个气动系统对压缩空气的需要再加一定的备用余量，作为选择空气压缩机的流量依据。空气压缩机铭牌上的流量是自由空气流量。

4. 空气压缩机安全技术操作方法

① 开机前应检查空气压缩机曲轴箱内油位是否正常，各螺栓是否松动，压力表、气阀是否完好，压缩机必须安装在平稳牢固的基础上。

② 压缩机的工作压力不允许超过额定排气压力，以免超负荷运转而损坏压缩机和烧毁电动机。

③ 不要用手去触摸压缩机气缸头、缸体、排气管，以免温度过高而烫伤。

日常工作结束后，要切断电源，放掉压缩机储气罐中的压缩空气，打开储气罐下边的排污阀，放掉汽凝水和污油。

5. 空气压缩机常见故障分析

空气压缩机常见故障分析见表 7-1。

表 7-1　空气压缩机常见故障分析

现象	故障原因分析	排除对策
空气压缩机空气压力不足	1. 气压表失灵	1. 观察气压表，如果指示压力不足，可让发动机中速运转数分钟，若压力仍不见上升或上升缓慢，当踏下制动踏板时，放气声很强烈，则说明气压表损坏，这时应修复气压表
	2. 空气压缩机与发动机之间的传动皮带过松而打滑，或空气压缩机到储气罐之间的管路破裂或接头漏气	2. 如果上述试验无放气声或放气声很小，就检查空气压缩机皮带是否过松，从空气压缩机到储气罐和控制阀的进气管、接头是否有松动、破裂或漏气处
	3. 油水分离器、管路或空气滤清器沉积物过多而堵塞	3. 如果空气压缩机不向储气罐充气，检查油水分离器和空气滤清器及管路内是否污物过多而堵塞，如果堵塞，应清除污物
	4. 空气压缩机排气阀片密封不严，弹簧过软或折断，空气压缩机缸盖螺栓松动、砂眼和气缸盖衬垫冲坏而漏气	4. 经过上述检查，如果还找不到故障原因，则应进一步检查空气压缩机的排气阀是否漏气，弹簧是否过软或折断，气缸盖有无砂眼，衬垫是否损坏，根据所查找的故障更换或修复损坏零件
	5. 空气压缩机缸套与活塞及活塞环磨损过度而漏气	5. 检查空气压缩机缸套、活塞环是否过度磨损，检查卸荷阀的安装方向与标注（箭头）方向是否一致并调整
空气压缩机过热	1. 松压阀或卸荷阀不工作导致空气压缩机无休息	1. 进气卸荷时检查松压阀组件，有卡滞的应进行清洗或更换失效件。排气卸荷时检查卸荷阀，有堵塞或卡滞的要清洗修复或更换失效件
	2. 气制动系统泄漏严重导致空气压缩机无休息	2. 检查制动系统件和管路，更换故障件
	3. 运转部位供油不足及拉缸	3. 活塞与缸套之间润滑不良、间隙过小或拉缸均可导致过热，遇该情况应检查、修复或更换失效件
空气压缩机异响	1. 连杆瓦磨损严重，连杆螺栓松动，连杆衬套磨损严重，主轴磨损严重或损坏产生撞击声	1. 检查连杆瓦、连杆衬套、主轴瓦是否磨损、拉伤或烧损，连杆螺栓是否松动，检查空气压缩机主油道是否畅通；建议更换磨损严重或拉伤的轴瓦、衬套、主轴瓦，拧紧连杆螺栓（扭矩标准 35～40N·m），用压缩空气孔对准空气压缩机进油孔；疏通主油道。重新装配时，应注意主轴轴承
	2. 皮带过松，主、被动皮带轮槽形不符造成打滑产生啸叫	2. 检查主、被动皮带轮槽形是否一致，不一致请更换，并调整皮带松紧度（用拇指压下皮带，压下皮带距离以 10mm 为宜）

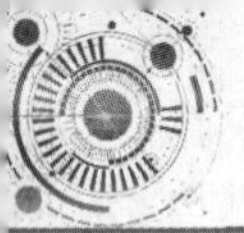

续表

现象	故障原因分析	排除对策
空气压缩机异响	3. 空气压缩机运行后没有立即供油，金属干摩擦产生啸叫	3．检查润滑油进油压力，机油管路是否破损、堵塞，压力不足应立即调整、清理、更换失效管路；检查润滑油的油质及杂质含量，与使用标准比较，超标时应立即更换；检查空气压缩机是否供油，若无供油应立即进行全面检查
	4．固定螺栓松动	4．检查空气压缩机固定螺栓是否松动并给予紧固
	5．紧固齿轮螺母松动，造成齿隙过大而产生敲击声	5. 齿轮传动的空气压缩机还应检查齿轮是否松动或齿轮的安装配合情况，螺母松动的拧紧螺母，配合有问题的应予更换
	6．活塞顶有异物	6．清除异物
空气压缩机烧瓦	1．润滑油变质或杂质过多	1．检查润滑油的油质及杂质含量，与使用标准比较，超标时应立即更换
	2．供油不足或无供油	2. 检查空气压缩机润滑油进油压力，机油管路是否破损、堵塞，压力不足应立即调整、清理或更换失效管路
	3．轴瓦移位使空气压缩机内部油路阻断	3．检查轴瓦安装位置，轴瓦油孔与箱体油孔必须对齐
	4．轴瓦与连杆瓦拉伤或配合间隙过小	4. 检查轴瓦或连杆瓦是否烧损或拉伤，清理更换瓦片时检查曲轴径是否损伤或磨损，超标时应更换，检查并调整轴瓦间隙
空气压缩机漏油	1．油封脱落或油封缺陷漏油	1．油封部位，检查油封是否有龟裂、内唇口有无开裂或翻边，有上述情况之一的应更换；检查油封与主轴接合面是否有划伤与缺陷，存在划伤与缺陷的应予更换；检查回油是否畅通，回油不畅使曲轴箱压力过高导致油封漏油或脱落，必须保证回油管最小管径，并且不扭曲、不折弯，回油顺畅；检查油封、箱体配合尺寸，不符合标准的予以更换
	2．主轴松动导致油封漏油	2．用力搬动主轴，检查径向间隙是否过大，间隙过大应同时更换轴瓦及油封
	3．接合面渗漏，进、回油管接头松动	3．检查各接合部密封垫密封情况，修复或更换密封垫；检查进、回油接头螺栓及箱体螺纹并拧紧
	4．皮带安装过紧导致主轴瓦磨损	4．检查并重新调整皮带松紧程度，拇指按下 10mm 为宜
	5．铸造或加工缺陷	5. 检查箱体铸造或加工中存在的缺陷（如箱体安装处回油孔是否畅通），修复或更换缺陷件
空气压缩机不打气	1．空气压缩机松压阀卡滞，阀片变形或断裂	1. 检查松压阀组件，清洗、更换失效件，拆检缸盖，检查阀片，更换变形、断裂的阀片
	2．进、排气口积碳过多	2．拆检缸盖，清理阀座板、阀片

7.2.2 气动辅助元件

气动辅助元件分为气源净化装置和其他辅助元件两大类。

1．气源净化装置

压缩空气净化装置一般包括后冷却器、油水分离器、储气罐、干燥器、过滤器等。

（1）后冷却器

后冷却器安装在空气压缩机出口处的管道上。它的作用是将空气压缩机排出的压缩空气温度由 140～170℃降至 40～50℃。这样就可以使压缩空气中的油雾和水汽迅速达到饱和，使其大部分析出并凝结成油滴和水滴，以便经油水分离器排出。后冷却器的结构形式有蛇形管

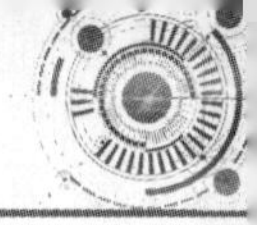

式、列管式、散热片式、管套式。

后冷却器的冷却方式有水冷和风冷两种方式。

① 风冷式后冷却器。图 7-4（a）所示为风冷式后冷却器，其工作原理是压缩空气通过一束束管道，由风扇产生的冷空气，强迫吹向管道，冷热空气在管道壁面进行热交换，被冷却的压缩空气输出口温度大约比室温高 15℃。风冷式后冷却器能将压缩机产生的高温压缩空气冷却到 40℃以下，能有效除去空气中的水分。它具有结构紧凑、重量轻、安装空间小、便于维修、运行成本低等优点，但处理气量较少。

② 水冷式后冷却器。图 7-4（b）所示为水冷式后冷却器，其工作原理是压缩空气在管内流动，冷却水在管外水套中流动，在管道壁面进行热交换。水冷式后冷却器出口空气温度约比冷却水的温度高 10℃。水冷式后冷却器散热面积比风冷式大许多倍，热交换均匀，分水效率高。它具有结构简单、使用和维修方便的优点，使用较广泛。

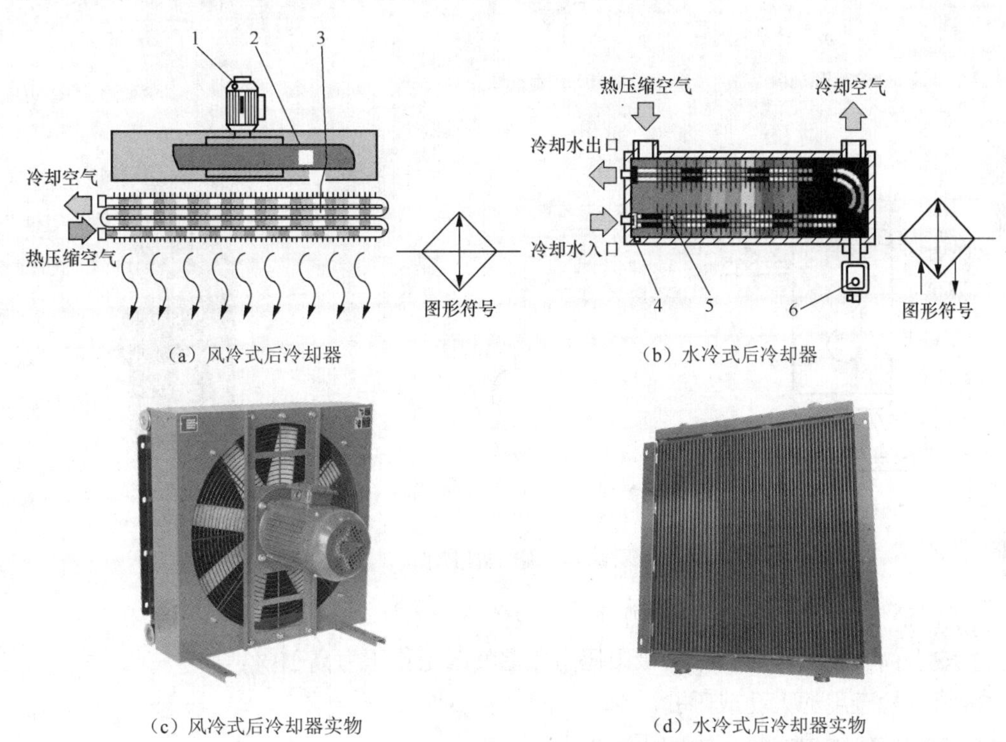

（a）风冷式后冷却器　（b）水冷式后冷却器

（c）风冷式后冷却器实物　（d）水冷式后冷却器实物

1—风扇电动机　2—风扇　3—热交换器　4—外壳　5—冷却水管　6—自动排水器

图 7-4　后冷却器

（2）油水分离器（除油器）

油水分离器（见图 7-5）安装在后冷却器出口管道上，它的作用是分离并排出压缩空气中凝聚的油分、水分和灰尘杂质等，使压缩空气得到初步净化。

（3）储气罐

储气罐的作用是储存一定体积的压缩空气；消除压力波动，保证输出气流的连续性；调节用气量或以备发生故障和临时需要应急使用；进一步分离压缩空气中的水分和油分。对于活塞式空压机，应考虑在压缩机和后冷却器之间安装缓冲气罐，以消除空压机输出压力的脉动，保护后冷却器；而螺杆式空压机，输出压力比较平稳，一般不必加缓冲气罐。

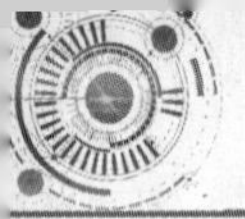

一般气动系统中的储气罐多为立式，它用钢板焊接而成，并装有放泄过剩压力的安全阀、指示罐内压力的压力表和排放冷凝水的排水阀，如图 7-6 所示。

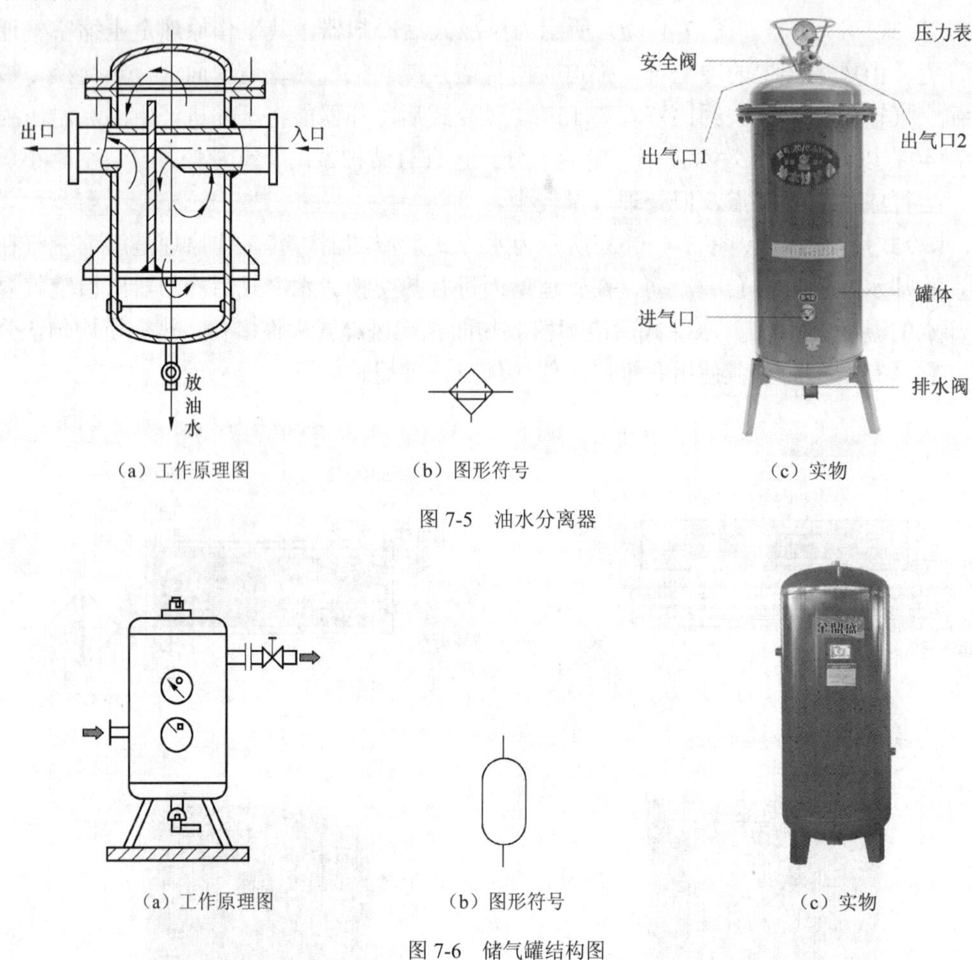

（a）工作原理图 （b）图形符号 （c）实物

图 7-5 油水分离器

（a）工作原理图 （b）图形符号 （c）实物

图 7-6 储气罐结构图

为了保证储气罐的安全及维修方便，应设置下列附件。

① 安全阀。使用时应调整其极限压力比储气罐工作压力高 10%。

② 清理检查用的人孔或手孔。

③ 指示储气罐内空气压力的压力表。

④ 储气罐底部应有用于排放油水等污染物的接管和阀门。

⑤ 储气罐空气进出口应装有闸阀。

（4）空气干燥器

空气干燥器的作用是除去压缩空气中的水分，得到干燥空气。它在气动元件中属于大型、高价元件。

压缩空气中的水分除了会对气动元件和配管产生腐蚀外，对油漆、电镀和塑料制品表面的变质，气泡的产生，润滑油的稀释，化学药品和食品的污染等也有很大的影响。因此在气源净化处理上，水分是应该与油分、灰尘同等考虑的重要因素之一。在考虑气源净化时，应尽量安装空气干燥器。

根据除去水分的方法不同，工业上常用的空气干燥器有冷冻式干燥器、吸附式干燥器和

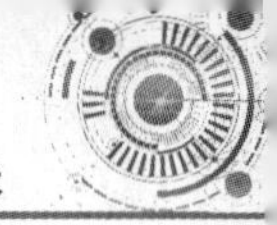

高分子隔膜式干燥器。

冷冻式干燥器的工作原理如图 7-7（a）所示，最初进入空气干燥器的是潮湿空气，先在热交换器中靠已除湿的干燥冷空气预冷却。然后进入冷却装置，被制冷剂冷却到 2～5℃以除湿。最后，冷凝变成的水滴被分水排水器排走，而除湿后的冷空气进入热交换器，被入口进来的暖空气加热，其湿度降低后由出口输出。

冷冻式干燥器的工作原理

吸附式干燥器的工作原理如图 7-8（a）所示，它有两个填满吸附剂的相同容器。潮湿空气从一个吸附筒的上部流到下部，水分被吸附剂吸收而得到干燥；另一个吸附筒此时接通鼓风机，用加热器产生的热风把饱和的吸附剂中的水分带走并排放入大气，使吸附剂再生。两个吸附筒定期交换工作（5～10min）使吸附剂吸水和再生，这样可得到连续输出的干燥压缩空气。

吸附式干燥器的工作原理

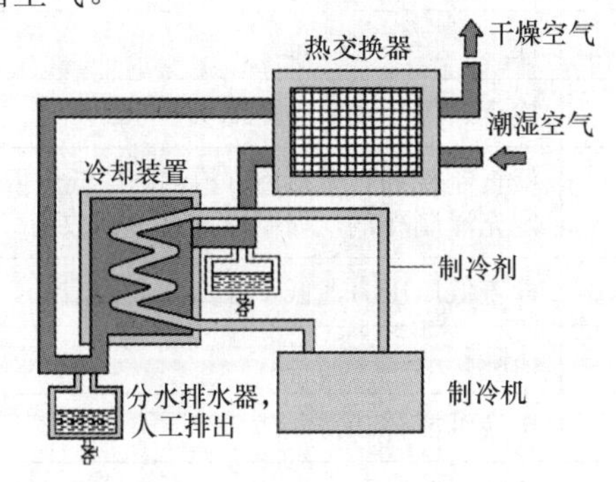

（a）工作原理图

（b）实物

图 7-7　冷冻式干燥器

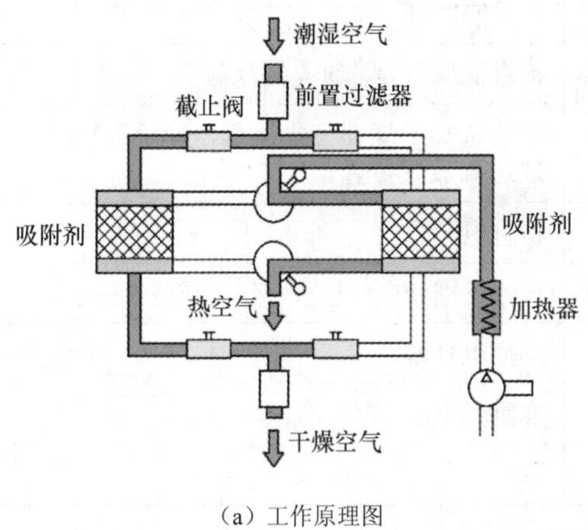

（a）工作原理图

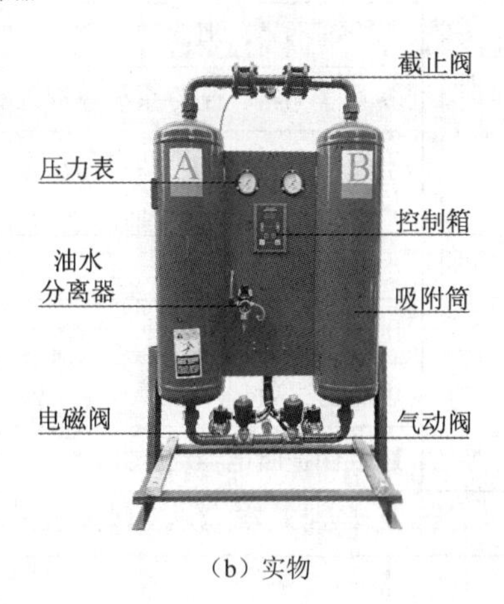

（b）实物

图 7-8　吸附式干燥器

选择空气干燥器的基本原则如下。

① 使用空气干燥器时，必须确定气动系统的露点温度，然后才能确定选用干燥器的类型和使用的吸附剂等。

② 决定干燥器的容量时，应注意整个气动系统所需流量大小以及输入压力、输入端的空气温度。

③ 若用有油润滑的空气压缩机作气压发生装置，须注意，压缩空气中混有油粒子，油能黏附于吸附剂的表面，使吸附剂吸附水蒸气能力降低，对于这种情况，应在空气入口处设置除油装置。

④ 干燥器无自动排水器时，需要定期手动排水，否则一旦混入大量冷凝水后，干燥器的干燥能力会降低，影响压缩空气的质量。

冷冻式干燥器常见故障分析见表7-2。

表7-2 冷冻式干燥器常见故障分析

现象	故障原因分析	对策
干燥器无法启动	电源断电或熔丝熔断	检查电源是否正常，更换熔丝
	控制开关失效	检查、更换开关
	电源电压低	检查原因，排除电源故障
	风扇电动机烧毁	检查、更换电动机
	压缩机卡住或电动机烧毁	检查、修复或更换压缩机
干燥器运转，但不制冷	制冷剂严重不足或过量	检查制冷剂有无泄漏，检测高、低压压力，按规定充灌制冷剂，如制冷剂过多则放出
	蒸发器冻结	检查低压压力，低于0.2MPa会结冰
	蒸发器、冷凝器积灰太多	清除积灰
	风扇轴或传动带打滑	更换轴或传动带
	风冷却器积灰太多	清除积灰
干燥器运转，制冷不足，干燥效果不好	电源电压不足	检查电源
	制冷剂不足、泄漏	补足制冷剂
	蒸发器冻结、制冷系统内混入其他气体	检查低压压力，重充制冷剂
	干燥器空气流量不匹配，进气温度过高，放置位置不当	正确选择干燥器空气流量，降低进气温度，合理选择放置位置
压缩机不运转，风扇运转	电源电压太低	检查电源
	压缩机本身故障	进行机械和电气检查，修复或更换压缩机
	电容器失效	更换电容器
	过载保护断电器动作	修复或更换
噪声大	机件安装不紧或风扇松脱	紧固

（5）过滤器

过滤器的作用是进一步滤除压缩空气中的杂质。常用的过滤器有一次过滤器（也称简易过滤器，滤灰效率为50%～70%）和二次过滤器（滤灰效率为70%～99%）。

一次过滤器的工作原理

图7-9所示为一次过滤器结构图。气流由切线方向进入筒内，在离心力的作用下分离出液滴，然后气体由下而上通过多片钢板、毛毡、硅胶、焦炭、滤网等过滤吸附材料，干燥。

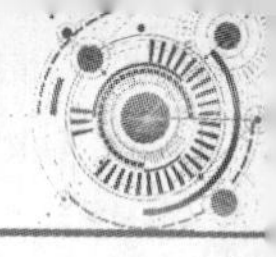

图 7-10 所示为普通分水滤气器结构图。分水滤气器滤灰能力较强，属于二次过滤器。

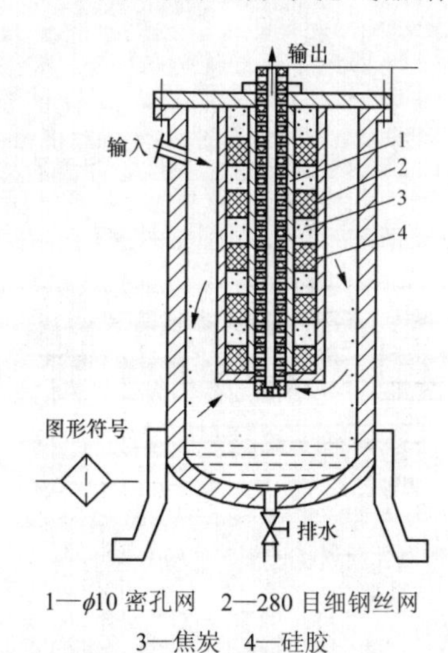

1—ϕ10 密孔网　2—280 目细钢丝网
3—焦炭　4—硅胶

图 7-9　一次过滤器结构图

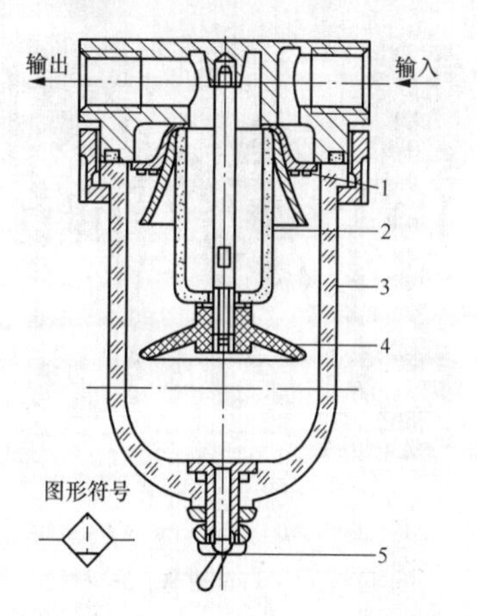

1—旋风叶子　2—滤芯　3—存水杯
4—挡水板　5—手动排水阀

图 7-10　普通分水滤气器结构图

空气过滤器常见故障分析见表 7-3。

表 7-3　空气过滤器常见故障分析

现象	故障原因分析	对策
漏气	密封不良	更换密封件
	排水阀、自动排水器失灵	修理或更换
压降过大	通过流量太大	选更大规格过滤器
	滤芯过滤精度过高	选合适过滤器
水杯破裂	在有机溶剂中使用	选用金属杯
	空压机输出某种焦油	更换空压机润滑油，使用金属杯
从输出端流出冷凝水	未及时排放冷凝水	每天排水或安装自动排水器
	自动排水器有故障	修理或更换
	超过使用流量范围	在允许的流量范围内使用
输出端出现异物	滤芯破损	更换滤芯
	滤芯密封不严	更换滤芯密封垫
	错用有机溶剂清洗滤芯	改用清洁热水或煤油清洗

（6）油雾器

油雾器是一种特殊的注油装置。它以空气为动力，使润滑油雾化后，注入空气流中，并随空气进入需要润滑的部件，达到润滑的目的。油雾器常和减压阀、过滤器安装在一起配套使用，称为气源三联件，如图 7-11 所示，是气动系统不可缺少的辅助元件；减压阀可对气源进行稳压、调压，过滤器用于对压缩空气的清洁，油雾器可对机体运动部件进行润滑，可以对不方便加润滑油的部件进行润滑，大大延长机体的使用寿命。油雾器常见故障分析见表 7-4。

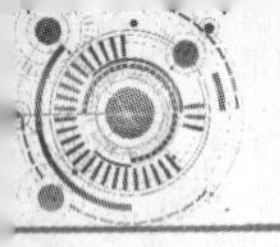

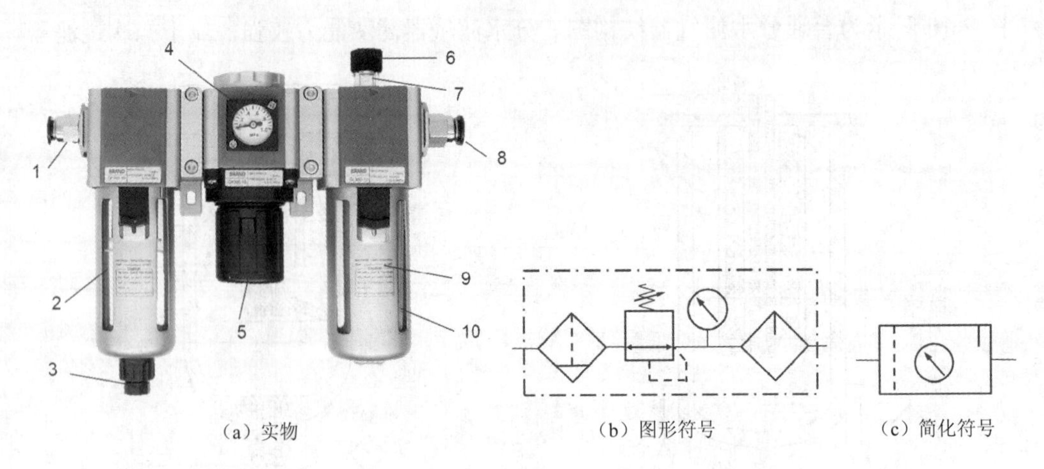

（a）实物　（b）图形符号　（c）简化符号

1—进气孔　2—过滤器　3—排污口　4—压力表　5—减压阀　6—油雾调节阀　7—流量观察窗
8—出气孔　9—杯防护罩　10—油雾器

图 7-11　气源三联件

表 7-4　油雾器常见故障分析

现象	故障原因分析	对策
不滴油或滴油量太少	油雾器装反	改正
	油道堵塞，节流阀未开启或开度不够	修理或更换，调节节流阀开度
	通过油量小，压差不足以形成油滴	更换合适规格的油雾器
	油黏度太大	换油
	气流短时间间隙流动，来不及滴油	使用强制给油方式
耗油过多	节流阀开度太大	调至合理开度
	节流阀失效	更换
油杯破损	在有机溶剂的环境中使用	选用金属杯
	空压机输出某种焦油	换空压机润滑油，使用金属杯
漏气	油杯或观察窗破损	更换油杯或观察窗
	密封不良	更换密封件

2. 其他辅助元件

（1）消声器

在气压传动系统中，气缸、气阀等元件工作时，排气速度较高，气体急剧膨胀，会产生刺耳的噪声，噪声的强弱随排气的速度、排量和空气通道的形状而变化。

消声器就是通过阻尼或增加排气面积来降低排气速度和功率，从而降低噪声的。

气动元件使用的消声器一般有三种类型，吸收型消声器、膨胀干涉型消声器和膨胀干涉吸收型消声器，常用的是吸收型消声器。

（2）管道连接件

管道连接件包括管子和各种管接头。有了管子和各种管接头，才能把气动控制元件、气动执行元件以及辅助元件等连接成一个完整的气动控制系统。因此，实际应用中，管道连接件是不可缺少的。

管子可分为硬管和软管两种。在一些固定不动的、不需要经常装拆的地方，使用硬管。连接运动部件和临时使用、希望装拆方便的管路应使用软管。硬管有铁管、钢管、黄铜管、紫铜管和硬塑料管等；软管有塑料管、尼龙管、橡胶管、金属编织塑料管以及挠性金属导管等。常用的是紫铜管和尼龙管。

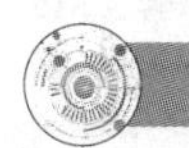

7.3　气动执行元件

气动系统常用的执行元件为气缸和气动马达。气缸用于实现直线往复运动，输出力和直线位移。气动马达用于实现连续回转运动，输出力矩和角位移。

7.3.1　气缸

1. 气缸的分类

气缸主要由缸筒、活塞杆、前后端盖及密封件等组成，图 7-12 所示为普通气缸。

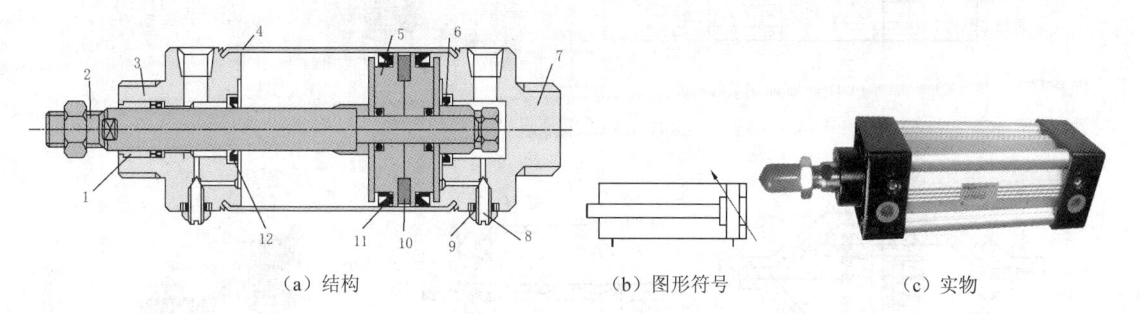

（a）结构　　（b）图形符号　　（c）实物

1—含油滑动轴套　2—活塞杆　3—活塞杆盖　4—缸筒　5—活塞　6、9、12—缓冲密封垫　7—尾部罩壳
8—缓冲针阀　10—磁石　11—活塞密封

图 7-12　普通气缸

气缸的种类很多，分类的方法也不同，一般可按压缩空气作用在活塞端面上的方向、结构特征和安装形式来分类。按结构可将气缸分为图 7-13 所示的几类。

大多数气缸的工作原理与液压缸相同，以下介绍几种具有特殊用途的气缸。

（1）气液阻尼缸

普通气缸工作时，由于气体的压缩性，当外部载荷变化较大时，会产生“爬行”或“自走”现象，使气缸的工作不稳定。为了使气缸运动平稳，普遍采用气液阻尼缸。

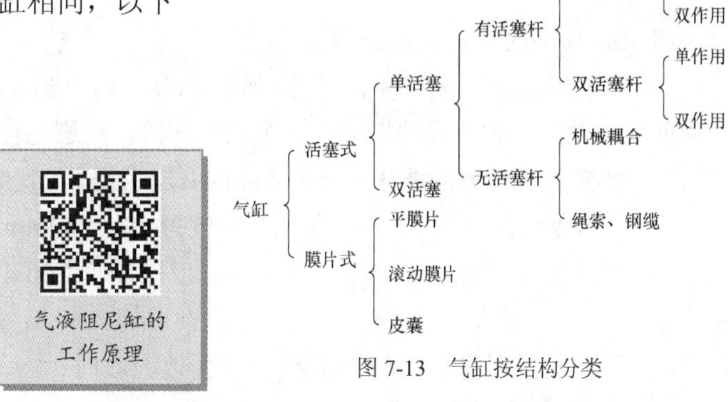

图 7-13　气缸按结构分类

气液阻尼缸由气液缸组合而成，它的工作原理如图 7-14 所示。它是以压缩空气为能源，并利用油液的不可压缩性和控制油液排量来获得活塞的平衡运动并调节活塞的运动速度的。

（2）薄膜式气缸

薄膜式气缸是一种利用膜片在压缩空气作用下产生变形来推动活塞杆做直线运动的气缸。图 7-15 所示为薄膜式气缸结构简图。它可以是单作用的，也可以是双作用的。

薄膜式气缸与活塞式气缸相比较，具有结构紧凑、简单，成本低，维修方便，寿命长和效率高等优点。但因膜片的变形量有限，其行程较短，一般不超过 50mm，且气缸活塞上的输出力随行程的加大而减小，因此它的应用范围受到一定限制，适用于气动夹具、自动调节阀及短行程工作场合。

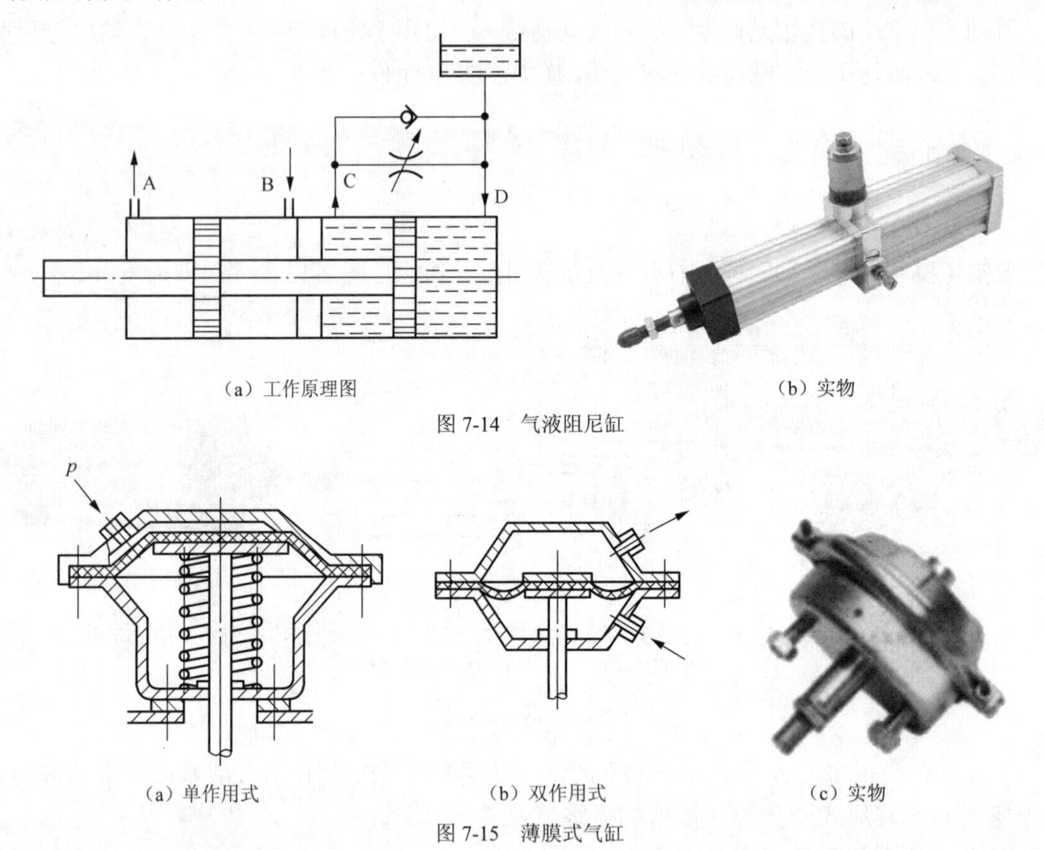

（a）工作原理图　（b）实物

图 7-14　气液阻尼缸

（a）单作用式　（b）双作用式　（c）实物

图 7-15　薄膜式气缸

2. 气缸的使用

气缸在使用时应注意以下几点。

① 要使用清洁干燥的压缩空气，连接前配管内应充分清洗；安装耳环式或耳轴式气缸时，应保证气缸的摆动和负载的摆动在一个水平面内，应避免在活塞杆上施加横向负载和偏心负载。

② 根据工作任务的要求，选择气缸的结构形式、安装方式并确定活塞杆的推力和拉力。

③ 一般不使用满行程，而其行程余量为 30～100mm。

④ 气缸工作推荐速度在 0.5～1m/s，工作压力为 0.4～0.6MPa，环境温度为 5～60℃范围内。

⑤ 气缸运行到终端运动能量不能完全被吸收时，应设计缓冲回路或增设缓冲机构。

3. 气缸常见故障分析（见表 7-5）

表 7-5　气缸常见故障分析

现象		故障原因分析	对策
外泄漏	活塞杆端漏气	活塞杆安装偏心	重新安装调整，使活塞杆不受偏心负荷和横向负荷
		润滑油供应不足	检查油雾器是否失灵
		活塞杆密封圈磨损	更换密封圈
		活塞杆轴承配合面有杂质	清洗除去杂质，安装更换防尘罩
		活塞杆有伤痕	更换活塞杆
	缸筒与缸盖间漏气	密封圈损坏	更换密封圈
	缓冲调节处漏气	密封圈损坏	更换密封圈
内泄漏	活塞两端串气	活塞密封圈损坏	更换密封圈
		润滑不良	检查油雾器是否失灵
		活塞被卡住、活塞配合面有缺陷	重新安装调整，使活塞杆不受偏心负荷和横向负荷
		杂质挤入密封面	除去杂质，采用净化压缩空气
输出力不足 动作不平稳		润滑不良	检查油雾器是否失灵
		活塞或活塞杆卡住	重新安装调整，消除偏心负荷、横向负荷
		供气流量不足	加大连接或管接头口径
		有冷凝水杂质	注意用净化干燥压缩空气，防止水凝结
缓冲效果不良		缓冲密封圈磨损	更换密封圈
		调节螺钉损坏	更换调节螺钉
		气缸速度太快	注意缓冲机构是否合适
损伤	活塞杆损坏	有偏心负荷、横向负荷	消除偏心负荷、横向负荷
		活塞杆受冲击负荷	冲击不能加在活塞杆上
		气缸的速度太快	设置缓冲装置
	缸盖损坏	缓冲机构不起作用	在外部或回路中设置缓冲机构

7.3.2　气动马达

气动马达是将压缩空气的压力能转换成旋转的机械能的装置。气动马达有叶片式、活塞式、齿轮式等多种类型，在气压传动中使用最广泛的是叶片式气动马达和活塞式气动马达。

叶片式气动马达的工作原理

图 7-16 所示为叶片式气动马达。叶片式气动马达一般有 3～10 个叶片，它们可以在转子的径向槽内活动。转子和输出轴固连在一起，装入偏心的定

子中。压缩空气从 A 口进入定子腔内，一部分进入叶片底部，将叶片推出，使叶片在气压推力和离心力综合作用下，抵在定子内壁上；另一部分进入密封工作腔，作用在叶片的外伸部分，产生力矩。由于叶片外伸面积不等，因此转子受到不平衡力矩而逆时针旋转。做功后的气体由定子孔 C 排出，剩余气体经孔 B 排出。改变压缩空气输入进气孔（B 进气），马达则反向旋转。

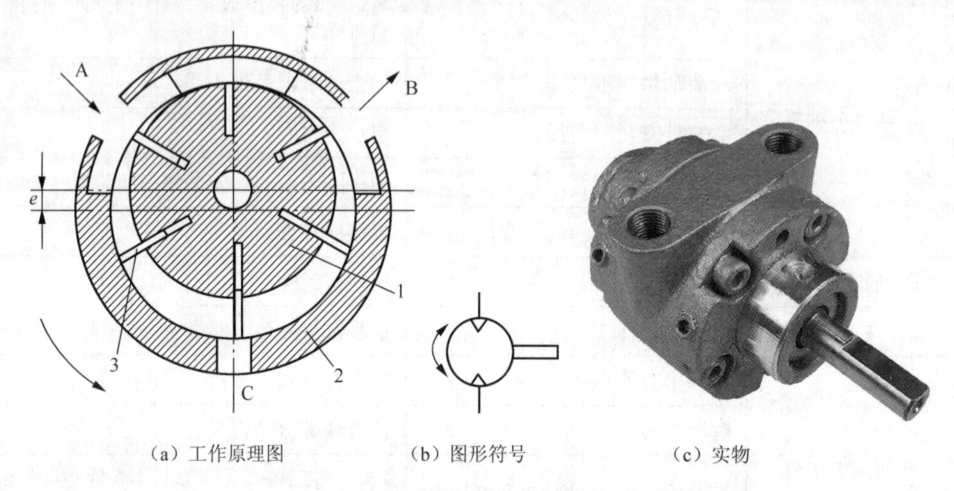

（a）工作原理图　　（b）图形符号　　（c）实物

1—转子　2—定子　3—叶片

图 7-16　叶片式气动马达

叶片式气动马达常见故障分析及排除方法见表 7-6。

表 7-6　叶片式气动马达常见故障分析及排除方法

现象		故障原因分析	对策
输出功率明显下降	叶片严重磨损	断油或供油不足	检查供油器，保证润滑
		空气不净	净化空气
		长期使用	更换叶片
	前、后气盖磨损严重	轴承磨损，转子轴向窜动	更换轴承
		衬套选择不当	更换衬套
	定子内孔纵向波浪槽	泥沙进入定子	更换、修复定子
		长期使用	
	叶片折断	转子叶片槽喇叭口太大	更换转子
	叶片卡死	叶片槽间隙不当或变形	更换叶片

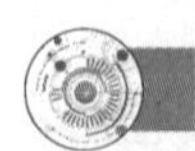 7.4　气动控制元件

气动控制元件是在气动系统中控制气流的压力、流量、方向和发送信号的元件，利用它们可以组成具有特定功能的控制回路，使气动执行元件或控制系统能够实现规定程序并正常工作。气动控制元件的功用、工作原理等和液压控制元件相似，仅在结构上有差异。本节主要介绍各种气动控制元件的结构和工作原理。

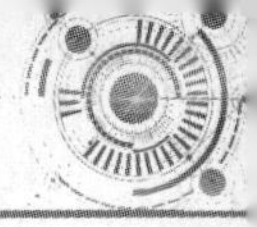

7.4.1　方向控制阀

气动方向控制阀和液压方向控制阀相似，按其作用特点可分为单向型和换向型两种，其阀芯结构主要有截止式和滑阀式。

1. 单向型

单向型控制阀包括单向阀、或门型梭阀、与门型梭阀和快速排气阀。

（1）或门型梭阀

在气压传动系统中，当两个通路 P_1 和 P_2 都可与另一通路 A 相通，但 P_1 与 P_2 不相通，即 P_1 和 P_2 中的任一个有信号输入，A 都有输出时，就要用或门型梭阀，如图 7-17 所示。

如图 7-17（a）所示，当 P_1 进气时，将阀芯推向右边，通路 P_2 被关闭，于是气流从 P_1 进入通路 A。反之，气流则从 P_2 进入 A，如图 7-17（b）所示。当 P_1、P_2 同时进气时，哪端压力高，A 就与哪端相通，另一端就自动关闭。图 7-17（c）所示为该阀的图形符号。

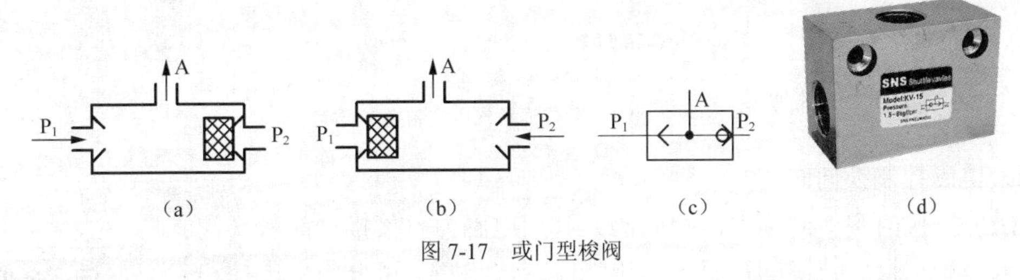

（a）　（b）　（c）　（d）

图 7-17　或门型梭阀

（2）与门型梭阀（双压阀）

与门型梭阀又称双压阀，该阀只有当两个输入口 P_1、P_2 同时进气时，A 口才能输出。图 7-18 所示为与门型梭阀。

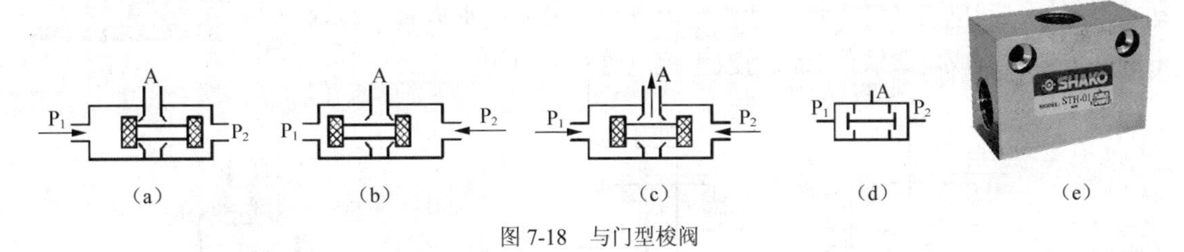

（a）　（b）　（c）　（d）　（e）

图 7-18　与门型梭阀

（3）快速排气阀

快速排气阀又称快排阀，它是为加快气缸运动作快速排气用的。图 7-19 所示为膜片式快速排气阀。

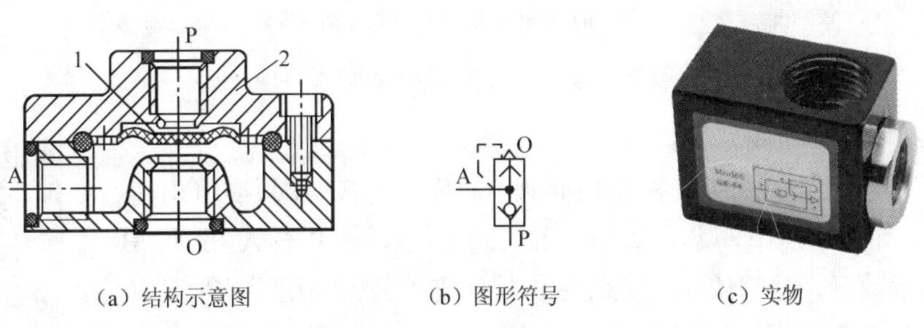

（a）结构示意图　（b）图形符号　（c）实物

1—膜片　2—阀体

图 7-19　膜片式快速排气阀

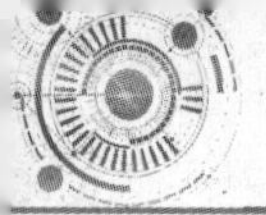

2. 换向型控制阀

（1）气压控制换向阀

气压控制换向阀（简称气控换向阀）利用空气的压力与弹簧力相平衡的原理来进行控制。图 7-20（a）所示为没有控制信号 K 时的状态，在弹簧及 P 腔压力作用下，阀芯位于上端，阀处于排气状态，A 与 O 相通，P 不通。当输入控制信号 K 时，如图 7-20（b）所示，阀芯下移，打开阀口使 A 与 P 相通，O 不通。

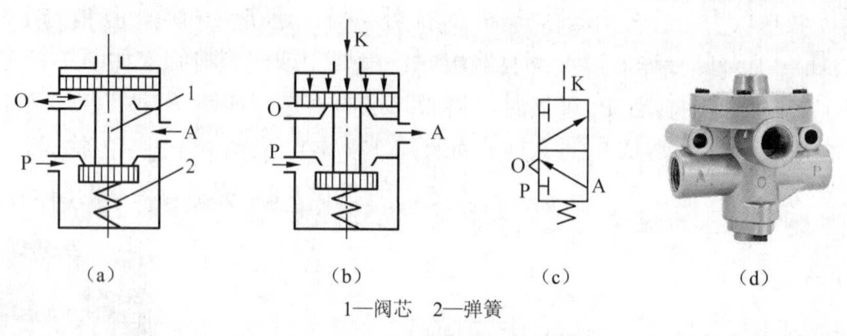

1—阀芯　2—弹簧

图 7-20　二位三通单气压控制换向阀

（2）电磁控制换向阀

电磁控制换向阀（简称电磁换向阀）利用电磁力直接推动阀杆（阀芯）换向，根据操纵线圈的数目——单线圈或双线圈，可分为单电控和双电控两种。图 7-21 所示为二位三通单电控电磁控制换向阀工作原理图。电磁线圈未通电时，P、A 断开，A、T 相通；通电时，电磁力通过阀杆推动阀芯向下移动，使 P、A 接通，T 与 P 断开。这种阀阀芯的移动靠电磁铁，回位靠弹簧，换向冲击较大，故一般制成小型阀。若将阀中的回位弹簧改成电磁铁，就成为双电控电磁式换向阀。

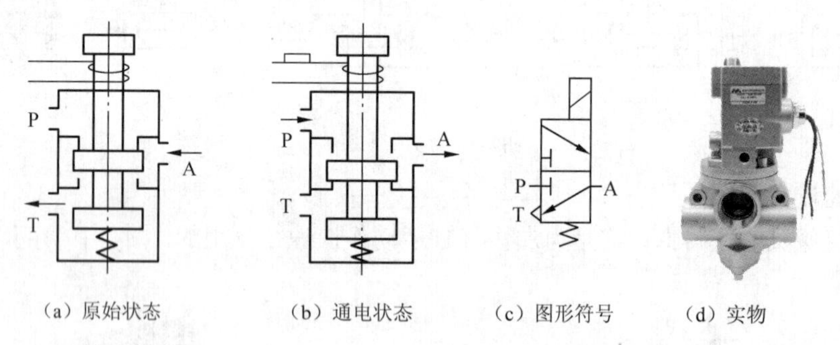

（a）原始状态　（b）通电状态　（c）图形符号　（d）实物

图 7-21　二位三通单电控电磁控制换向阀

（3）手动控制换向阀

图 7-22 所示为推拉式手动控制换向阀（简称手动换向阀）的工作原理和实物图。如用手压下阀芯，如图 7-22（a）所示，则 P 与 A 相通、B 与 T_2 相通。手放开，而阀依靠定位装置保持状态不变。当用手将阀芯拉出时，如图 7-22（b）所示，则 P 与 B 相通、A 与 T_1 相通，气路改变，并能维持该状态不变。

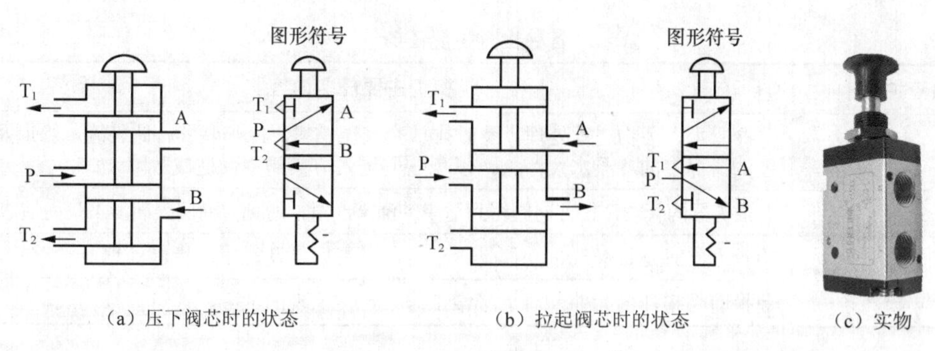

（a）压下阀芯时的状态　（b）拉起阀芯时的状态　（c）实物

图 7-22　推拉式手动控制换向阀

（4）机械控制换向阀

机械控制换向阀又称行程阀，多用于行程程序控制，作为信号阀使用。常依靠凸轮、挡块或其他机械外力推动阀芯，使阀换向。

图 7-23 所示为机械控制换向阀的一种结构形式。当机械凸轮或挡块直接与滚轮 1 接触后，通过杠杆 2 使阀芯 5 换向。其优点是减少了顶杆 3 所受的侧向力；同时，通过杠杆传力也减少了外部的机械压力。

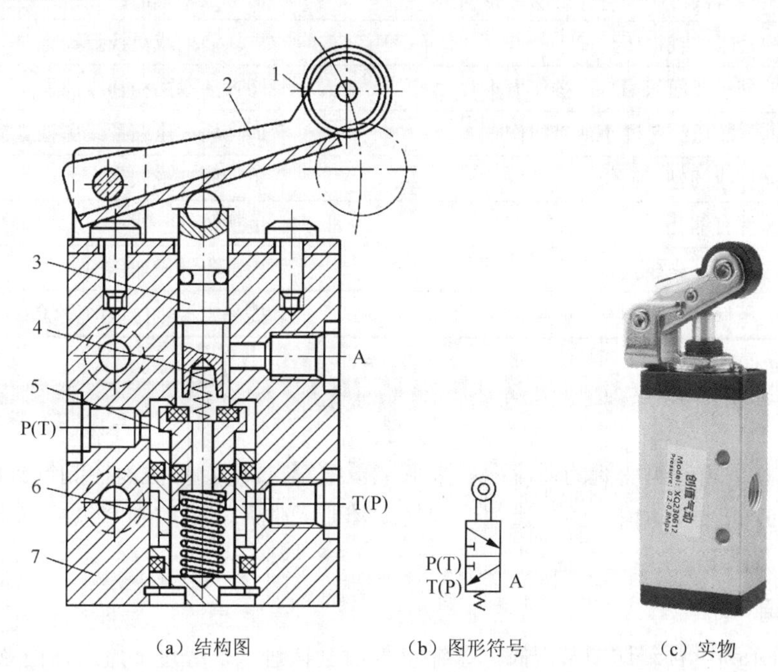

（a）结构图　（b）图形符号　（c）实物

1—滚轮　2—杠杆　3—顶杆　4、6—弹簧　5—阀芯　7—阀体

图 7-23　机械控制换向阀

3. 方向阀的维护与常见故障分析

方向阀在使用过程中应注意日常保养和检修。这不仅是防止发生事故和故障的有力措施，而且是延长元件使用寿命的必要条件。

日常保养和检修一般分日检、周检、季检和年检等几个级别的检修，各种检查主要任务见表 7-7。

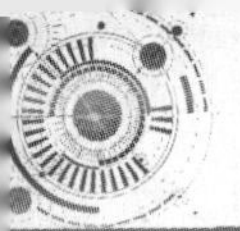

表 7-7　　各种检查主要任务

检查种类	检查主要任务内容
日检	对冷凝水、污物进行处理，及时排放空气压缩机、冷却装置、储气罐、管道及空气过滤器等中的冷凝水及污物，以免它们进入方向阀中而造成故障
周检	对油雾器的管理，使方向阀得到适中的油雾润滑，避免方向阀因润滑不良而造成故障
季检	检查方向阀是否漏气、动作是否正常，发现问题及时采取措施处理
年检	更换即将损坏的元件，对于平常工作中经常出现的故障，通过大修彻底解决

方向阀的故障现象主要表现为动作不良和泄漏。其原因主要是压缩空气中有冷凝水、混入尘埃、有铁锈、润滑不良、密封圈质量差异等，见表 7-8。

表 7-8　　方向阀的常见故障分析

现象	故障原因分析	对策
阀不能换向	润滑不良，滑动阻力和始动摩擦力大	改善润滑
	密封圈压缩量大或膨胀变形	适当减小密封圈压缩量，改进配合
	尘埃或油污等被卡在滑动部分或阀座上	消除尘埃或油污
	弹簧卡住或损坏	重新装配或更换弹簧
	控制活塞面积偏小，操作力不够	增大活塞面积和摩擦力
阀泄漏	密封圈压缩量过小或有损伤	适当增大压缩量或更换受损的密封圈
	阀杆或阀座有损伤	更换阀杆或阀座
	铸件有缩孔	更换铸件
阀产生振动	压力低（先导式）	提高先导操作压力
	电压低（电磁阀）	提高电源电压或改变线圈参数

7.4.2　流量控制阀

流量控制阀是通过改变阀的通流面积来调节压缩空气的流量，进而控制气缸的运动速度、换向阀的切换时间和气动信号的传递速度的气动控制元件。流量控制阀包括节流阀、单向节流阀、排气节流阀等。

1．节流阀

图 7-24 所示为圆柱斜切型节流阀。压缩空气由 P 口进入，经过节流后，由 A 口流出。旋转阀芯螺杆可改变节流口的开度大小。由于这种节流阀的结构简单，体积小，故应用范围较广。

2．流量控制阀的使用

气动执行器的速度控制有进口节流和出口节流两种方式。出口节流由于背压作用，比进口节流速度稳定，动作可靠。只有少数场合才采用进口节流来控制气动执行器的速度，如气缸推举重物等。

用流量控制阀控制气缸的速度比较平稳，但由于空气具有可压缩性，故气压控制比液压困难，一般气缸的运动速度不得低于 30mm/s。

在气缸的速度控制中，若能充分注意以下各点，则在多数场合可以达到目的。

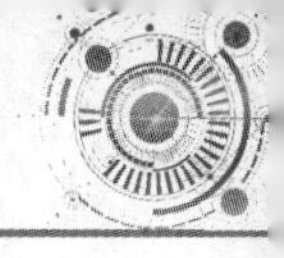

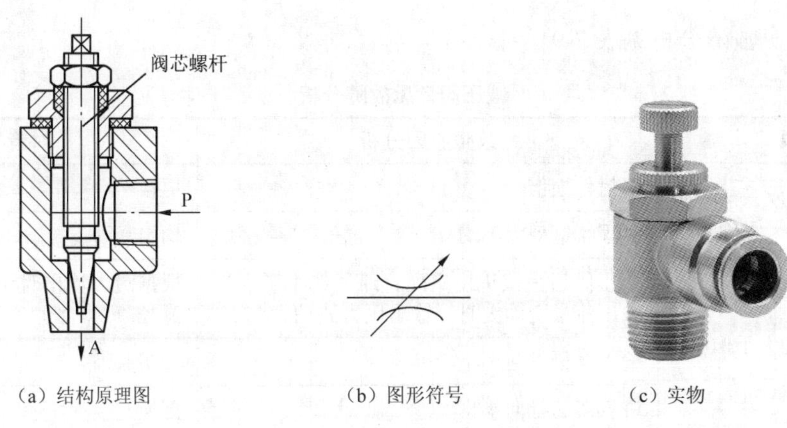

（a）结构原理图　　（b）图形符号　　（c）实物

图 7-24　圆柱斜切型节流阀

① 彻底防止管路中的气体泄漏，包括各元件连接处的泄漏。

② 要注意减小气缸运动的摩擦阻力，以保持气缸运动的平衡。

③ 加在气缸活塞杆上的载荷必须稳定。若载荷在行程中有变化，则其速度控制相当困难，甚至不可能。在不能消除变化的情况下，必须借助液压传动。

④ 流量控制阀应尽量靠近气缸等执行器安装。

7.4.3　压力控制阀

气动压力控制阀主要有减压阀、溢流阀和顺序阀。

（1）减压阀（调压阀）

图 7-25 所示为减压阀的结构图、图形符号及实物图。减压阀的作用是将较高的输入压力调整到系统需要的低于输入压力的调定压力，并能保持输出压力稳定，不受输出空气流量变化和气源压力波动的影响。

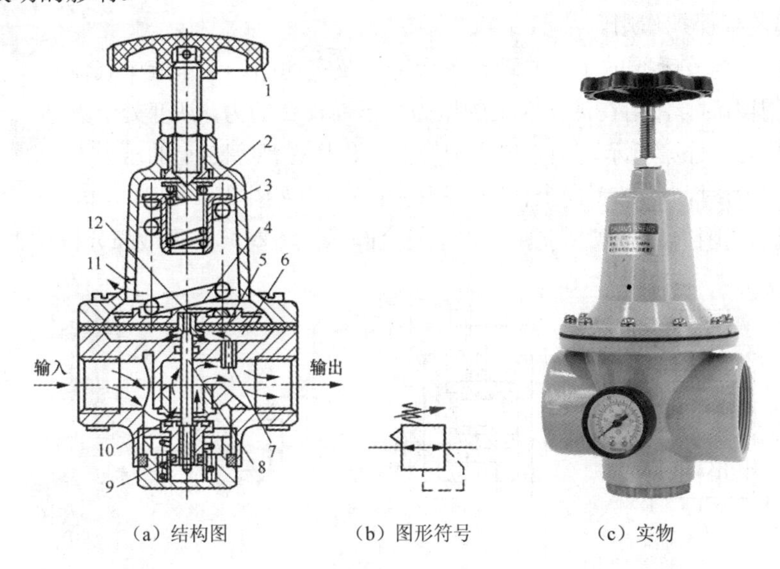

（a）结构图　　（b）图形符号　　（c）实物

1—旋钮　2、3—弹簧　4—溢流阀座　5—膜片　6—膜片气室　7—阻尼管
8—阀芯　9—回位弹簧　10—进气阀口　11—排气孔　12—溢流孔

图 7-25　减压阀

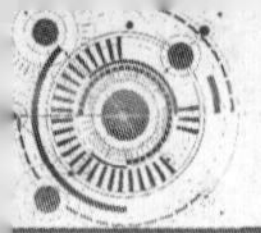

减压阀常见故障分析见表 7-9。

表 7-9　　减压阀常见故障分析

现象	故障原因分析	对策
阀体漏气	密封件损伤	更换
	紧固螺钉受力不均	均匀紧固
输出压力波动大于 10%	减压阀通径或进出口配管通径选小了，当输出流量变动大时，输出压力波动大	根据最大输出流量选用减压阀通径
	输入气量供应不足	查明原因
	进气阀芯导向不良	更换
溢流口漏气	进出口方向接反	改正
	输出侧压力意外升高	查输出侧回路
	膜片破裂，溢流阀座有损伤	更换膜片或阀座
压力不能调高	膜片撕裂	更换膜片
	弹簧断裂	更换弹簧
压力不能调低，输出压力升高	阀座处有异物、伤痕，阀芯上密封垫剥离	更换阀座
	阀杆变形	更换阀杆
	回位弹簧损坏	更换弹簧
不能溢流	溢流孔堵塞	更换
	溢流孔座橡胶太软	更换

（2）安全阀（溢流阀）

当储气罐或回路中压力超过某调定值时，要用安全阀向外放气，安全阀在系统中起过载保护作用。

图 7-26 所示为安全阀的工作原理、图形符号及实物图。当系统中气体压力在调定范围内时，作用在活塞 3 上的压力小于弹簧 2 的力，活塞处于关闭状态，如图 7-26（a）所示。当系统压力升高，作用在活塞 3 上的压力大于弹簧的预定压力时，活塞 3 向上移动，阀门开启，开始排气，如图 7-26（b）所示。直到系统压力降到调定范围内，活塞又重新关闭。安全阀（溢流阀）常见故障分析见表 7-10。

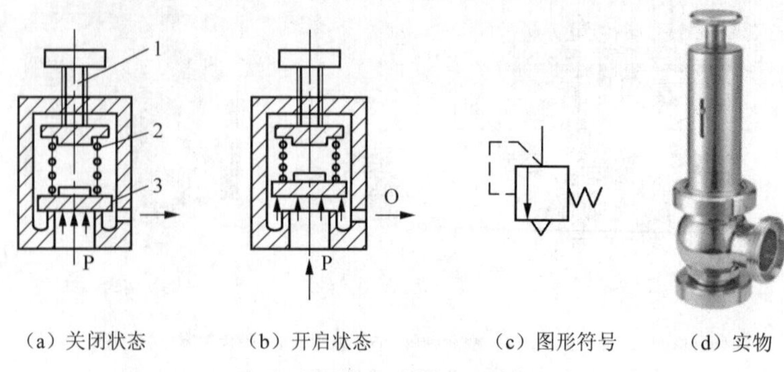

（a）关闭状态　（b）开启状态　（c）图形符号　（d）实物

1—旋钮　2—弹簧　3—活塞

图 7-26　安全阀

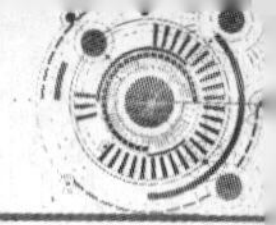

表 7-10　　安全阀（溢流阀）常见故障分析

现象	故障原因分析	对策
压力未超过设定值，阀溢流侧已有气体逸出	膜片损坏	更换膜片
	高压弹簧损坏	更换弹簧
	阀座损坏	更换阀座
	杂质被气体带入阀内	清洗阀
压力超过设定值但不溢流	阀内部孔堵塞，阀芯被杂质卡死	清洗阀
阀体和阀盖处漏气	膜片损坏	更换膜片
	密封件损坏	更换密封件
溢流时发生振动	压力上升慢引起阀振动	清洗阀、更换密封件
压力无法调高	弹簧损坏	更换弹簧
	膜片漏气	更换膜片

（3）顺序阀

顺序阀是依靠气压系统中压力的变化来控制气动回路中各执行元件按顺序动作的压力阀。其工作原理与液压顺序阀基本相同，顺序阀常与单向阀组合成单向顺序阀。图 7-27 所示为单向顺序阀的工作原理、图形符号及实物图。当压缩空气由 P 口输入时，单向阀 4 在压差力及弹簧力的作用下处于关闭状态，作用在活塞 3 输入侧的空气压力超过压缩弹簧 2 的预紧力时，活塞被顶起，顺序阀打开，压缩空气由 A 口输出，如图 7-27（a）所示；当压缩空气反向流动时，输入侧变成排气口，输出侧变成进气口，其进气压力将顶起单向阀，由 O 口排气，如图 7-27（b）所示。调节手柄 1 就可改变单向顺序阀的开启压力，以便在不同的开启压力下，控制执行元件的顺序动作。

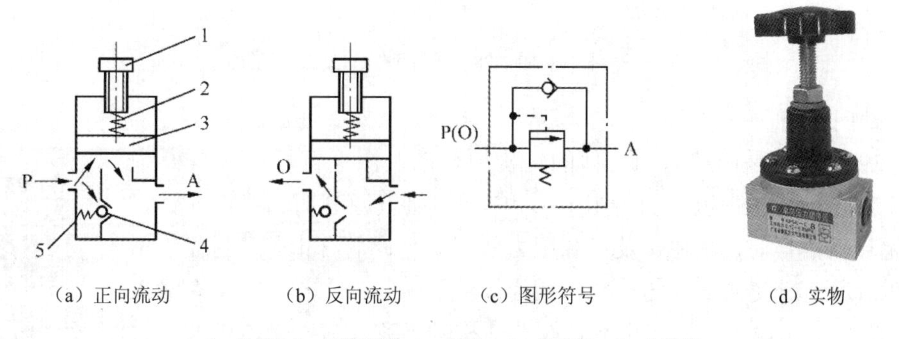

（a）正向流动　（b）反向流动　（c）图形符号　（d）实物

1—手柄　2—压缩弹簧　3—活塞　4—单向阀　5—小弹簧

图 7-27　单向顺序阀

7.4.4　逻辑控制阀

气动逻辑元件是以压缩空气为工作介质，在气压控制信号作用下，通过元件内部的可动部件（阀芯、膜片）来改变气流方向，实现一定逻辑功能的气体控制元件。逻辑元件也称为

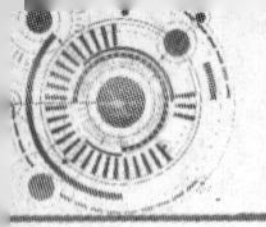

开关元件。气动逻辑元件具有气流通径较大、抗污染能力强、结构简单、成本低、工作寿命长、响应速度慢等特点。

1. 气动逻辑元件的分类

① 按工作压力分，可分为高压元件（工作压力为 0.2～0.8MPa）、低压元件（工作压力为 0.02～0.2MPa）、微压元件（工作压力在 0.02MPa 以下）三种。

② 按结构形式分，可分为截止式、膜片式和滑阀式等几种类型。

③ 按逻辑功能分，可分为或门元件、与门元件、非门元件、或非元件、与非元件和双稳元件等。

气动逻辑元件之间的不同组合可完成不同的逻辑功能。

2. 高压截止式逻辑元件

高压截止式逻辑元件是依靠气压控制信号推动阀芯或通过膜片变形推动阀芯动作，来改变气流的方向，以实现一定逻辑功能的逻辑元件。这类阀的特点是行程小、流量大、工作压力高，对气源净化要求低，便于实现集成安装和集中控制，拆卸方便。

（1）或门

图 7-28 所示为或门元件的结构原理、图形符号及实物图。图中 A、B 为信号的输入口，S 为信号的输出口。当仅 A 有信号输入时，阀芯 a 下移封住信号口 B，气流经 S 输出；当仅 B 有信号输入时，阀芯 a 上移封住信号口 A，S 也有输出。因此，只要 A、B 中任何一个有信号输入或同时都有输入信号，就会使得 S 有输出。

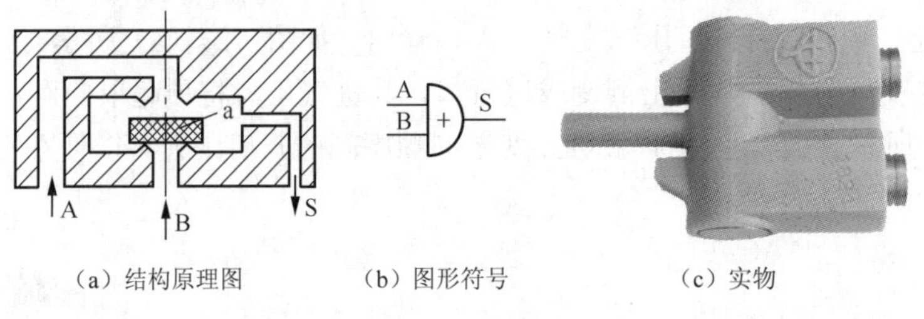

（a）结构原理图　（b）图形符号　（c）实物

图 7-28　或门元件

（2）是门和与门

图 7-29 所示为是门和与门元件的结构原理图及图形符号。图 7-29 中 A 为信号的输入口，S 为信号的输出口，中间口接气源 P 时为是门元件。当 A 口无输入信号时，在弹簧及气源压力作用下使阀芯 2 上移，封住输出口 S 与 P 口通道，使输出 S 与排气口相通，S 无输出；反之，当 A 有输入信号时，膜片 1 在输入信号作用下将阀芯 2 推动下移，封住输出口 S 与排气口通道，P 与 S 相通，S 有输出，即 A 端无输入信号时，则 S 端无信号输出；A 端有输入信号时，S 端就会有信号输出。元件的输入和输出信号之间始终保持相同的状态。若将中间口不接气源而换接另一输入信号 B，则称为与门元件，即只有当 A、B 同时有输入信号时，S 才能有输出。

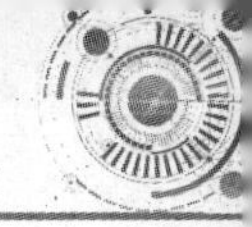

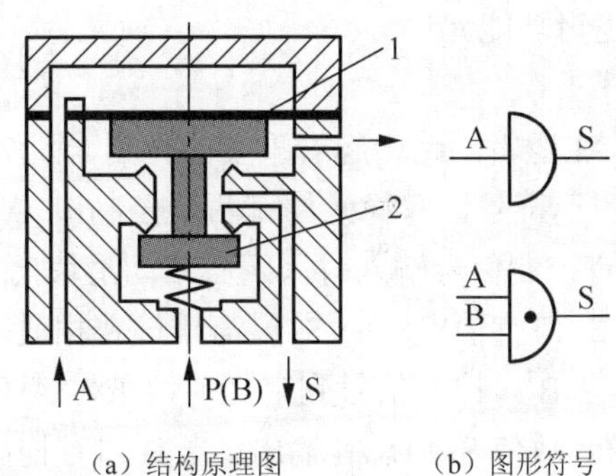

（a）结构原理图　　　（b）图形符号

1—膜片　2—阀芯

图 7-29　是门和与门元件

（3）非门与禁门

图 7-30 所示为非门和禁门元件的结构原理图及图形符号。A 为信号的输入端，S 为信号的输出端，中间孔接气源 P 时为非门元件。当 A 端无输入信号时，阀芯 3 在 P 口气源压力作用下紧压在上阀座上，使 P 与 S 相通，S 端有信号输出；反之，当 A 端有信号输入时，膜片变形并推动阀杆 4，使阀芯 3 下移，关断气源 P 与输出端 S 的通道，则 S 便无信号输出，即当有信号 A 输入时，S 无输出；当无信号 A 输入时，则 S 有输出。活塞 1 用来显示输出的有无。

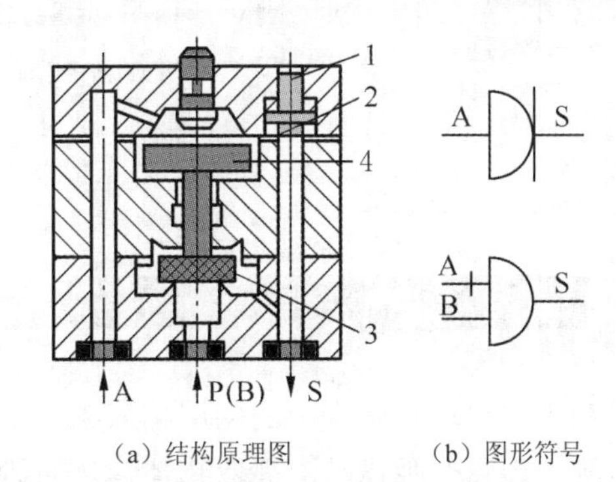

（a）结构原理图　　　（b）图形符号

1—活塞　2—膜片　3—阀芯　4—阀杆

图 7-30　非门和禁门元件

若把中间孔改作另一信号的输入口 B，则成为禁门元件。当 A、B 均有输入信号时，阀杆 4 和阀芯 3 在 A 输入信号作用下封住 B 口，S 无输出；反之，在 A 无输入信号而 B 有输入信号时，S 有输出。信号 A 的输入对信号 B 的输入起“禁止”作用。

（4）或非元件

图 7-31 所示为或非元件的结构原理图及图形符号。它是在非门元件的基础上增加两个信号输入端，即具有 A、B、C 三个输入信号，中间孔 P 接气源，S 为信号输出端。当三个输入端均无信号输入时，阀芯在气源压力作用下上移，使 P 与 S 接通，S 有输出。当三个信号端中任一个有输入信号，相应的膜片在输入信号压力作用下，都会使阀芯下移，切断 P 与 S 的通道，S 无信号输出。或非元件是一种多功能逻辑元件，用它可以组成与门、

是门、或门、非门、双稳等逻辑功能元件。

（5）双稳元件

双稳元件具有记忆功能，在逻辑回路中起着重要的作用。图 7-32 所示为双稳元件的结构原理图及图形符号。双稳元件有两个控制口 A、B，有两个工作口 S_1、S_2。当 A 口有控制信号输入时，阀芯带动滑块向右移动，接通 P 与 S_1 口之间的通道，S_1 口有输出，而 S_2 口与排气孔相通，此时，双稳元件处于置“1”状态，在 B 口控制信号到来之前，虽然 A 口信号消失，但阀芯仍保持在右端位置，故使 S_1 口总有输出。当 B 口有控制信号输入时，阀芯带动滑块向左移动，接通 P 与 S_2 口之间的通道，S_2 口有输出，而 S_1 口与排气孔相通。此时，双稳元件处于置“0”状态，在 B 口信号消失，而 A 口信号到来之前，阀芯仍会保持在左端位置，所以双稳元件具有记忆功能，即 1BS=KA，2AS=KB。在使用中应避免向双稳元件的两个输入端同时输入信号，否则双稳元件将处于不确定工作状态。

双稳元件的工作原理

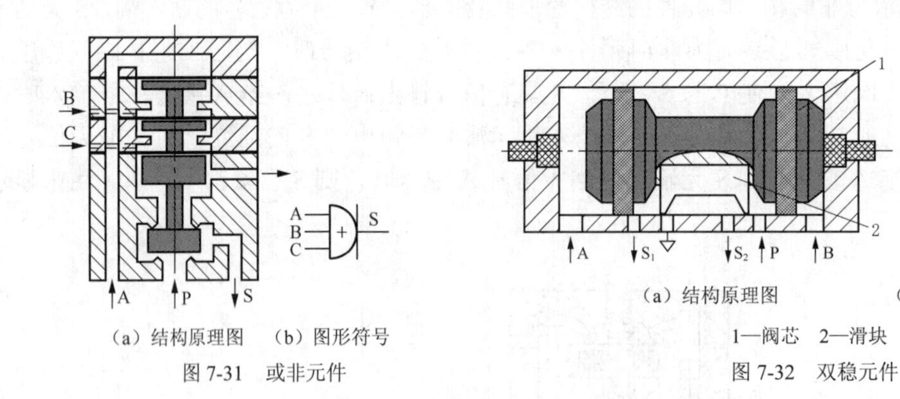

（a）结构原理图　（b）图形符号

图 7-31　或非元件

（a）结构原理图　（b）图形符号

1—阀芯　2—滑块

图 7-32　双稳元件

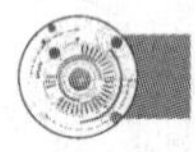

7.5 真空元件

近年来，真空吸附技术在工业自动化生产中的应用越来越广泛。真空吸附是利用真空发生装置产生真空压力为动力源，由真空吸盘吸附抓取物体，从而达到移动物体、为产品加工和组装服务的目的。对任何具有较光滑表面的物体，特别是那些不适合夹紧的物体，都可使用真空吸附来完成。真空吸附已广泛应用于电子电器生产、汽车制造、产品包装、板材输送等作业中。

在一个典型的真空吸附系统中，常用的元件有真空发生装置（真空泵或真空发生器）、真空开关、真空破坏阀、真空过滤器和真空吸盘等。

7.5.1 真空发生器

真空发生器，由于它获取真空容易，结构简单，体积小，无可动机械部件，使用寿命长，安装使用方便，因此应用十分广泛。真空发生器产生的真空度可达 88kPa，尽管产生的负压力（真空度）不大，流量也不大，但可控、可调，稳定可靠，瞬时开关特性好，无残余负压，同一输出口可正负压交替使用。

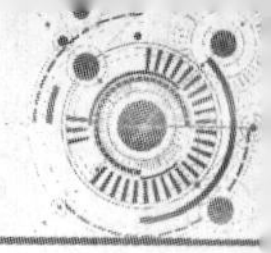

1. 工作原理

真空发生器的结构原理、图形符号及实物图如图 7-33 所示。它由先收缩后扩张的拉瓦尔喷管、负压腔和接收管等组成，有供气口、排气口和真空口。当供气口的供气压力高于一定值后，喷管射出超声速射流。由于气体的黏性高速射流卷吸走负压腔内的气体，使该腔形成很低的真空度。在真空口处接上真空吸盘，靠真空压力和吸盘吸附面积可吸取物体。

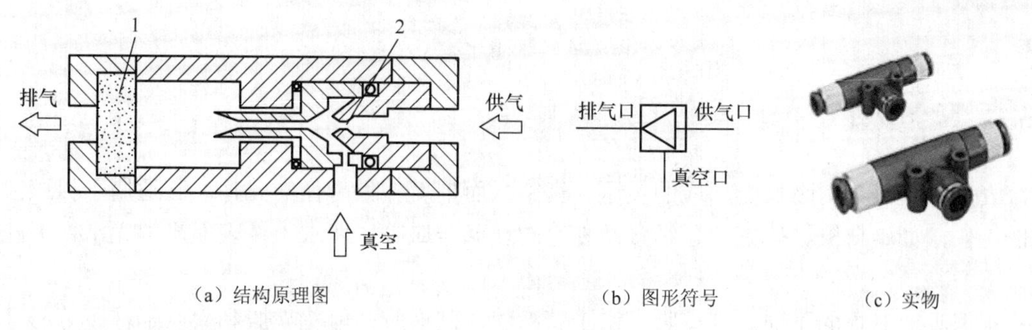

（a）结构原理图　（b）图形符号　（c）实物

1—过滤片　2—喷嘴

图 7-33　真空发生器

2. 真空发生器的性能

① 真空发生器的耗气量。真空发生器耗气量是由工作喷嘴直径决定的，但同时也与工作压力有关。同一喷嘴直径，其耗气量随工作压力的增加而增加。喷嘴直径是选择真空发生器的主要依据。喷嘴直径越大，抽吸流量和耗气量越大，而真空度越低；喷嘴直径越小，抽吸流量和耗气量越小，但真空度越高。

② 排气特性和流量特性。排气特性是指真空压力、吸入流量或空气消耗量随真空发生器的供气压力变化的关系。它们随着供气压力的增加而增大。

流量特性是指在真空发生器的供气压力一定时，真空压力与吸入流量的关系。吸入流量是指从吸入口吸入的空气流量。

③ 真空度。真空度存在最大值，当超过最大值时，即使增加工作压力，真空度非但不会增加反而会下降。真空发生器产生的真空度最大可达 88kPa。实际使用时，建议真空度可选定在 70kPa，工作压力在 0.5MPa 左右。

④ 抽吸时间。抽吸时间指真空吸盘内的真空度到达所需要的真空压力的时间或供气阀切换至真空压力开关接通时所需的时间。它与吸附腔的容积（扩散腔、吸附管道容积及吸盘容积等）、吸附表面泄漏状况及所需真空度的大小等有关。

3. 二级真空发生器

图 7-34 所示的真空发生器是设计成二级扩散管形式的二级真空发生器。采用二级真空发生器与单级式产生的真空度是相同的，但在低真空度时吸入流量增加约 1 倍，其吸入流量为 Q_1+Q_2。这样在低真空度的应用场合吸附动作响应快，如用于吸取具有透气性的工件时特别有效。

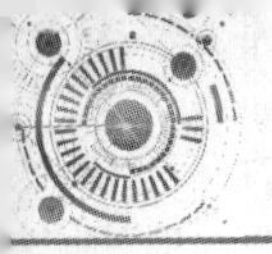

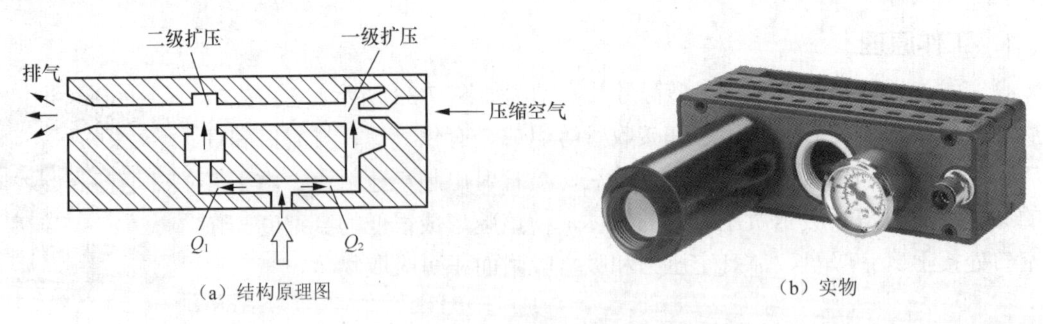

（a）结构原理图　　（b）实物

图 7-34　二级真空发生器

7.5.2　真空吸盘

真空吸盘是利用吸盘内形成的负压（真空）而把工件吸附住的元件。它适用于抓取薄片状的工件，如塑料板、矽钢片、纸张及易碎的玻璃器皿等，要求工件表面平整光滑，无孔无油。

根据吸取对象的不同，真空吸盘由丁腈橡胶、硅橡胶、氟化橡胶和聚氨酯橡胶等与金属压制而成。

除要求吸盘材料的性能要适应外，吸盘的形状和安装方式也要与吸取对象的工作要求相适应。常见真空吸盘的形状和结构有平板形、深形、风琴形等多种。图 7-35 所示为真空吸盘的结构、实物及图形符号。

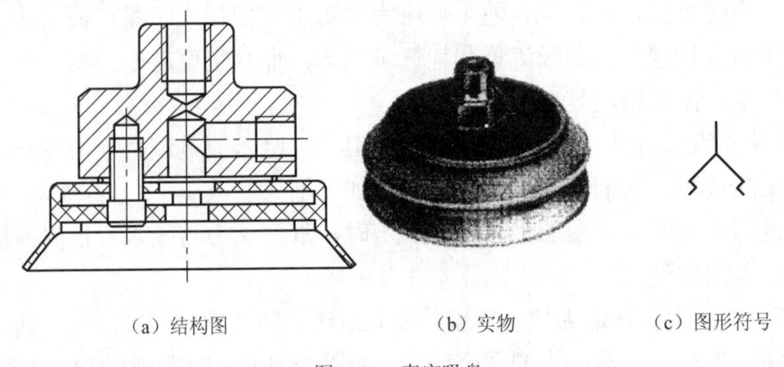

（a）结构图　　（b）实物　　（c）图形符号

图 7-35　真空吸盘

7.5.3　真空减压阀

真空减压阀（简称真空阀）的结构原理、图形符号及实物如图 7-36 所示。真空阀用于控制真空泵产生的真空的通断、真空吸盘的吸着和脱离。真空阀的种类很多，其分类方法与气动换向阀的分类基本相同。真空阀按通口数目可分为两通阀、三通阀和五通阀；按控制方式可分为电磁控制真空阀、机械控制真空阀、手动控制真空阀和气控型真空阀；按主阀的结构形式可分为截止式真空阀、膜片式真空阀和软质密封滑阀式真空阀等。

一般来说，间隙密封的滑阀、没有使用气压密封圈的弹性密封的滑阀、直动式电磁阀、他控式先导电磁阀和非气压密封的截止阀等都可以用于真空系统中。

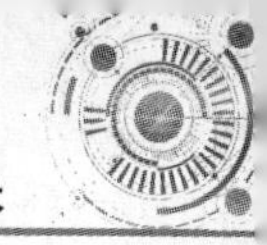

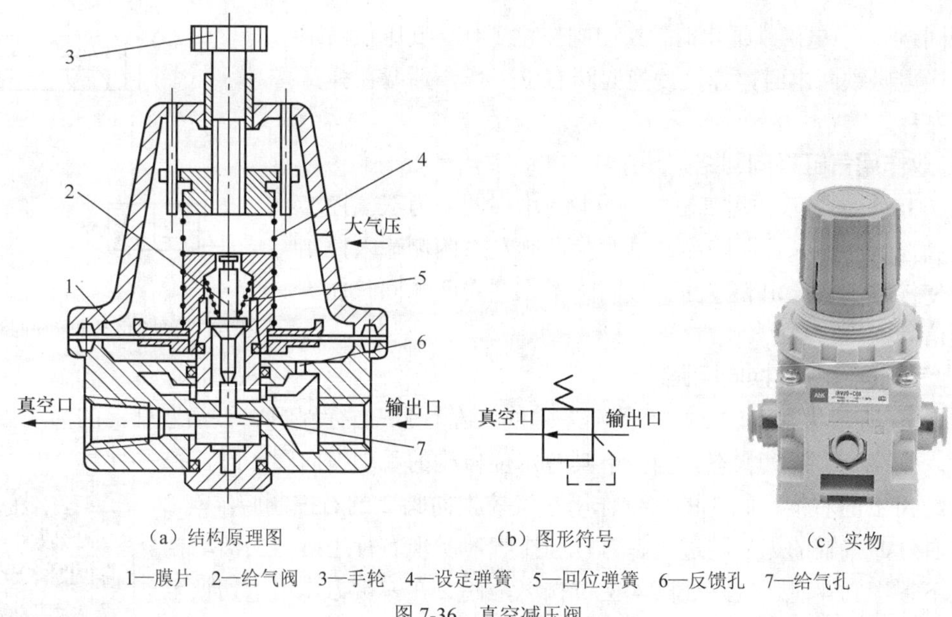

（a）结构原理图　（b）图形符号　（c）实物

1—膜片　2—给气阀　3—手轮　4—设定弹簧　5—回位弹簧　6—反馈孔　7—给气孔

图 7-36　真空减压阀

7.5.4　真空开关

真空开关是一种检测真空度范围的开关，又称真空继电器。其作用是当实际工作中所产生的真空度达到规定要求时，自动开闭控制电路，发出电信号，指令真空吸附机构正常动作。它属于可靠性、安全性元件。

真空开关分为机械式、半导体式和气桥式三种类型。机械式真空开关是利用机械变位来确定真空压力的变化的，如膜片式真空开关。半导体式真空开关是利用半导体压力传感器来检测真空压力的变化的，并能够将检测到的压力信号直接转换成电信号。

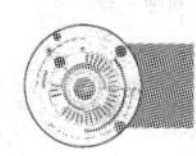

7.6　气动基本回路

气动系统也是由回路所组成的，通常将能够实现某种特定功能的气动元件的组合称为气动基本回路。

气动基本回路分为方向控制回路、速度控制回路、压力控制回路、顺序动作回路等，其功用与同名液压基本回路相同。

7.6.1　方向控制回路

气动系统一般可通过各种通用气动换向阀改变压缩气体流动方向，从而改变气动执行元件的运动方向。

常见的换向回路有单作用气缸换向回路、双作用气缸换向回路、气缸一次换向回路、气缸连续往复换向回路等。

单作用与双作用气缸换向回路

1. 单作用气缸换向回路

图 7-37 所示为单作用气缸换向回路示例（图中为常断型二位三通电磁

阀控制回路）。当电磁铁通电时，换向阀左位工作，气压使活塞右移；当电磁铁断电时，弹簧使换向阀右位工作，活塞在弹簧作用下左移。

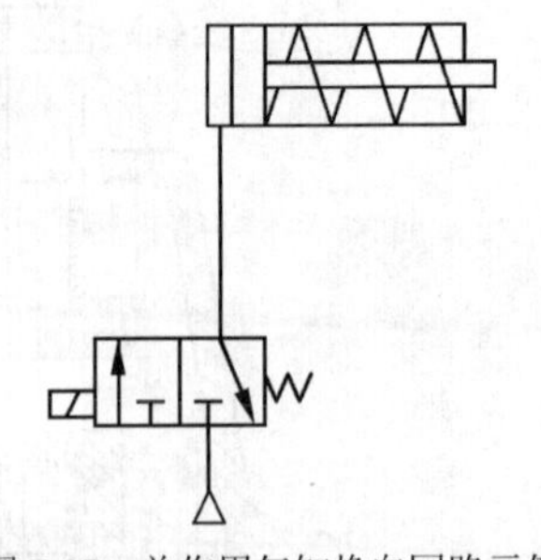

图 7-37　单作用气缸换向回路示例

2. 双作用气缸换向回路

图 7-38 所示为双作用气缸换向回路示例（图中为双气控二位五通阀控制回路）。该回路中通过对换向阀左右两侧输入控制信号，使气缸活塞伸出和缩回。该回路不许左右两侧同时加等压控制信号。

3. 气缸连续往复换向回路

图 7-39 所示状态下，气缸 5 的活塞退回（左行），当行程阀 3 被活塞杆上的活动挡铁 6 压下时，气路处于排气状态。当按下具有定位机构的手动换向阀 1 时，控制气体经阀 1 的右位、阀 3 的上位作用在气控换向阀 2 的右控制腔，阀 2 切换至右位，气缸的无杆腔进气、有杆腔排气，实现右行进给。当活动挡铁 6 压下行程阀 4 时，气路经阀 4 上位排气，阀 2 在弹簧力作用下切换至图 7-39 所示左位。此时，气缸有杆腔进气，无杆腔排气，做退回运动。当挡块压下阀 3 时，控制气体又作用在阀 2 的右控制腔，使气缸换向进给。周而复始，气缸自动往复运动。当拉动阀 1 至左位时，气缸停止运动。

图 7-38　双作用气缸换向回路示例

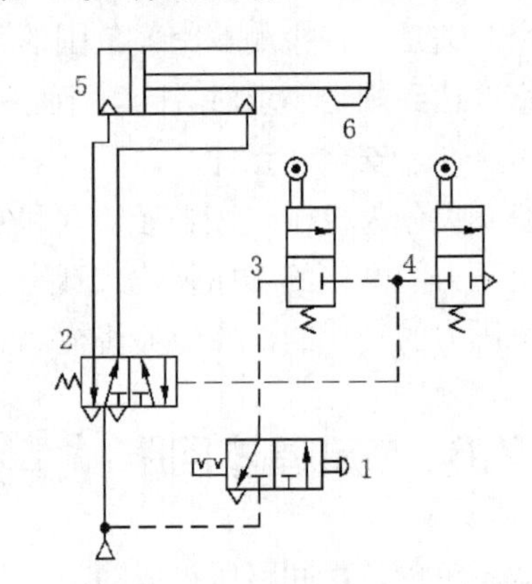

1—手动换向阀　2—气控换向阀　3、4—行程阀
5—气缸　6—活动挡铁

图 7-39　气缸连续往复换向回路

7.6.2　速度控制回路

与液压系统速度换接一样，气动系统速度换接也是使执行元件从一种速度转换为另一种速度。

图 7-40 所示为一种用行程阀实现气缸空程快进、接近负载时转慢进的常用回路。当二位五通气控换向阀 1 切换至左位时，气缸 5 的无杆腔进气，有杆腔经行程阀 4 下位、气控换向阀 1 左位排气，实现快速进给。当活动挡铁 6 压下行程阀时，气缸有杆腔经节流阀 2、气控换向阀 1 排气，气缸转为慢速运动。如此实现了快速转慢速的换接控制。

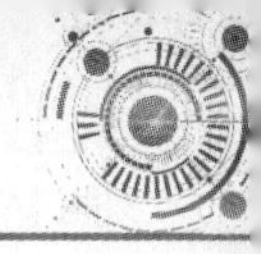

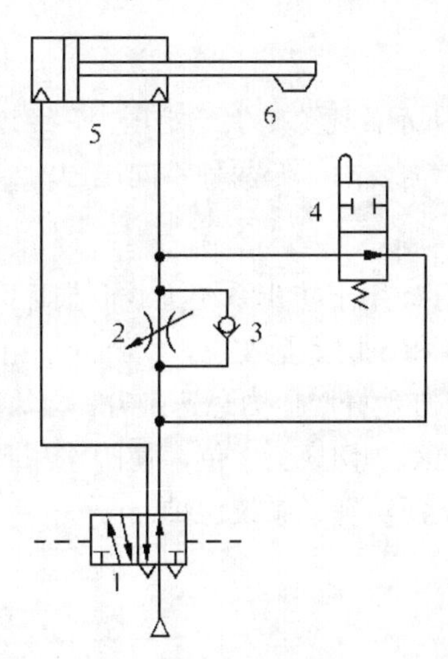

1—二位五通气控换向阀 2—节流阀 3—单向阀 4—行程阀 5—气缸 6—活动挡铁

图 7-40 用行程阀实现快速转慢速换接回路

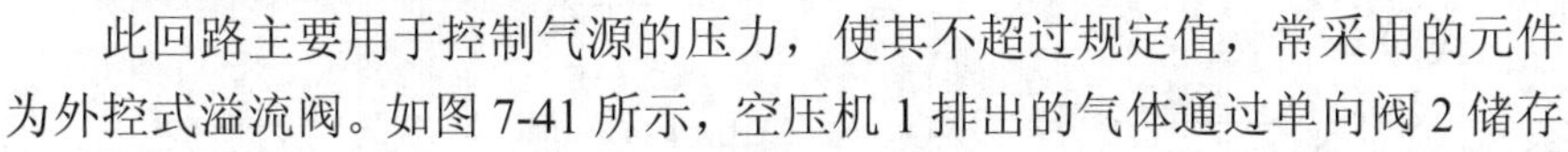

7.6.3 压力控制回路

压力控制回路的主要功用是调节与控制气动系统的供气压力以及过载保护。常见的气动压力控制回路如下。

1. 一次压力控制回路

此回路主要用于控制气源的压力，使其不超过规定值，常采用的元件为外控式溢流阀。如图 7-41 所示，空压机 1 排出的气体通过单向阀 2 储存在储气罐 3 中，空压机排气压力由溢流阀 4 限定。当储气罐中的压力达到溢流阀 4 的调定压力时，溢流阀 4 启动，空压机排出的气体经溢流阀排向大气。此回路结构简单，但在溢流阀开启过程中无功能耗较大。

2. 二次压力控制回路

此回路的主要作用是输出被控元件所需的稳定压力气体。如图 7-42 所示，它是在一次压力控制回路的出口（储气罐右侧排气口）上串接带压力表 4 的气动三联件而成的。但供给逻辑元件的压缩空气应自油雾器之前引出，即不要对逻辑元件加入润滑油。

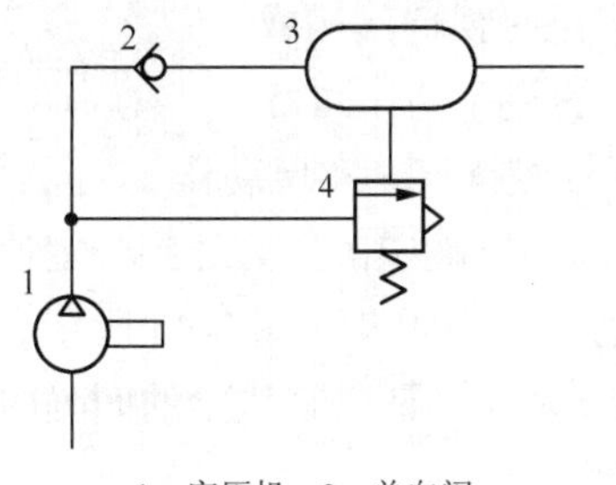

1—空压机 2—单向阀
3—储气罐 4—溢流阀

图 7-41 一次压力控制回路

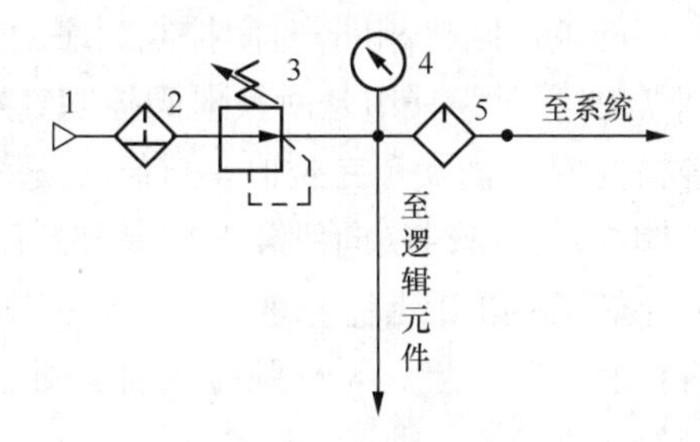

1—气源 2—分水过滤器
3—减压阀 4—压力表 5—油雾器

图 7-42 二次压力控制回路

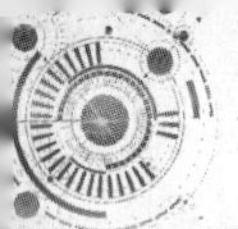

3. 高低压控制回路

高低压控制回路如图 7-43 所示，气源提供一定压力，经过两个减压阀分别调至要求的压力，当一个执行器在工作循环中需要高、低两种不同压力时，可通过换向阀进行切换。

4. 过载保护回路

过载保护回路如图 7-44 所示，用于防止系统过载而损坏元件。当手动换向阀 1 切换至左位时，压缩气体使气控换向阀 4 和 5 切换至左位，气缸 6 进给（活塞杆伸出）。若活塞杆遇到较大负载或行程到右端点时，气缸无杆腔压力急速上升。当气压升高至顺序阀 3 的设定值时，顺序阀开启，高压气体推动换向阀 2 切换至上位，使阀 4 和阀 5 控制腔的气体经阀 2 排空，阀 4 和阀 5 复位，活塞退回，从而实现了系统保护。

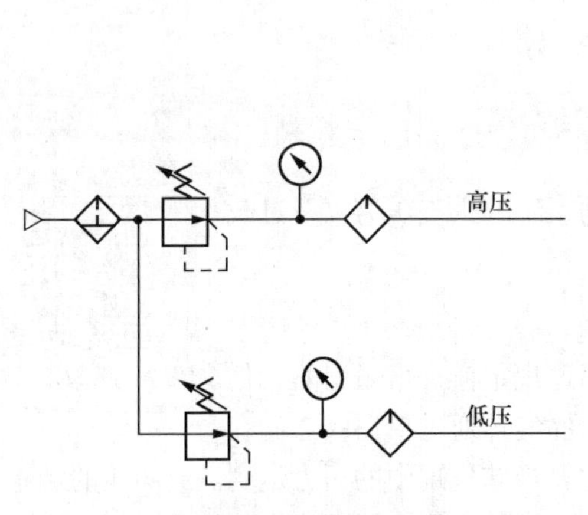

图 7-43　高低压控制回路

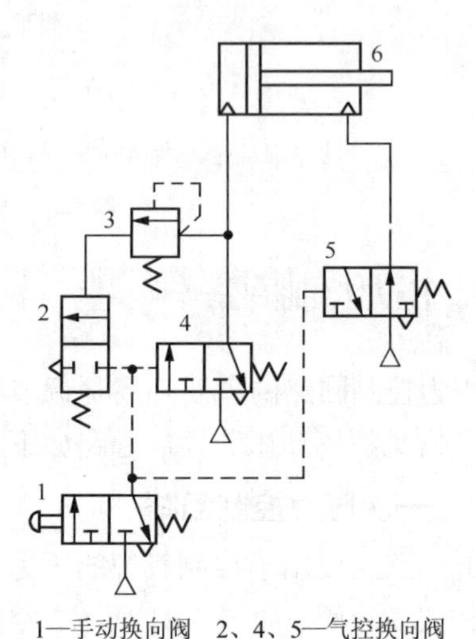

1—手动换向阀　2、4、5—气控换向阀
3—顺序阀　6—气缸

图 7-44　过载保护回路

7.6.4　顺序动作回路

顺序动作回路是实现多缸运动的一种回路。多缸顺序动作主要有压力控制（利用顺序阀、压力继电器等元件）、位置控制（利用电磁换向阀及行程开关等）与时间控制三种控制方法。其中压力控制与位置控制的原理及特点与相应液压回路相同，时间控制顺序动作回路多采用延时换向阀构成。

图 7-45 所示为采用延时换向阀控制气缸 1 和气缸 2 的顺序动作回路。当气控换向阀 7 切换至左位时，气缸 1 无杆腔进气、有杆腔排气，实现动作 a。同时，气体经节流阀 3 进入延时换向阀 4 的控制腔及储气罐 6 中。当储气罐中的压力达到一定值时，阀 4 切换至左位，缸 2 无杆腔进气、有杆腔排气，实现动作 b。当阀 7 在图 7-45 所示右位时，两缸有杆腔同时进气、无杆腔排气而退回，即实现动作 c 和 d。两气缸进给的间隔时间可通过节流阀 3 调节。

图 7-46 所示为采用两只延时换向阀（阀 3 和阀 4）对气缸 1 和气缸 2 进行控制的顺序动作回路。可以实现的动作顺序为：a—b—c—d。动作 a—b 的顺序由延时换向阀 4 控制，动作 c—d 的顺序由延时换向阀 3 控制。

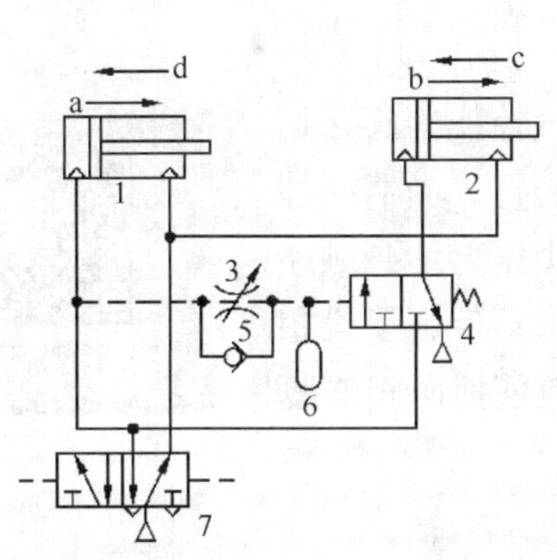

1、2—气缸　3—节流阀　4—延时换向阀
5—单向阀　6—储气罐　7—气控换向阀

图 7-45　延时换向阀控制的顺序动作回路

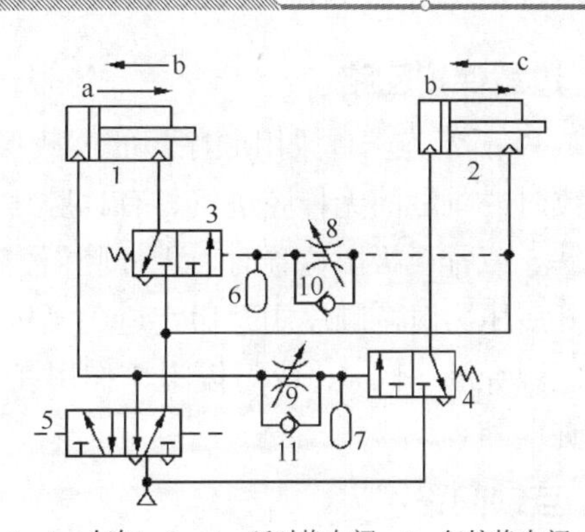

1、2—气缸　3、4—延时换向阀　5—气控换向阀
6、7—储气罐　8、9—节流阀　10、11—单向阀

图 7-46　两只延时换向阀控制的顺序动作回路

7.6.5　安全保护回路

保证操作人员和机械设备安全的控制回路称为安全保护回路。常见的安全保护回路如下。

1. 双手操作回路

图 7-47 所示为一种逻辑“与”的双手操作回路，为使二位主控阀 4 控制气缸 1 的换向，必须使压缩空气信号进入阀 4 的控制腔。为此，必须使两个三通手动阀 5 和 6 同时换向，另外这两个阀必须安装在单手不能同时操作的距离上。在操作时，如任何一只手离开，则控制信号消失，主控阀 4 便复位，则活塞杆后退，以避免因误动作伤及操作者。气缸 1 还可以通过单向节流阀 2 和 3 实现双向节流调速。

图 7-48 所示为一种用三位主控阀的双手操作回路，三位主控阀 1 的信号 A 作为手动换向阀 2 和 3 的逻辑“与”回路，即只有手动换向阀 2 和 3 同时动作时，主控阀 1 才切换至上位，气缸活塞杆前进；将信号 B 作为手动换向阀 2 和 3 的逻辑“或非”回路，即当手动换向阀 2 和 3 同时松开时，主控阀 1 切换至下位，活塞杆返回；若手动换向阀 2 或 3 任何一个动作，将使主控阀切换至中位，活塞杆处于停止状态，所以可保证操作者安全。

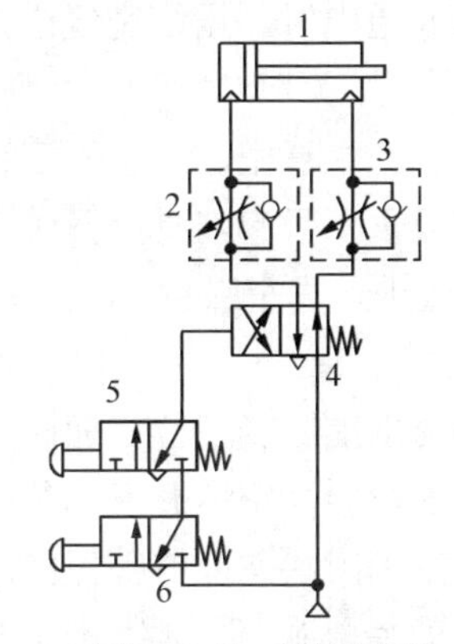

1—气缸　2、3—单向节流阀
4—二位主控阀　5、6—三通手动阀

图 7-47　逻辑“与”的双手操作回路

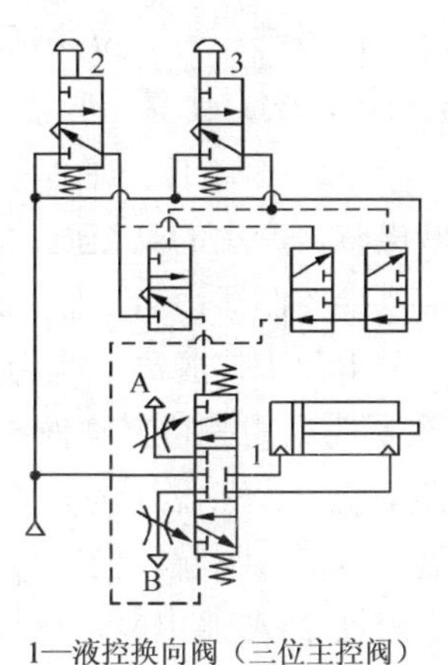

1—液控换向阀（三位主控阀）
2、3—手动换向阀

图 7-48　用三位主控阀的双手操作回路

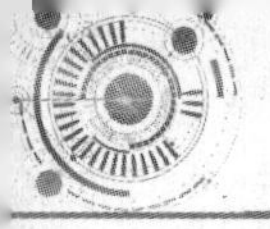

2. 过载保护回路

图 7-49 所示为一种采用顺序阀的过载保护回路。当气控换向阀 2 切换至左位时，气缸的无杆腔进气、有杆腔排气，活塞杆右行。当活塞杆遇到挡铁 5 或行至极限位置时，无杆腔压力快速增高，当压力达到顺序阀 4 的开启压力时，顺序阀开启，避免了过载现象的发生，保证了设备安全。气源经顺序阀 4、或门梭阀 3 作用在阀 2 右控制腔使换向阀 2 复位，气缸退回。

3. 互锁回路

图 7-50 所示为一种互锁回路，气缸 5 的换向由作为主控阀的四通气控换向阀 4 控制。而四通气控换向阀 4 的换向受三个串联的机动三通阀 1～3 的控制，只有三个都接通时，主控阀 4 才能换向，实现了互锁。

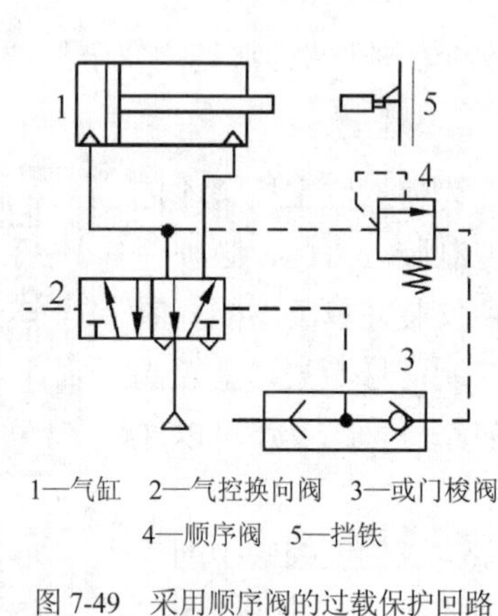

1—气缸　2—气控换向阀　3—或门梭阀
4—顺序阀　5—挡铁

图 7-49　采用顺序阀的过载保护回路

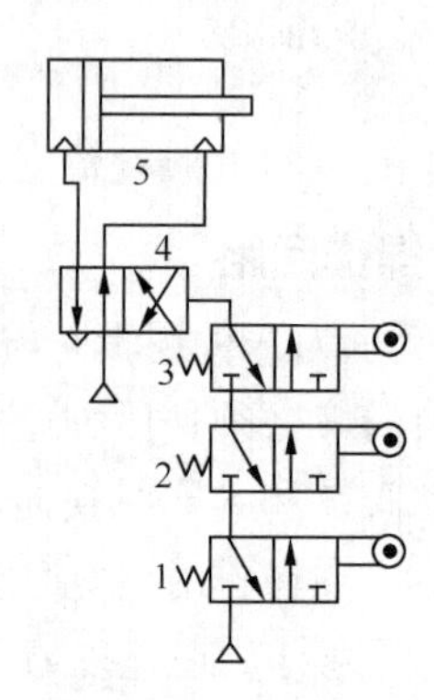

1、2、3—机动三通阀
4—四通气控换向阀　5—气缸

图 7-50　互锁回路

7.6.6　真空回路

图 7-51 所示为用两个二位二通阀控制的真空回路，完成真空吸附和真空破坏的回路。当二位二通阀 4（真空切换阀）通电、二位二通阀 8（真空破坏阀）断电时，真空泵 6 产生真空，真空吸盘 1 将工件吸起；当二位二通阀 4 断电、二位二通阀 8 通电时，压缩空气进入真空吸盘 1，真空被破坏，吹力使真空吸盘 1 与工件脱离。

图 7-52 所示为一个二位三通阀控制的真空回路。真空泵 5 产生真空，当二位三通阀 7（真空切换阀）断电时，产生的真空度达到规定值，工件被真空吸盘 1 吸起，真空开关 3 检验真空度并发出信号给控制器；当二位三通阀 7 通电时，压缩空气进入真空吸盘 1，真空被破坏，吹力使真空吸盘 1 与工件脱离。吹力的大小由减压阀 6 设定。

图 7-53 所示为采用三位三通阀控制真空吸附和真空破坏的回路。当三位三通阀 4 的电磁铁 1YA 通电时，真空发生器 1 与真空吸盘 7 接通，真空开关 6 检验真空度并发出信号给控制器，真空吸盘 7 将工件吸起。当三位三通阀 4 不通电时，真空吸附状态能够被保持。当三位三通阀 4 的电磁铁 2YA 通电时，压缩空气进入真空吸盘 7，真空被破坏，吹力使真空吸盘 7 与工件脱离。吹力的大小由减压阀 2 设定，流量由节流阀 3 设定。

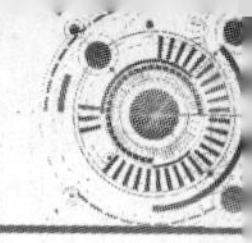

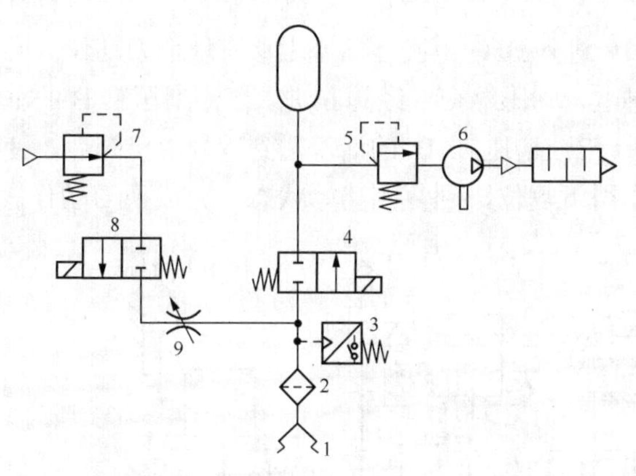

1—真空吸盘　2—过滤器　3—真空开关　4、8—二位二通阀
5—顺序阀　6—真空泵　7—减压阀　9—节流阀

图 7-51　两个二位二通阀控制的真空回路

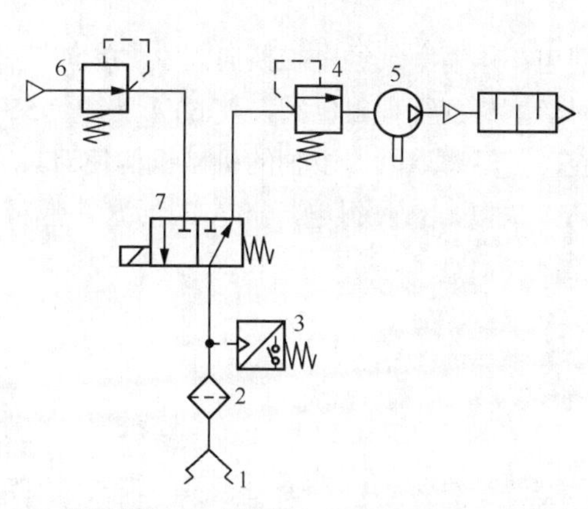

1—真空吸盘　2—过滤器　3—真空开关　4—顺序阀
5—真空泵　6—减压阀　7—二位三通阀

图 7-52　二位三通阀控制的真空回路

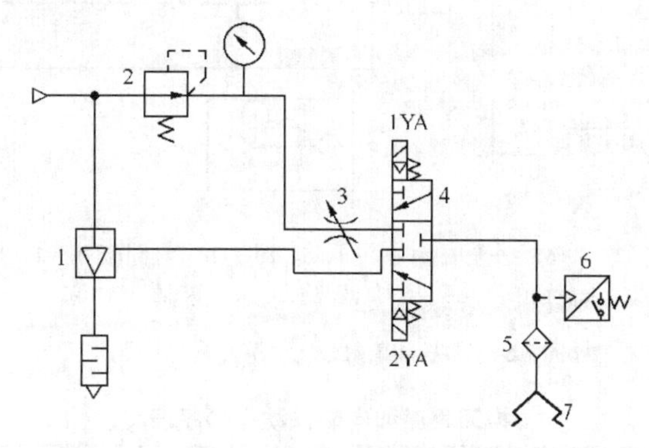

1—真空发生器　2—减压阀　3—节流阀　4—三位三通阀　5—过滤器　6—真空开关　7—真空吸盘

图 7-53　采用三位三通阀的真空回路

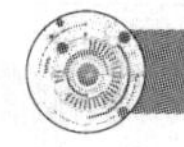

7.7　气压传动系统实例

7.7.1　数控加工中心换刀系统

图 7-54 所示为某型号数控加工中心的气动换刀系统原理图，该系统在换刀过程中要实现主轴定位、主轴松刀、向主轴锥孔吹气和插刀、刀具夹紧等动作。其换刀程序和电磁铁动作顺序见表 7-11。

数控加工中心气压换刀系统工作原理是当数控系统发出换刀指令时，主轴停止转动，同时 4YA 通电，压缩空气经气动三联件 1、电磁换向阀 4、单向节流阀 5、主轴定位缸 A 的右腔，使缸 A 活塞杆左移伸出，主轴自动定位；定位后压下无触点开关，使 6YA 得电，压缩空气经电磁换向阀 6、快速排气阀 8、气液增压缸 B 的上腔，增压腔的高压油使活塞杆伸出，实现主轴松刀；同时使 8YA 得电，压缩空气经电磁换向阀 9、单向节流阀 11、缸 C 的上腔，使缸 C 下腔排气，活塞下移实现拔刀，并由回转刀库交换刀具；同时 1YA 得电，压缩空气经电磁换向阀 2、单向节流阀 3 向主轴锥孔吹气；稍后 1YA 失电、2YA 得电，吹气停止；8YA 失电，7YA

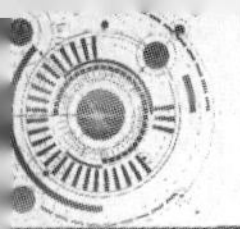

得电，压缩空气经电磁换向阀9、单向节流阀10进入缸C下腔，活塞上移实现插刀动作；同时活塞碰到行程限位阀，使6YA失电、5YA得电，则压缩空气经阀6进入气液增压缸B的下腔，使活塞退回，主轴的机械机构使刀具夹紧；气液增压缸B的活塞碰到行程限位阀后，使4YA失电、3YA得电，缸A的活塞在弹簧力作用下复位，回复到初始状态，完成换刀动作。

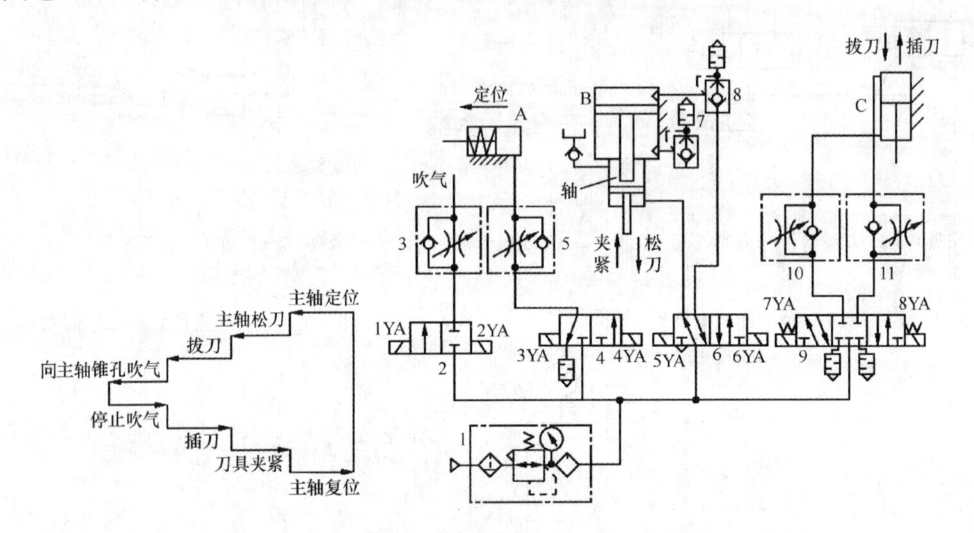

1—气动三联件　2、4、6、9—电磁换向阀　3、5、10、11—单向节流阀　7、8—快速排气阀
A—主轴定位缸　B—气液增压缸　C—拔/插刀液压缸

图7-54　数控加工中心气动换刀系统原理图

表7-11　　换刀程序和电磁铁动作顺序表

工况	电磁铁							
	1YA	2YA	3YA	4YA	5YA	6YA	7YA	8YA
主轴定位				+				
主轴松刀				+		+		
拔刀				+		+		+
向主轴锥孔吹气	+			+		+		+
停止吹气	−	+		+		+		+
插刀				+		+	+	−
刀具夹紧				+	+	−		
主轴复位			+	−				

7.7.2　气液动力滑台

气液动力滑台采用气-液阻尼缸作为执行元件。由于在它的上面可安装单轴头、动力箱或工件，因而在机床上常用来实现进给动作。

图7-55所示为气液动力滑台回路原理图。图中，阀1、2、3和阀4、5、6实际上分别被组合在一起，成为两个组合阀。

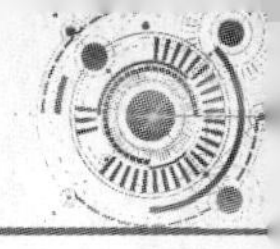

该种气液动力滑台能完成下面两种工作循环。

（1）快进—慢进—快退—停止

当图 7-55 中阀 4 处于图示状态，就可实现上述循环的进给程序，其动作原理如下。

当手动换向阀 3 切换至右位时，实际上就是给予进刀信号，在气压作用下，气缸中活塞开始向下运动，液压缸中活塞下腔的油液经行程阀 6 的左位和单向阀 7 进入液压缸活塞的上腔，实现了快进。当快进到活塞杆上的挡铁 B 切换行程阀 6（使它处于右位）时，油液只能经节流阀 5 进入活塞上腔，调节节流阀的开度，即可调节气液阻尼缸 11 的运动速度，所以，这时才开始慢进（工作进给）。当慢进到挡铁 C 使行程阀 2 切至左位时，输出气信号使阀 3 切换至左位，这时气缸活塞开始向上运动。液压缸活塞上腔的油液经阀 8 的左位和手动换向阀 4 的单向阀进入液压缸的下腔，实现了快退。当快退到挡铁 A 将阀 8 切换到图示位置而使油液通道被切断时，活塞就停止运动。所以，改变挡铁 A 的位置，就能改变“停”的位置。

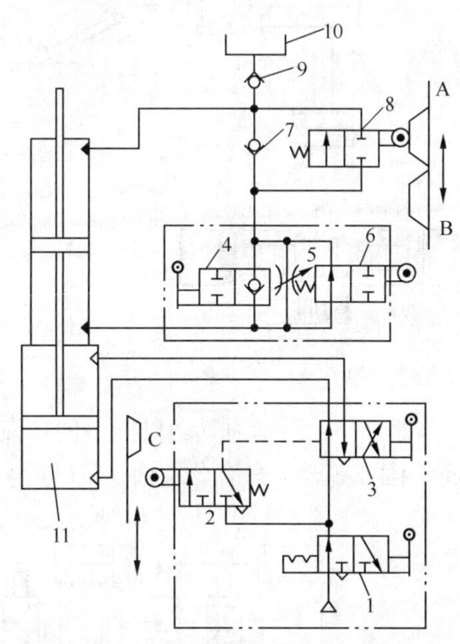

1—二位三通手动换向阀　2—二位三通行程阀
3—二位四通手动换向阀　4—二位二通手动换向阀
5—节流阀　6、8—二位二通行程阀
7、9—单向阀　10—补油箱　11—气液阻尼缸

图 7-55　气液动力滑台回路原理图

（2）快进—慢进—慢退—快退—停止

把手动阀 4 关闭（处于左位）时就可以实现上述的双向进给程序，其动作原理如下。

其动作循环中的快进—慢进的动作原理与上述相同。当慢进至挡铁 C 切换行程阀 2 至左位时，输出气信号使阀 3 切换至左位，气缸活塞开始向上运动，这时液压缸活塞上腔的油液经行程阀 8 的左位和节流阀 5 进入液压缸活塞下腔，即实现了慢退（反向进给）。当慢退到挡铁 B 离开阀 6 的顶杆而使其复位（处于左位）后，液压缸活塞上腔的油液就经阀 8 的左位、再经阀 6 的左位而进入液压缸活塞下腔，开始快退。快退到挡铁 A 切换阀 8 至图示位置，油液通路被切断，活塞就停止运动。

图 7-55 中补油箱 10 和单向阀 9 仅仅是为了补偿系统的漏油而设置的，因而一般可用油杯来代替。

7.7.3　气动机械手控制系统

图 7-56 所示为气动机械手的结构示意图。该系统有四个气缸，可在三个坐标内工作。其中 A 缸为抓取机构的松紧缸，其活塞杆伸出时松开工件，活塞杆缩回时夹紧工件；B 缸为长臂伸缩缸，可以实现伸出和缩回动作；C 缸为机械手升降缸；D 缸为立柱回转缸，该气缸为齿轮齿条缸，它可把活塞的直线往复运动转变为立柱的旋转运动，实现立柱的回转。对机械手的控制程序要求是：立柱下降—伸臂—夹紧工件—缩臂—立柱左回转—立柱上升—放开工件—立柱右回转，如图 7-57 所示，图中 g 为启动阀。

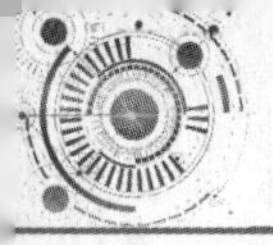

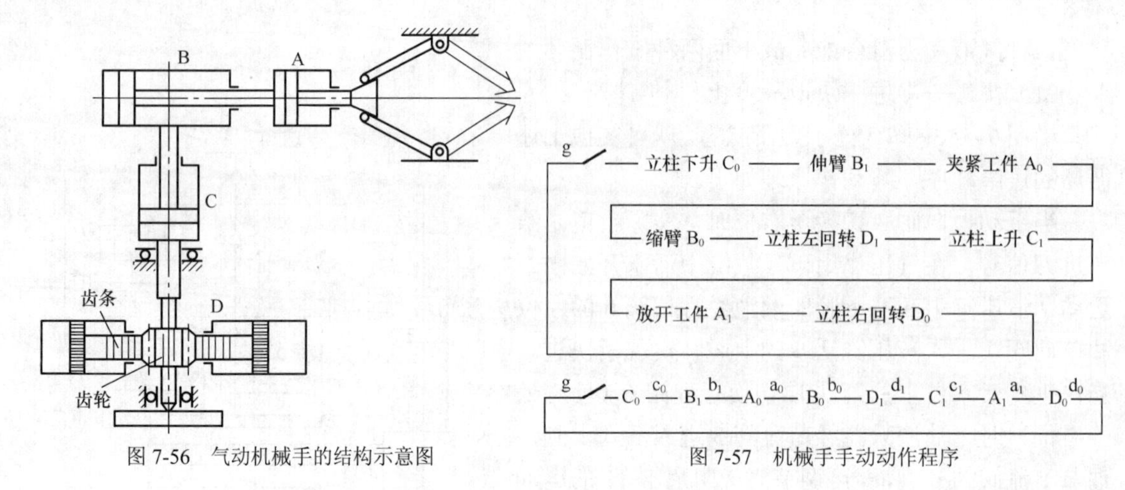

图 7-56　气动机械手的结构示意图　　　　图 7-57　机械手手动动作程序

图 7-58 所示为气动机械手的控制原理图。信号 c_0、b_0 是无源元件，不能直接与气源相连。信号 c_0、b_0 只有分别通过 a_0 与 a_1 方能与气源相连接。

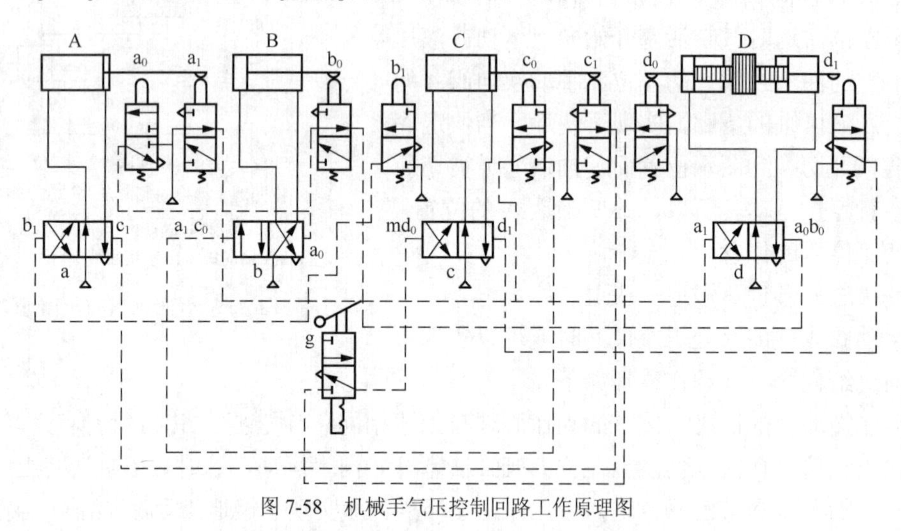

图 7-58　机械手气压控制回路工作原理图

气动机械手的工作原理及循环分析如下。

① 按下启动阀 g，控制气体经启动阀使主控阀 c 处于左位，C 缸活塞杆缩回，实现动作 C_0（立柱下降）。

② 当 C 缸活塞杆缩回，其上的挡铁压下 c_0 时，控制气体使 B 缸的主控阀 b 左侧有控制信号，并使阀处于左位，使 B 缸活塞杆伸出，实现动作 B_1（伸臂）。

③ 当 B 缸活塞杆伸出，其上的挡铁压下 b_1 时，控制气体使 A 缸的主控阀 a 左侧有控制信号，并使阀处于左位，使 A 缸活塞杆缩回，实现动作 A_0（夹紧工件）。

④ 当 A 缸活塞杆缩回，其上的挡铁压下 a_0 时，控制气体使缸 B 的主控阀 b 右侧有控制信号，并使阀处于右位，使 B 缸活塞杆缩回，实现动作 B_0（缩臂）。

⑤ 当 B 缸活塞杆缩回，其上的挡铁压下 b_0 时，控制气体使缸 D 的主控阀 d 右侧有控制信号，并使阀处于右位，使 D 缸活塞杆右移，通过齿轮齿条机构带动立柱左回转，实现动作 D_1（立柱左回转）。

⑥ 当 D 缸活塞杆伸出，其上的挡铁压下 d_1 时，控制气体使 C 缸的主控阀 c 右侧有控制

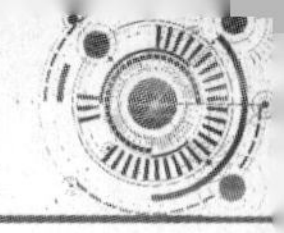

信号，并使阀处于右位，使 C 缸活塞杆伸出，实现动作 C_1（立柱上升）。

⑦ 当 C 缸活塞杆伸出，其上的挡铁压下 c_1 时，控制气体使 A 缸的主控阀 a 右侧有控制信号，并使阀处于右位，使 A 缸活塞杆伸出，实现动作 A_1（放开工件）。

⑧ 当 A 缸活塞杆伸出，其上的挡铁压下 a_1 时，控制气体使 D 缸的主控阀 d 左侧有控制信号，并使阀处于左位，使 D 缸活塞杆左移，带动立柱右回转，实现动作 D_0（立柱右回转）。

⑨ 当 D 缸活塞杆上的挡铁压下 d_0 时，控制气体使 C 缸的主控阀 c 左侧又有控制信号，并使阀处于左位，使 C 缸活塞杆缩回，实现动作 C_0，于是下一个工作循环又重新开始。

7.8　PLC 在气压传动系统中的应用

随着现代制造技术的快速发展，工业生产的工序越来越复杂，生产方式正趋于多样化，新型自动化生产设备的需求已向智能化、信息化、集成化、高效率和标准化方向发展。因此，对液压与气压传动系统在灵活通用、控制精确、可靠性强等方面提出了更高要求。传统的固定接线式的继电器控制方式和单纯的传动控制系统已经不能适应时代的需求，因此，将现代电气控制技术、传感器技术、工业机器人技术等多类型新型技术相融合，确保生产过程的自动化和智能化，减少系统的故障，提高控制的准确性，以最小的投入获取最大经济效益，成为液压气动技术发展的必然趋势。

可编程控制器（Programmable Logic Controller，PLC）作为先进的工业控制器，无论在开发方法、应用范围还是系统可靠性等方面，都非常适合发挥气动系统的优势，成为目前气动控制系统中的首选控制方案。同时，工业机器人具有极高的灵活度、精确度和安全性，可按照预先编排的程序、人工智能技术制定的原则纲领行动，与气动技术相结合，广泛应用于精密装配、焊接、喷涂、搬运、上下料等自动化生产场景。

现以专用气动打孔机、气动搬运机械手等实例，详细介绍基于 PLC、工业机器人和气动技术的控制系统开发步骤和设计方法。

7.8.1　气动搬运机械手 PLC 控制系统

气动搬运机械手是工业机器人系统中传统的任务执行机，能部分代替人工操作，按照生产工艺的要求，遵循一定的程序、时间和位置来完成工件的传送和装卸等工作。机械手虽然不如人手那样灵活，但它具有能不断重复工作和劳动、不知疲劳、不怕危险、抓举重物的力量比人手大等特点，因此，气动搬运机械手技术得到越来越广泛的应用。下面介绍气动搬运机械手的 PLC 控制系统。

1. 工作过程分析

气动搬运机械手搬运工件的流程如图 7-59 所示。气动机械手将传送带 A 上的工件搬运到传送带 B 上，其中 A 为步进式传送带，每当机械手从传送带 A 上取走一个工件时，该传送带向前步进一个距离，使机械手能够在下一个工作循环中取走工件。

机械手的回转运动由气动阀 Y1 和 Y2 控制，机械手的上下运动由气动阀 Y3 和 Y4 控制，机械手的夹紧与放松由气动阀 Y5 控制，传送带 A、B 分别由电动机 M1 和 M2 驱动。气动搬运机械手的工作流程图如图 7-60 所示。

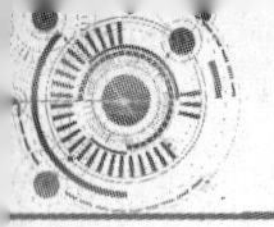

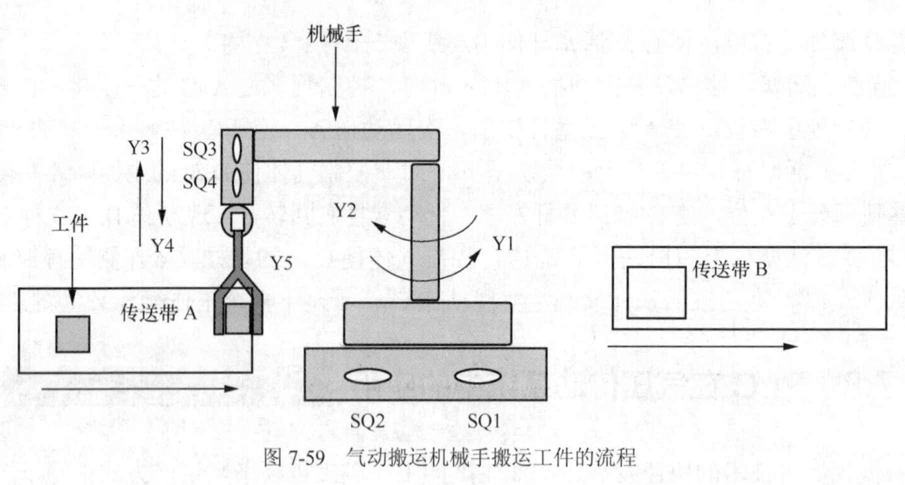

图 7-59　气动搬运机械手搬运工件的流程

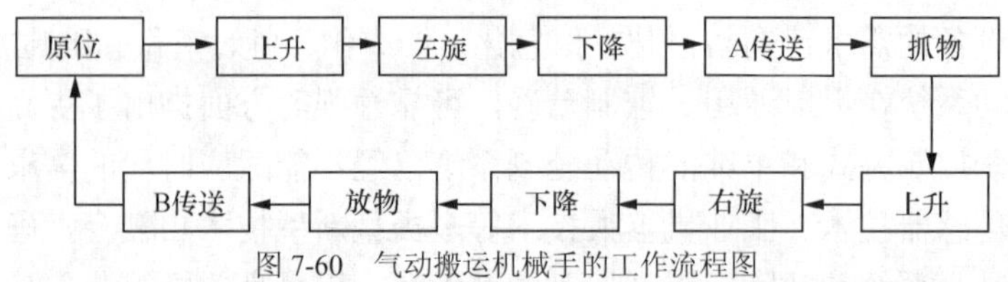

图 7-60　气动搬运机械手的工作流程图

（1）机械手在原始位置时（右旋止点）SQ1 动作。此时按下启动按钮，机械手爪松开，传送带 B 开始运动，机械手手臂开始上升；手臂上升到上止点，SQ2 动作，机械手开始左旋；左旋到左止点，SQ3 动作，机械手开始下降；下降到下止点，SQ4 动作，传送带 A 启动，向机械手方向前进一个工件的距离后停止，机械手开始抓物。

（2）机械手抓物时，延时 1s 左右后开始上升；机械手上升到上止点，SQ2 动作，上升动作结束，机械手开始右旋；右旋到右止点，SQ1 动作，机械手开始下降；下降到下止点，SQ4 动作，机械手松开，放下工作。

（3）机械手放下工件，经过适当延时，一个工作循环过程完毕。

2. PLC 控制器的选型

由于气动搬运机械手系统的输入/输出（I/O）点较少，要求电气控制部分体积小，成本低，并能够用计算机对 PLC 进行监控和管理，该机械手的控制为纯开关量控制，且 I/O 点数不多，考虑留有一定的余量，故选用日本三菱公司生产的多功能小型 FX_{1N}-24MT-D 主机。

3. I/O 地址配置表

根据气动搬运机械手的控制要求，PLC 的输入、输出地址见表 7-12。

表 7-12　气动搬运机械手 PLC 控制系统的 I/O 地址配置

输入			输出		
器件代号	地址号	功能说明	器件代号	地址号	功能说明
SQ1	X0	回转缸磁性开关	YV1	Y1	气缸右旋
SQ2	X1		YV2	Y2	气缸左旋
SQ3	X2	手臂上/下气缸磁性开关	YV3	Y3	手臂上升
SQ4	X3		YV4	Y4	手臂下降

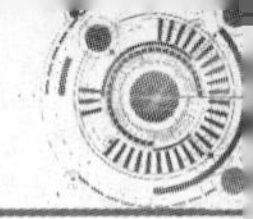

续表

输入			输出		
器件代号	地址号	功能说明	器件代号	地址号	功能说明
开关 0	X4	单步	YV5	Y5	夹紧与放松
开关 1	X5	循环	M1(KA1)	Y0	传送带 A
开关 2	X6	手动启动	M2(KA2)	Y6	传送带 B
开关 3	X7	手动复位			
开关 4	X10	手动到原点			
开关 5	X11	紧急停止			

4. 电气硬件接线设计

该气动搬运机械手选用三菱公司FX系列PLC，对应的I/O电气接口如图7-61所示。SQ1～SQ4 4 个磁性开关、开关 0～5 分别接 PLC 的 X0～X7、X10、X11 这 10 个输入，输出 Y1～Y5 分别接电磁阀的 YV1～YV5。

正常运行时，首先启动气泵，压力到达调定值后，可分别在各个控制气阀上加上 24V 电压，确认上下气缸、手爪气缸及回旋气缸动作正确。按接口电路图连线，输入程序，检查无误后，开启 24V 电源运行。

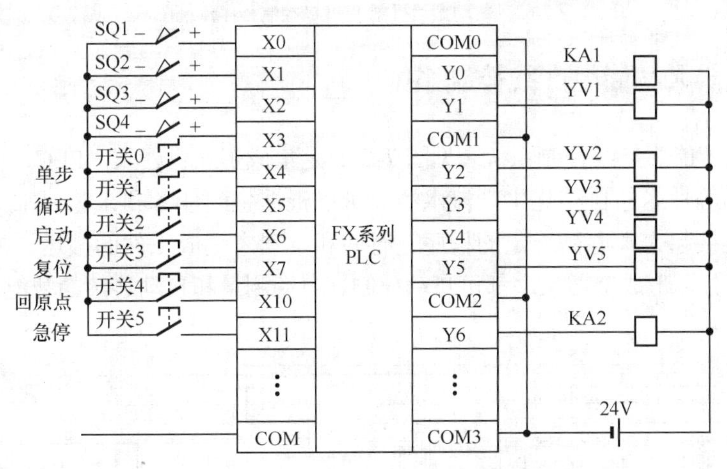

图 7-61　气动搬运机械手电气连接图

5. PLC 控制程序设计

气动搬运机械手的动作是顺序动作，每一个动作都是在前一动作完成的基础上进行的，控制程序采用了步进顺控指令方法编程。另外，气动搬运机械手的气动必须在原位状态下才能启动，需要 Y1、Y3、Y5 先断电，使气缸均回到原点状态，程序中使用了 RSTY1、RSTY3、RSTY5 等指令使 Y1、Y3、Y5 复位。气动搬运机械手 PLC 控制程序流程图如图 7-62 所示。

气动搬运机械手
PLC 程序梯形图

气动搬运机械手
PLC 程序语句

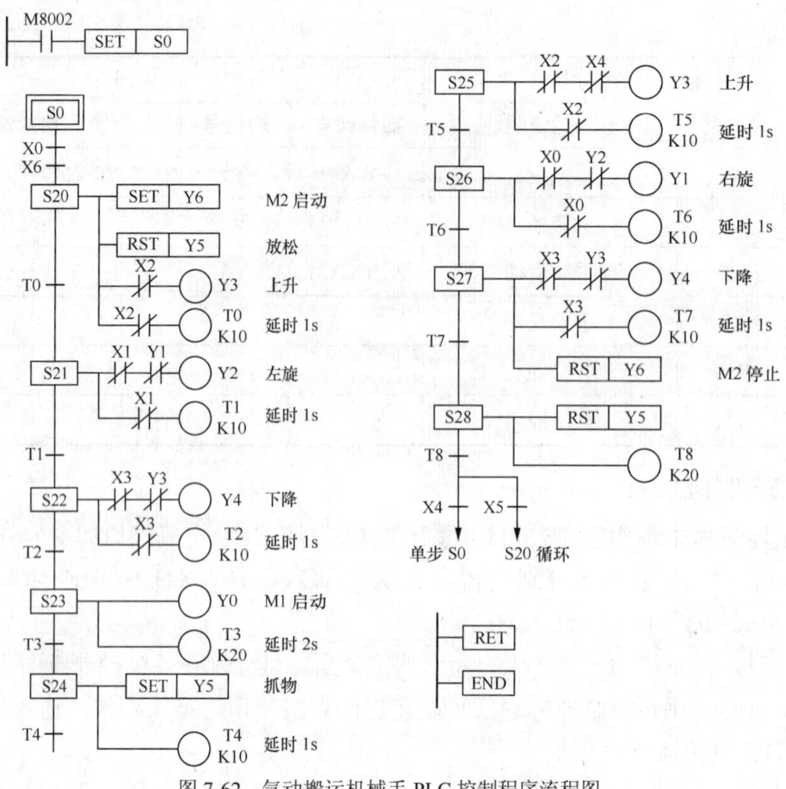

图 7-62　气动搬运机械手 PLC 控制程序流程图

7.8.2　工业机器人智能生产线控制系统

工业机器人智能生产线控制系统（见图 7-63）是集成工业机器人、PLC、机器视觉、伺服控制和气压传动等技术的自动化生产流水线。可以根据生产任务和工艺要求，把一条生产线上的各类设备连接起来，遵循一定的程序、时间和位置来完成工件的搬运、外观检测、装配和分拣等生产任务，形成全部工序都可自动控制、自动测量和自动连续的智能化生产系统。

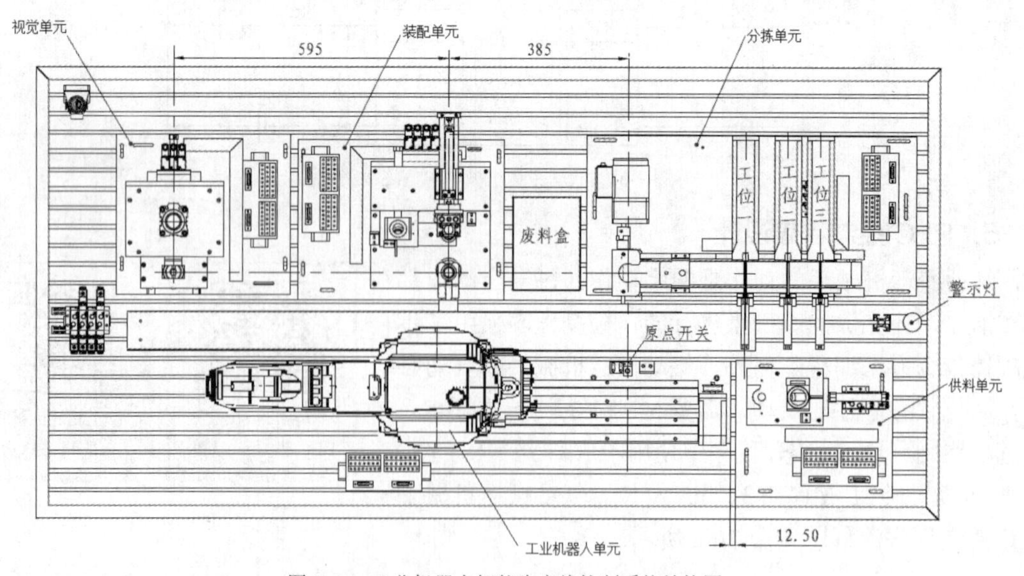

图 7-63　工业机器人智能生产线控制系统结构图

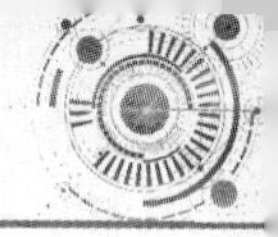

1. 工作过程分析

工业机器人智能运动控制系统由工业机器人单元、供料单元、视觉单元、装配单元和分拣单元组成。

工业机器人单元，精确定位到指定单元的物料台，驱动其气动夹具抓取物料台上的工件，将工件搬运到指定位置。

供料单元，主要完成待加工工件（原料）的自动管理，按照需要将放置在料仓中待加工工件（原料）自动地推出到物料台上，以便工业机器人将工件抓取，搬运到视觉单元上。

视觉单元，通过视觉软件检测识别工作台上工件的属性，判断工件是否合格。

装配单元，完成放置在装配料斗的半成品工件的装配，将该单元料仓内的黑色或白色小圆柱工件装配嵌入至待装配工件中。

分拣单元，是生产工序的最末单元，完成对上一单元送来的已加工、装配的工件进行分拣，使不同颜色的工件从不同的料槽分流的功能，完成整个工件生产工序。

2. 机械结构和工作原理分析

各个单元的结构和工作原理如下。

（1）工业机器人单元。采用 ABB 公司的 IRB120 型六轴工业机器人，在整个系统中承担搬运任务，按照任务要求将物料抓取、搬运至指定位置。

工业机器人单元IRB120的基本组成部件包括机器人本体、控制柜、示教器和夹持器等，如图 7-64 所示。工业机器人本体：IRB120 机器人是由六个转动轴组成的空间六杆开链机构，运行范围角度为空间任何一个角落，承载能力在 3kg 以下，运动范围在 0.58m 以内。夹持器：用来抓取物品的作业工具，种类也多种多样，一般常见的夹持器有电磁吸盘、真空吸盘和气动抓手三大类，本系统中采用的夹持器是气动抓手。示教器：可用来现场在线编程，外观设计和触摸屏界面布局相似。控制柜：IRB120 采用的是 IRC5 紧凑型控制柜，柜内主要由轴计算机控制板、伺服驱动、I/O 接口板等组成。

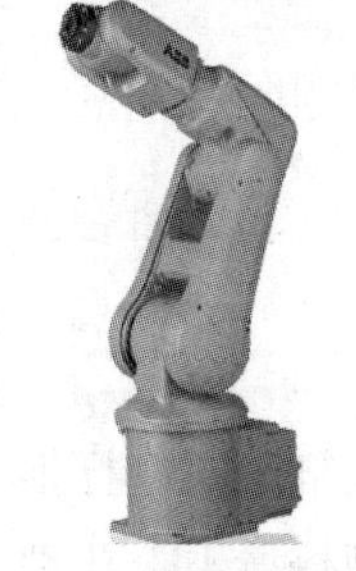

（a）工业机器人本体

（b）控制柜

（c）夹持器

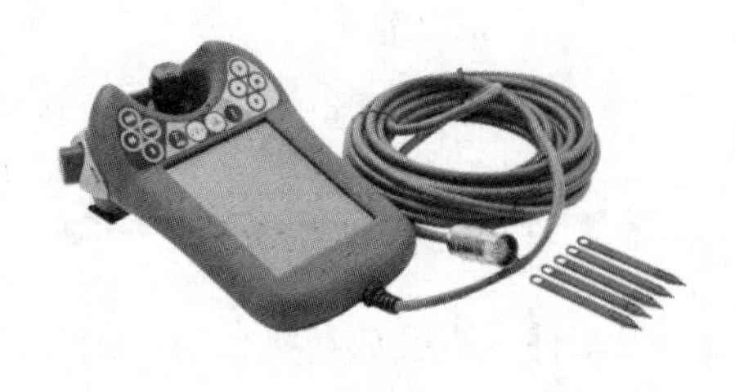

（d）示教器

图 7-64 工业机器人单元 IRB120 组成

工业机器人单元工作流程：抓取供料站出料台工件→搬运至视觉检测台完成质量检测（若不合格）→抓取搬运至装配单元物料台完成装配→抓取搬运至分拣单元传送带上方入料口→完成，如图 7-65 中 1、2、3 工作流程；或抓取供料站出料台工件→搬运至视觉检测台完成质量检测（若合格）→抓取搬运至分拣单元传送带上方入料口→完成，如图 7-65 中 1、4 工作流程。

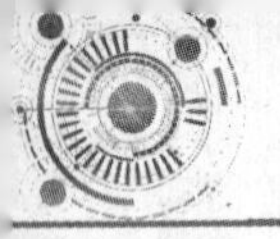

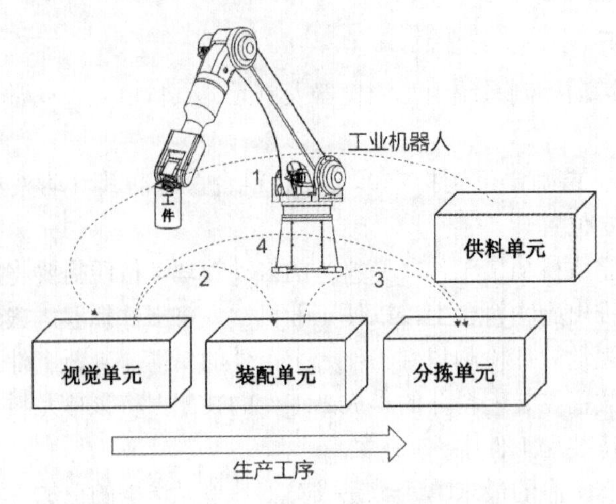

图 7-65　工业机器人单元工件搬运流程图

（2）供料单元。供料单元是整个系统中的起始单元，起着向后续单元提供原料的作用。如图 7-66 所示为供料单元结构图。

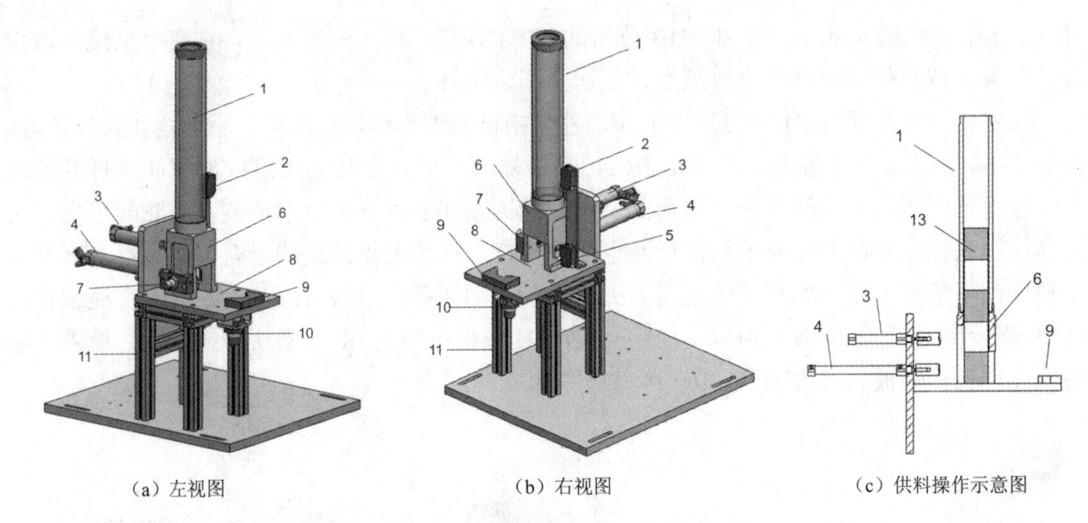

1—工件装料管　2、5、10—光电传感器　3—顶料气缸　4—推料气缸　6—料仓底座
7—金属传感器　8—出料口　9—出料挡板　11—支架

图 7-66　供料单元结构图

工件垂直叠放在料仓中，在需要将工件推出到物料台上时，首先使夹紧气缸的活塞杆推出，压住次下层工件；然后使推料气缸活塞杆推出，从而把最下层工件推到物料台上。在推料气缸返回并从料仓底部抽出后，再使夹紧气缸返回，松开次下层工件。这样，料仓中的工件在重力的作用下，就自动向下移动一个工件，为下一次推出工件做好准备。

在底座、管形料仓中分别安装一个漫射式光电开关，检测料仓中有无储料或储料是否足够。出料台下面设有一个圆柱形漫射式光电接近开关，检测是否有工件存在，以便向系统提供本单元出料台有无工件的信号。在工业机器人单元的控制程序中，就可以利用该信号状态来判断是否需要工业机器人来抓取此工件。

（3）视觉单元。通过数字图像处理技术检测识别工作台上工件的属性，或者判断工件是

否合格。主要结构组成为：工业相机、LED 环形光源、检测台、视觉电源、显示器、视觉控制器和接线端口等，其部分结构如图 7-67 所示。工业机器人搬运物料到视觉单元后，将到位 I/O 信号送至 PLC，PLC 向视觉控制器发送拍照触发信号，视觉控制器运行视觉检测算法，并将检测结果信号通过数据接口反馈给 I/O 板和 PLC，完成工件的视觉检测。如果检测工件未装配，则通过工业机器人抓取送至装配单元进行工序加工；如果工件检测合格，则送至分拣单元进行分拣处理；若检测工件质量不合格，则通过工业机器人抓取送至废料盒。

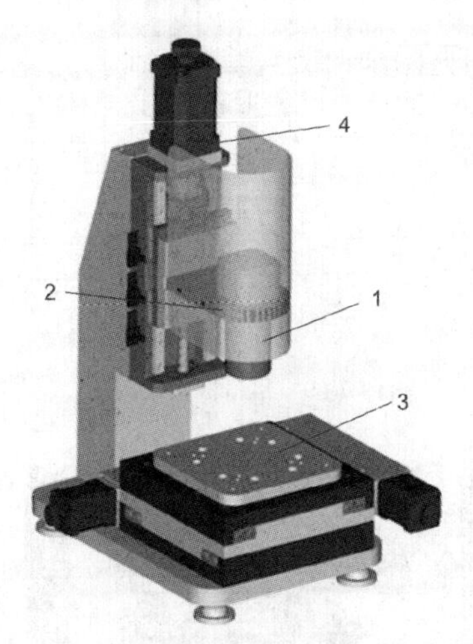

1—工业相机　2—LED 环形光源　3—检测台　4—相机上下移动模块

图 7-67　视觉单元部分结构图

（4）装配单元。完成将该单元料仓内的黑色或白色小圆柱工件嵌入到已加工的工件中的装配过程。结构组成包括：管形料仓、供料机构、回转物料台、机械手、待装配工件的定位机构、气动系统及其阀组等。装配单元结构如图 7-68～图 7-70 所示。

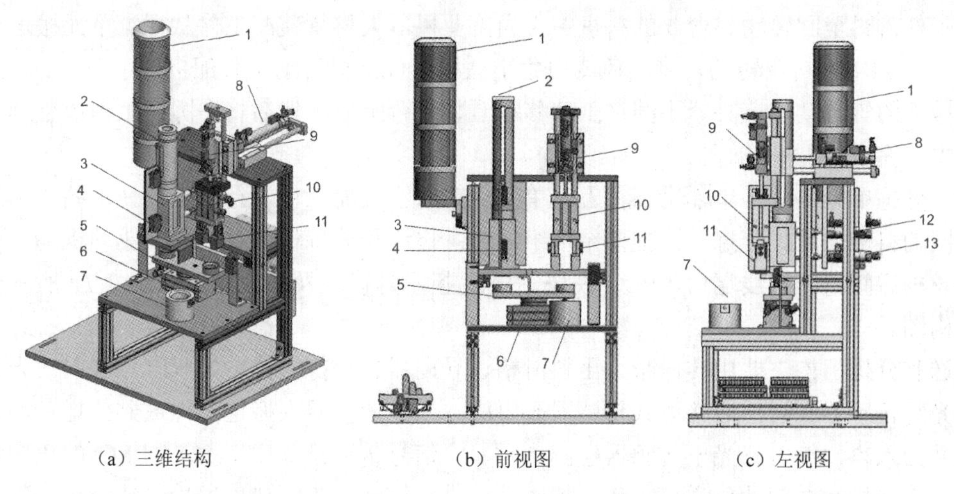

1—警示灯　2—管形料仓　3—料仓底座　4—光电传感器　5—回转物料台　6—摆动气缸　7—装配台
8—伸缩气缸　9—提升气缸　10—气动手指　11—夹紧器　12—顶料气缸　13—挡料气缸

图 7-68　装配单元结构图

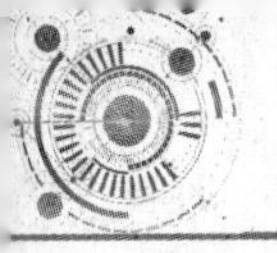

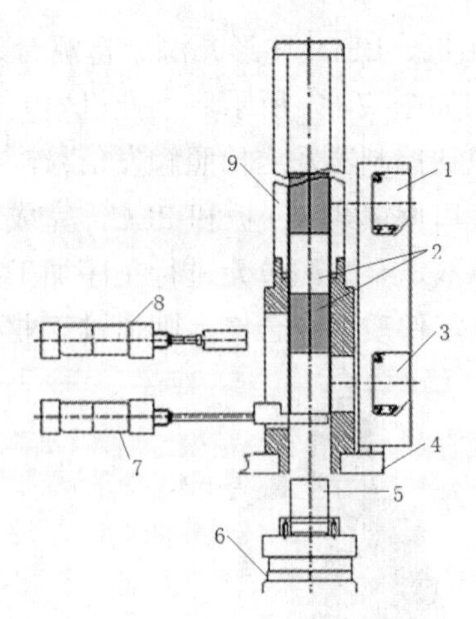

1、3—光电开关 2—小圆柱工件 4—料仓固定底板 5—已伸出的工件
6—回转物料台 7—挡料气缸 8—顶料气缸 9—料仓

图 7-69 落料机构结构图

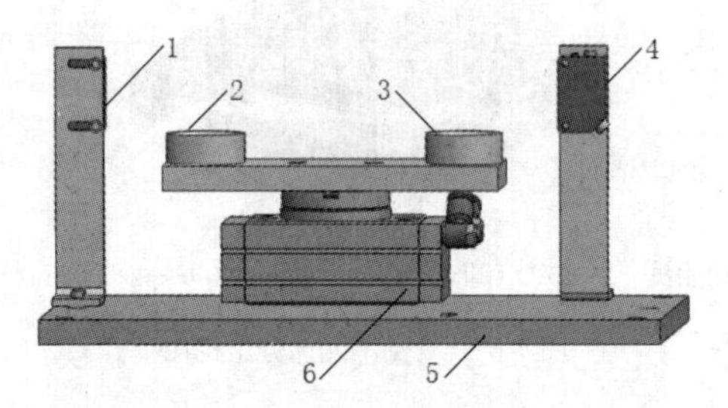

1、4—光电开关 2、3—料盘 5—装配台底板 6—摆动气缸

图 7-70 回转物料台结构图

如图 7-68 所示，通过管形料仓上的顶料气缸 12 和挡料气缸 13 先后动作，将黑色或白色小圆柱工件落料至回转物料台 5 的料盘中，当工业机器人将待装配工件从视觉单元搬运至装配台 7 后，回转物料台转动，将黑色或白色小圆柱工件落料转动至装配机械手正下方，PLC 控制机械手的气缸动作，夹紧小圆柱工件移动至装配台上方，然后将小圆柱工件放置到待装配工件中，完成装配操作。

（5）分拣单元。分拣单元用来将上一单元送来的已装配工件进行分拣，使不同颜色的工件从不同的料槽分流。分拣单元主要结构组成为：传送和分拣机构、传送带驱动机构、变频器模块、电磁阀组、接线端口、PLC 模块、按钮/指示灯模块及底板等。如图 7-71 所示分拣单元结构图。

传送和分拣机构主要由传送带、出料滑槽、导向器、分拣（推料）气缸、漫射式光电传感器、光纤传感器和磁感应接近式传感器等组成。当工业机器人搬运工件放到传送带的导向器中，并为入料口漫射式光电传感器检测到时，将信号传输给 PLC，通过 PLC 的程序启动变频器，电动机运转驱动传送带工作，把工件带进分拣区，光纤传感器检测待分拣工件的颜色，根据检测结果分别控制对应分拣气缸动作，将工件推送至相应的物料槽中，完成工件分类工作。

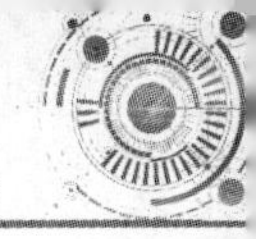

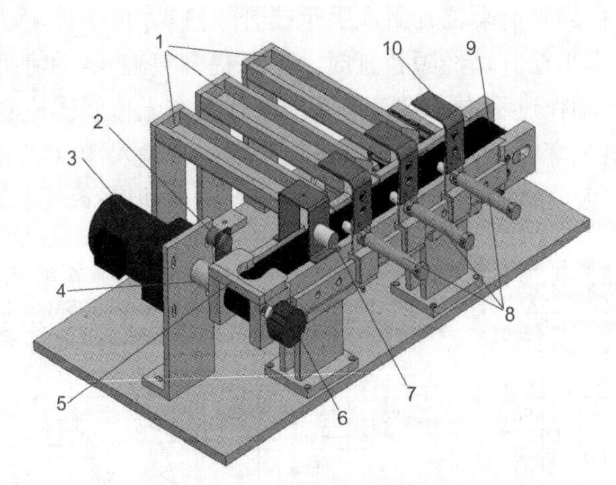

1—出料滑槽　2—进料光电传感器　3—减速电动机　4—联轴器　5—导向器　6—编码器
7—金属传感器　8—分拣气缸　9—传送带　10—光纤传感器

图 7-71　分拣单元结构图

3. 气动回路设计

（1）供料单元

气动控制回路是本工作单元的执行机构，供料单元气动控制回路如图 7-72 所示，图中 1A 和 2A 分别为推料气缸和顶料气缸。1B1 和 1B2 为安装在推料气缸的两个极限工作位置的磁感应接近开关，2B1 和 2B2 为安装在推料缸的两个极限工作位置的磁感应接近开关。1Y1 和 2Y1 分别为控制推料气缸和顶料气缸的电磁阀的电磁控制端。通常，这两个气缸的初始位置均设定在缩回状态。该执行机构的控制逻辑控制功能由 PLC 实现。

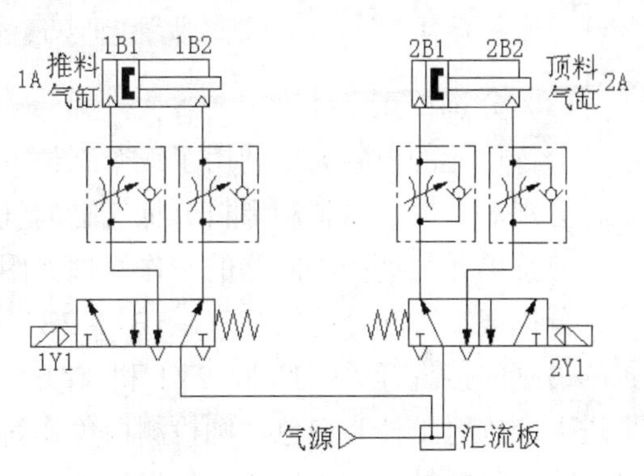

图 7-72　供料单元气动控制回路

（2）装配单元

装配单元气动控制回路如图 7-73 所示。系统气源接通后，顶料气缸 1A 的初始位置在缩回状态，挡料气缸 2A 的初始位置在伸出状态。当从料仓上面放下工件时，工件将被挡料气缸 2A 活塞杆终端的挡块阻挡而不能落下。需要进行落料操作时，首先使顶料气缸 1A 伸出，把次下层的工件夹紧，然后挡料气缸缩回，工件掉入回转物料台的料盘中。之后挡料气缸复位伸出，顶料气缸缩回，次下层工件跌落到挡料气缸终端挡块上，为再一次供料做准备。

回转物料台由摆动气缸 5A 驱动料盘旋转 180°，从而实现把从供料机构落下到料盘的工件移动到装配机械手正下方的功能。

装配机械手装置是一个三维运动的机构，由水平方向移动的手爪伸出气缸 3A、竖直方向移动的手爪提升气缸 4A 和手指气缸 6A 组成。PLC 驱动与手爪提升气缸 4A 相连的电磁换向阀动作，由手爪提升气缸 4A 驱动气动手指向下移动，到位后，手指气缸 6A 伸出驱动手爪夹紧物料，并将夹紧信号通过磁性开关传送给 PLC，在 PLC 控制下，手爪提升气缸 4A 复位，被夹紧的物料随气动手指一并提起，离开当回转物料台的料盘，提升到最高位后，手爪伸出

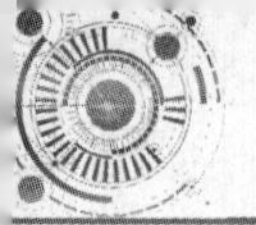

气缸3A活塞杆伸出，移动到前端位置后，手爪提升气缸4A再次被驱动下移，移动到最下端位置，手指气缸复位，手爪松开，经短暂延时，手爪提升气缸4A和手爪伸出气缸3A缩回，机械手恢复初始状态。动作过程中，除气动手指松开到位无传感器检测外，其余动作的到位信号检测均采用与气缸配套的磁性开关，将采集到的信号输入PLC，由PLC输出信号驱动电磁阀换向，使由气缸及气动手指组成的机械手按程序自动运行。

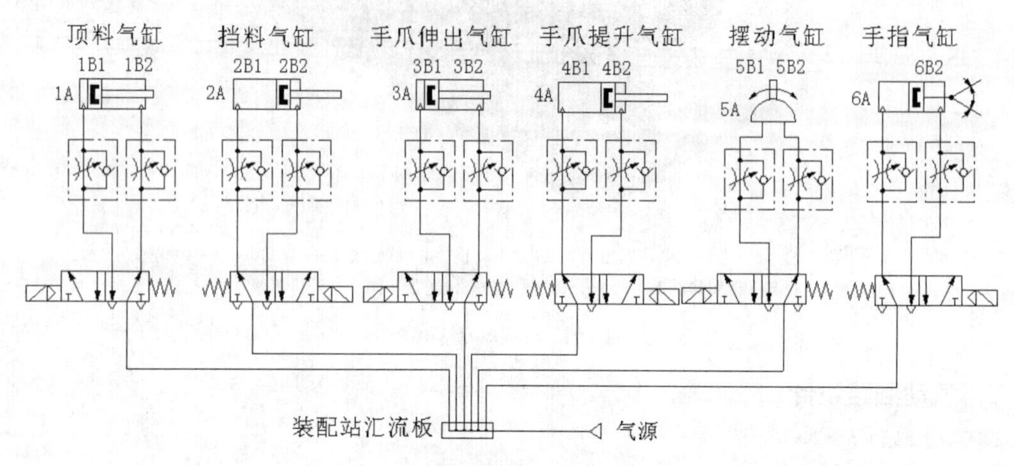

图7-73　装配单元气动控制回路

（3）分拣单元

分拣单元的电磁阀组使用了三个二位五通的带手控开关的单电控电磁阀，安装在汇流板上，分别对金属、白料和黑料分拣气缸的气路进行控制，以改变各自的动作状态。

分拣单元气动控制回路的工作原理如图7-74所示。图中1A、2A和3A分别为分拣气缸一、分拣气缸二和分拣气缸三。1B1、2B1和3B1分别为安装在各分拣气缸的前极限工作位置的磁感应接近开关。1Y1、2Y1和3Y1分别为控制三个分拣气缸电磁阀的电磁控制端。如果进入分拣区工件为白色，则检测白色物料的光纤传感器动作，作为1号槽分拣气缸启动信号，将白色料推到1号槽里，如果进入分拣区工件为黑色，检测黑色的光纤传感器作为2号槽分拣气缸启动信号，将黑色料推到2号槽里，工件加工工序完成。

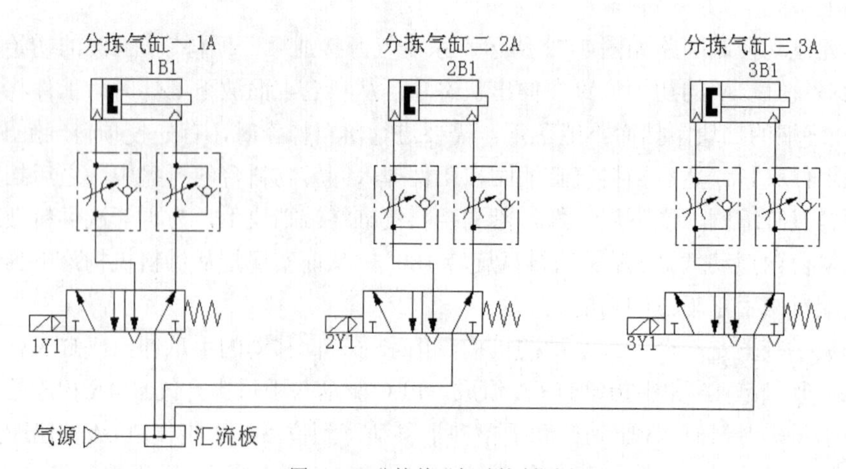

图7-74　分拣单元气动控制回路

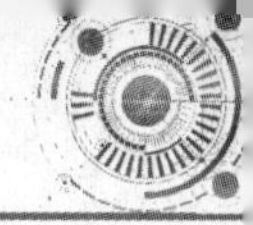

4. 电气控制系统设计

根据工作单元装置的工作任务要求，系统的每一工作单元都可自成一个独立的系统，供料单元、视觉单元、装配单元和分拣单元采用基于以太网通信的 PLC 网络控制方案，即每一工作单元选用一台型号为西门子 S7-1215C AC/DC/RLY 的 PLC 承担其控制任务，通过交换机以 S7 通信协议通信实现互联的分布式控制方式，组建成一个小型的 PLC 网络，而工业机器人单元与各单元的通信采用 DeviceNet 总线。下面详细介绍工业机器人搬运系统的设计和开发方法。

一个完整的工业机器人搬运系统需要进行任务分析与设计、I/O 配置、程序数据创建、目标点示教、程序编写调试四大步骤。通过编写好的程序， 制定好机器人的运动轨迹，将物料送往指定的设备进行工艺分析，从而完成一整套的全自动动作流程。

（1）工业机器人搬运系统编程分析与设计

下面以工业机器人从供料单元抓取工件搬运至视觉单元为例介绍工业机器人的编程方法。在工业机器人基坐标系下进行编程，每一次搬运的步骤为，工业机器人回到工作原点→移动至抓取工件位置正上方→下降到工件位置→打开气动夹具→气动夹具夹紧等待 1s→直线上升到 E 位置正上方→机器人移动到安全位置→移动至放置位置正上方→直线下降到放置位置→松开气动夹具→气动夹具松开等待 1s→直线上升到放置位置正上方→机器人移动至工作原点。工业机器人搬运规划路线如图 7-75 所示。

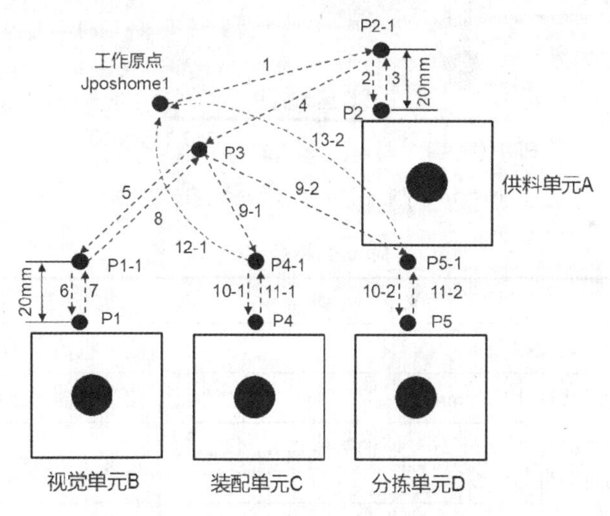

图 7-75 工业机器人搬运规划路线

（2）I/O 信号配置

搬运机器人内部系统信号有系统急停、伺服启动、程序启动、程序暂停等，除了这些内部基本信号外，还有 DI、DO 信号等机器人外部辅助信号，主要用来监控抓手打开关闭状态、传感器状态、控制电磁阀动作状态和其他设备的信号，以满足作业所需的辅助控制要求。I/O 板采用的是一款 16 数字量输入和 16 数字量输出 DSQC652 板，安装在机器人的控制柜。

（3）程序数据创建和指令

程序数据（Program Data）是 RAPID 指令的基本组成部分，程序数据的主要作用体现在规划机器人的姿态、运动速度、载荷能力、工件位置等几个方面。编程前需要把这些参数先

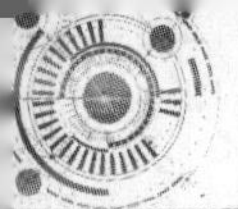

定义好为编程做准备。RAPID 程序的基本架构见表 7-13。

表 7-13　　RAPID 程序的基本架构

RAPID 程序			
程序模块 1	程序模块 2	程序模块 *n*	系统模块
程序数据	程序数据	……	程序数据
主程序 main	例行程序	……	例行程序
例行程序	中断程序	……	中断程序
中断程序	功能	……	功能
功能		……	

工业机器人搬运系统中主要使用了线性运动指令 MoveL，如图 7-76 所示，是将机器人 TCP 从起点移动到给定目标点之间的路径始终保持为直线运动的命令，其指令解析见表 7-14。一般适用于对路径精度要求高的场合，如切割、涂胶等。

例如：MoveL p40, v1000, z50,tool1\WObj:= wobj1;

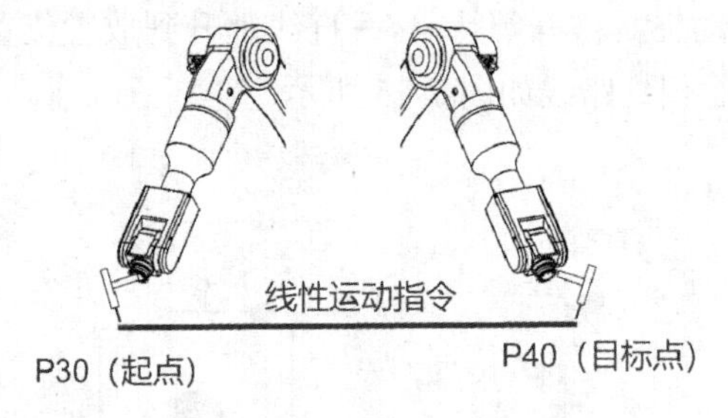

图 7-76　工业机器人搬运系统中的运动指令

表 7-14　　MoveL 指令解析

参数	定义	操作说明
p40	目标点位置数据	定义机器人 TCP 的运动目标
v1000	运动速度数据，1000mm/s	定义机器人运动速度（mm/s）
z50	转弯区数据为 50mm，转弯区的数值越大，机器人的运动越圆滑与流畅	定义转弯区的大小（mm）
tool1	工具坐标数据	定义当前指令使用的工具坐标
wobj1	工件坐标数据	定义当前指令使用的工件坐标

运用 MoveL 指令实现两点间的移动时，两点间整个空间区域需确保无障碍物，以防止造成碰撞等事故。

（4）目标点示教

根据工业机器人实际运行的位置，定义机器人的程序点，表 7-15 为工业机器人程序点的定义说明。

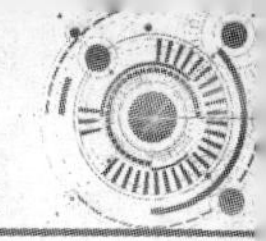

表 7-15 机器人程序点的定义说明

序号	点序号	注释	备注
1	Jposhome1	机器人工作原点	示教器获取
2	P1	视觉单元工件位置	示教器获取
3	P1-1	视觉单元正上方机器人停留点	示教器获取
4	P2	供料单元工件位置	示教器获取
5	P2-1	供料单元正上方过渡点	示教器获取
6	P3	机器人搬运轨迹中间安全位置	示教器获取
7	P4	装配位置	示教器获取
8	P4-1	装配单元正上方过渡点	示教器获取
9	P5	分拣单元工件位置	示教器获取
10	P5-1	分拣单元正上方过渡点	示教器获取

（5）程序编写与调试

程序采用子程序调用的形式，把以上流程写成子程序，主程序主要完成各坐标点的指定和子程序的调用。编程如下。

① 编写主程序，主程序流程如图 7-77 所示。

② 编写复位子程序和回工作原点子程序，复位子程序流程如图 7-78 所示。

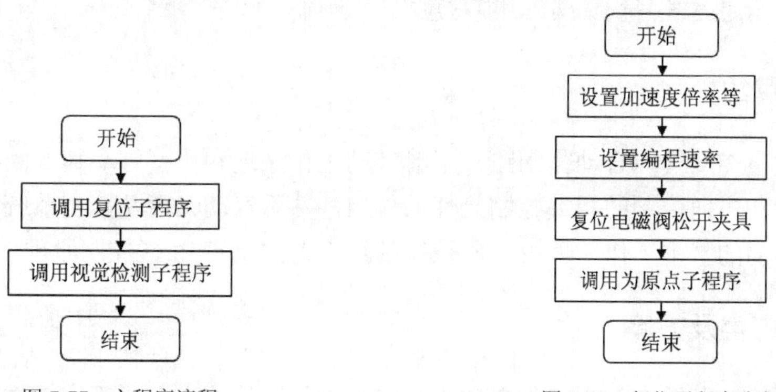

图 7-77 主程序流程

图 7-78 复位子程序流程

③ 编写视觉检测子程序，其流程如图 7-79 所示。

④ 编写搬运工件子程序。编写机器人将工件从视觉单元 B 搬运至装配单元 C 的子程序，其流程如图 7-80 所示。

机器人将工件搬运至其他单元子程序的编写方法类似，可参考以上的复位子程序。

⑤ 机器人程序运行调试，完成搬运功能。

工业机器人因其超高的精度、准确的定位以及超强的稳定性，是实施自动化生产线、智能制造车间、数字化工厂、智能工厂的重要基础装备之一。将工业机器人与传统气压传动设备相结合的智能装备在诸如搬运系统等工作中可以极大地提高劳动生产率，节省人力成本开支，提高定位精度并降低生产过程中的产品损坏率，保证生产的效益最大化。

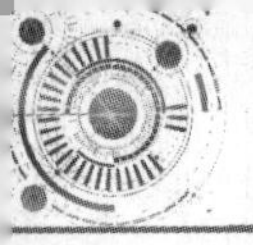

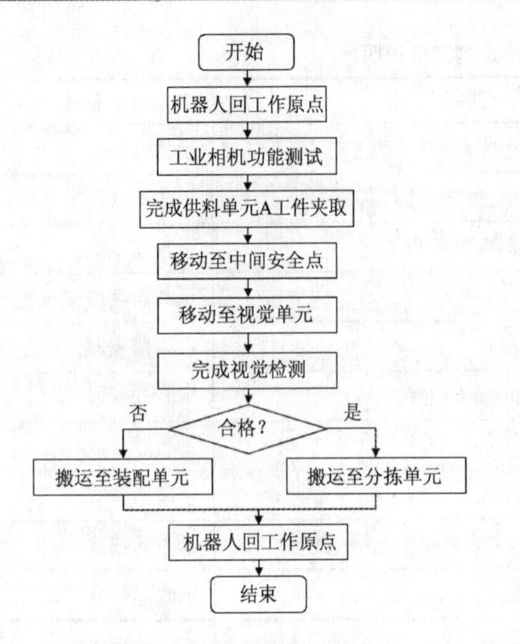

图 7-79　视觉检测子程序流程图

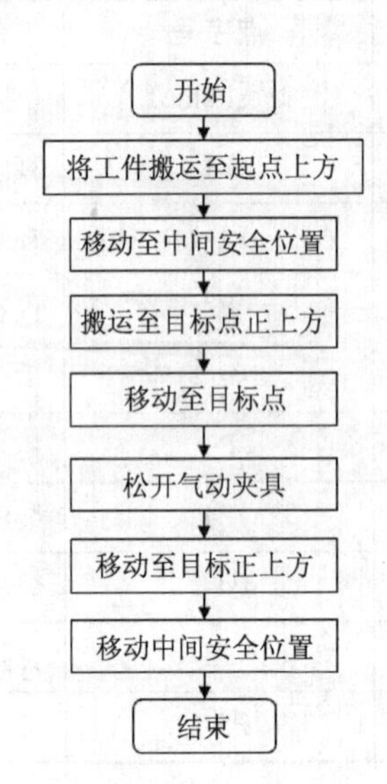

图 7-80　搬运子程序流程图

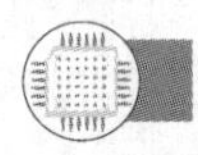

实验与实训

实验十　气动基础及综合控制原理实验

一、实验目的

本实验通过电控双气综合动作回路，了解气动工作原理和典型气动基本回路，了解压力控制、速度控制和方向控制的相关控制元件的作用，熟悉气动元件及其在系统中的作用，进一步熟悉气压传动的基本工作原理及气压系统的继电器控制和PLC控制原理。

二、实验内容及方案

气压传动是通过压缩空气为工作介质进行能量与信号的传递。按系统工作需要，通过控制元件的调节，提供不同的压力、速度和方向给气缸，搭建调压回路、换向回路、节流调速回路、差动快速回路、双缸顺序动作回路和双缸同步回路等基本气动回路，理解和掌握气压传动的基本工作原理，熟悉各类气动元件、气动基本回路及系统控制方式。实验气动回路如图 7-81 所示。

1．调压回路

通过调节气动三联件的减压阀和普通减压阀的调节旋钮，得到指定系统压力。

2．换向回路

通过 PLC 控制电磁换向阀的通电与失电，控制气缸运动方向。

3. 节流调速回路

调节节流阀的开度，控制气缸在运动时不同的速度。

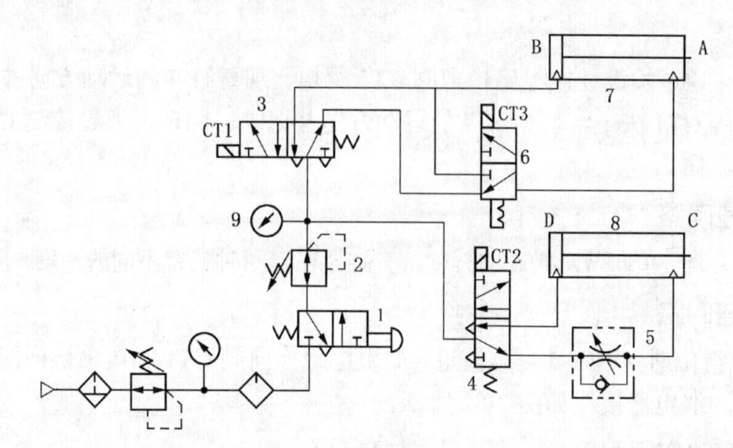

1—二位三通手动换向阀　2—减压阀　3、4—二位五通电磁换向阀　5—节流阀　6—二位三通电磁换向阀
7、8—双作用气缸　9—压力表

图 7-81　气动基础及综合控制原理实验气动回路图

4. 差动快速回路

当只有 CT1 得电时，缸 7 正常前进，如果 CT1 和 CT3 都得电，缸 7 将快速前进。

5. 双缸顺序动作回路

用不同的控制方式实现缸 7 和缸 8 的多种顺序动作控制。

6. 双缸同步回路

通过继电器或 PLC 控制方式实现双缸同步动作：缸 7 缸 8 前进→缸 7 缸 8 后退→停止。

三、实验设备

实验所需液压元件一览表见表 7-16。

表 7-16　实验所需液压元件一览表

元件名称	数量	元件名称	数量	元件名称	数量
二位三通电磁换向阀	1 个	空气压缩机	1 个	实验台	1 个
二位五通电磁换向阀	2 个	气动三联件	1 个	管件	若干条
二位三通手动换向阀	1 个	压力表	2 个	单向节流阀	1 个
电线	若干条	减压阀	1 个	24V 电源	1 个
双作用气缸（带磁性开关）	2 个	PLC	1 个	继电器	若干个

四、实验步骤

1. 调压回路

打开放气阀，首先调节气动三联件的减压阀调节旋钮，得到一个压力值（即系统压力），

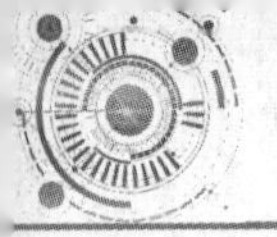

然后调节系统中减压阀 2 的调节旋钮，观察压力表 9 的压力和系统压力值的变化关系，记录两者的压力值。

2．换向回路

打开放气阀，通过按键控制电磁换向阀 CT1 得电，观察缸 7 的运动方向并记录；通过安检控制电磁换向阀 CT1 失电，观察缸 7 的运动方向并记录。同理，通过控制 CT2 得、失电，记录缸 8 的运动方向。

3．节流调速回路

打开放气阀，调节单向节流阀 5 的开度，气缸 8 在退回时就有不同的速度，记录实验数据。

4．差动快速回路

当只有 CT1 得电时，气缸 7 正常前进，如果电磁换向阀 CT1 和电磁换向阀 CT3 都得电，缸 7 将快速前进。继电器接线如图 7-82 所示。

5．双缸顺序动作回路

用不同的控制方式实现缸 7 和缸 8 的多种顺序动作控制。

动作要求：缸 7 前进→缸 8 前进→缸 7 后退→缸 8 后退→停止。气缸动作控制位移步骤如图 7-83 所示。

（1）点动控制

CT1 得电、CT2 失电，缸 7 前进；CT1 得电、CT2 失电，缸 8 前进；CT1 失电、CT2 得电，缸 7 后退；CT1 得电、CT2 失电，缸 8 后退。

① 打开旋钮式阀 1，电磁铁均失电，松节流阀 5。

② 认真地按图 7-84 所示接好线。

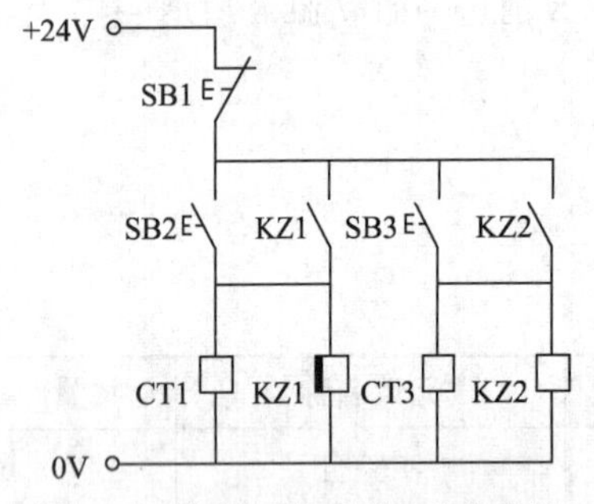

图 7-82　差动快速回路继电器接线图

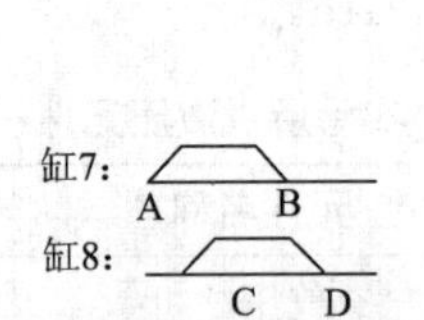

图 7-83　气缸顺序动作控制位移步骤

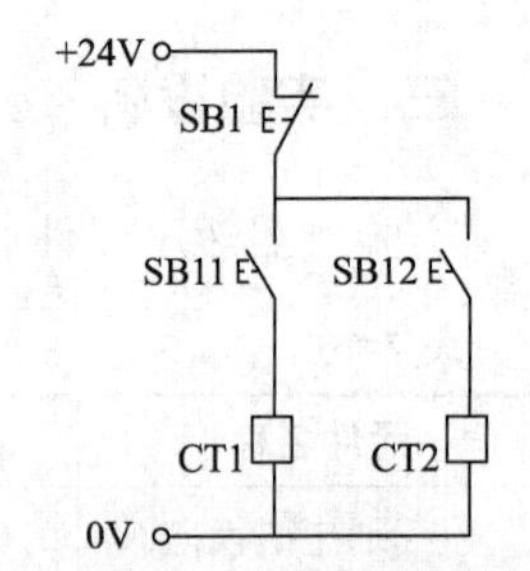

图 7-84　点动控制继电器接线图

注：此处用的是带自锁的按钮，可以尝试用不自锁的按钮来完成此动作过程。

③ 待检查后，按下主面板上的启动按钮，打开气泵的放气阀，压缩空气进入气动三联件，调节减压阀，使压力为 0.4MPa 后，打开手旋阀 1，按下 SB11，缸 7 前进，按下 SB12，缸 8 前进，再按下 SB11，缸 7 后退，再按下 SB12，缸 8 后退。一次动作完成。

（2）PLC 控制

① 打开旋钮式阀 1，电磁铁均失电，松节流阀 5。

② 认真仔细地按图 7-85 所示接好线，待老师检查后，按下主面板上的启动按钮，用下载电缆把计算机和 PLC 连接在一起，将 PLC 状态开关拨向“STOP”端，然后开启 PLC 电源开关。

编写梯形图程序并下载到 PLC 主机里。

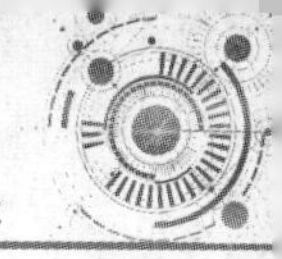

③ 检查好后，打开气泵的放气阀，压缩空气进入气动三联件，调节减压阀，使压力为 0.4MPa 后，打开手旋阀 1，按下按钮 SB1，气缸便按“缸 7 前进→缸 8 前进→缸 7 后退→缸 8 后退→停止”动作一次。

6. 双缸同步回路

动作要求：缸 7、缸 8 前进→缸 7、缸 8 后退→停止。

（1）继电器控制

① 打开旋钮式阀 1，电磁铁均失电，松节流阀 5。

② 认真地按图 7-86 所示接好线。

③ 待检查后，按下主面板上的启动按钮，打开气泵的放气阀，压缩空气进入气动三联件，调节减压阀，使压力为 0.4MPa 后，打开手旋阀 1，按下按钮 SB1 后，缸 7 和缸 8 同时前进，到头后，磁性开关 A 发信号，由原理图可知，KZ1 失电，缸 7 和缸 8 同时后退。因为有单向节流阀的存在，缸 7 和缸 8 会出现不同步现象，可以把单向节流阀从系统中拆除。

（2）PLC 控制

① 打开旋钮式阀 1，电磁铁均失电，松节流阀 5。

② 认真仔细地按图 7-87 接好线，待老师检查后，按下主面板上的启动按钮，用下载电缆把计算机和 PLC 连接在一起，将 PLC 状态开关拨向“STOP”端，然后开启 PLC 电源开关。

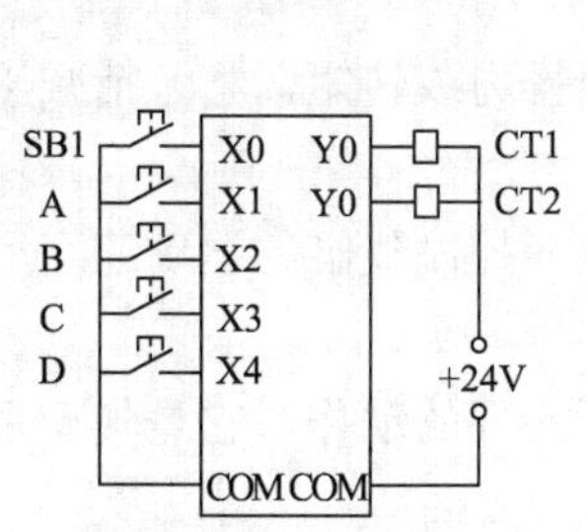

图 7-85 PLC 外部接线图

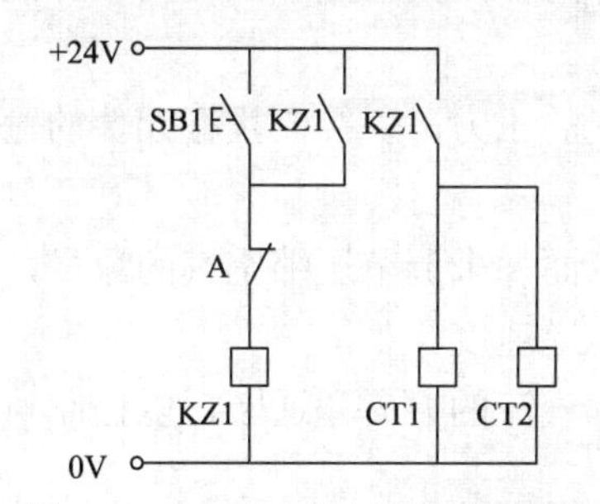

图 7-86 双缸同步继电器控制接线图

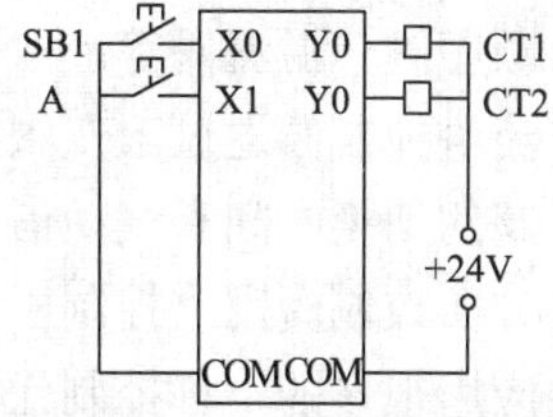

图 7-87 双缸同步回路 PLC 外部接线图

编写程序下载到 PLC 主机里。

③ 待检查后，按下主面板上的启动按钮，打开气泵的放气阀，压缩空气进入气动三联件，调节减压阀，使压力为 0.4MPa 后，打开手旋阀 1，按下 SB1 后，缸 7 和缸 8 同时前进，到头后，磁性开关 A 发信号，由原理图可知，KZ1 失电，缸 7 和缸 8 同时后退。因为有单向节流阀的存在，缸 7 和缸 8 会出现不同步现象，可以把单向节流阀从系统中拆除。

五、实验报告

实验报告应包含以下几方面内容。

① 实验目的和内容。

② 实验设备和工具。

③ 气缸动作控制位移步骤图，记录参数记录。

④ 实验步骤和总结。

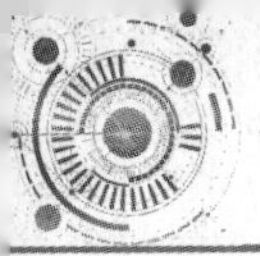

六、思考题

1．缸 7 前进→缸 7 后退→缸 8 前进→缸 8 后退→停止，此动作分别用继电器和 PLC 如何实现？

2．气动系统中为何要有气动三联件？

3．单向节流阀在气路中如何安装？

4．用单气控换向阀与双气控换向阀控制双作用气缸有什么不同特点？

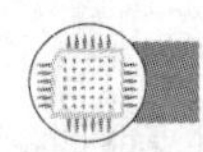

本章小结

本章主要介绍了气压传动系统的组成、气动元件的类型及工作原理、气动回路的工作过程以及典型气动系统的分析等知识。

根据气动元件和装置的不同功能，可将气压传动系统分成四部分：气源装置、气动执行元件、气动控制元件、气动辅件。

气缸是气动系统中应用较广泛的一种执行元件，根据使用条件的不同，其结构、形状也有多种形式。

气动马达是气动系统中的执行元件，其将压缩空气的压力能转换成回转机械能，其作用相当于电动机或液压马达。

压力控制阀用来控制压缩空气的压力，以控制执行元件的输出推力或转矩，它包括减压阀、顺序阀、溢流阀等。

流量控制阀通过改变阀的通流面积来调节压缩空气的流量，从而控制气缸的运动速度、换向阀的切换时间和气动信号的传递速度。

方向控制阀用来控制压缩空气气流的方向和通断，以控制执行元件的动作，它是气动系统中应用很多的一种控制元件。

逻辑阀以压缩空气为介质，利用元件的动作改变气流方向，以实现一定逻辑功能的流体控制元件。

气动基本回路根据其功用可分为方向控制回路、压力控制回路和速度控制回路。气动回路的动作机理与液压回路基本相似。

思考与练习

7-1　说明空气压缩机的工作原理。

7-2　说明后冷却器的作用。

7-3　说明储气罐的作用。

7-4　在压缩空气站中，为什么既有除油器，又有油雾器？

7-5　常用气动三联件是指哪些元件？安装顺序如何？如果不按顺序安装，会出现什么问题？

7-6　气缸有哪些类型？

7-7　气动方向控制阀有哪些类型？各自具有什么功能？

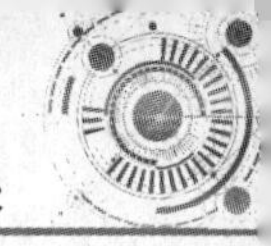

7-8　气动方向控制阀与液压方向控制阀有何相同或相异之处？

7-9　快速排气阀为什么能快速排气？在使用和安装快速排气阀时应注意哪些问题？

7-10　简述图 7-88 所示换向回路中梭阀的作用。

7-11　什么是气动逻辑元件？试述“是门”“与门”“或门”“非门”的逻辑功能，并绘出其逻辑符号。

7-12　气动减压阀与液压减压阀有何相同和不同之处？

7-13　在气压传动中，应选用何种流量控制阀来调节气缸的运行速度？

7-14　为何气动流量控制阀在控制气动执行元件时的运动速度精度不高？如何提高气缸速度的控制精度？

7-15　简述一次压力回路和二次压力回路的主要功用。

7-16　试分析图 7-89 所示气动回路的工作过程。

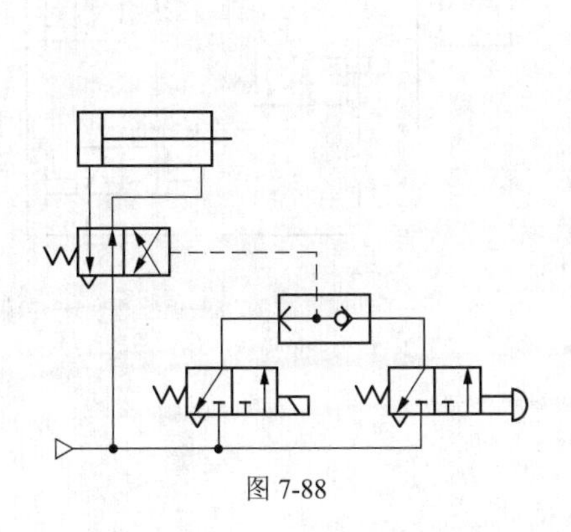

图 7-88

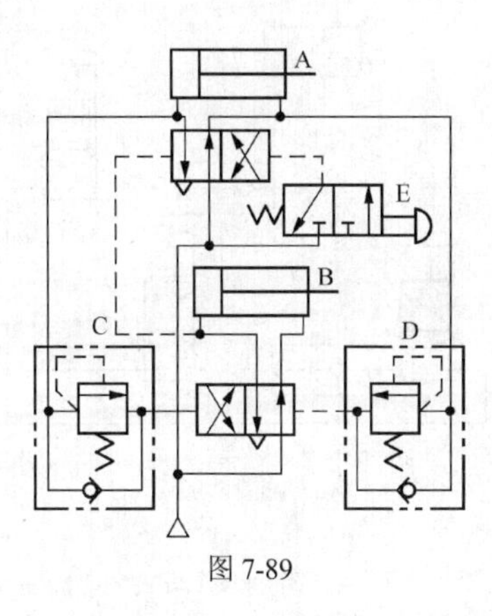

图 7-89

7-17　试用 1 个气动顺序阀、1 个二位四通单电控换向阀和 2 个双作用气缸组成 1 个顺序动作回路。

7-18　试分析图 7-90 所示行程阀控制的连续往复动作回路的工作情况。

7-19　图 7-91 所示为一个双手操作回路，试叙述其回路工作情况。

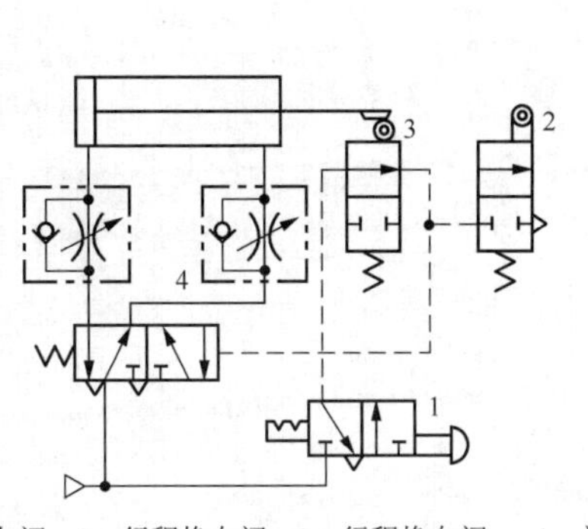

1—手动换向阀　2—行程换向阀　3—行程换向阀　4—单向节流阀

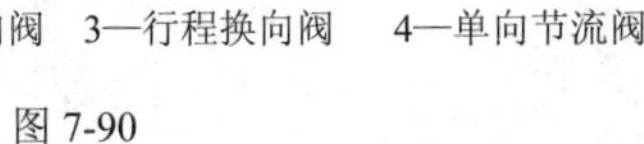

图 7-90

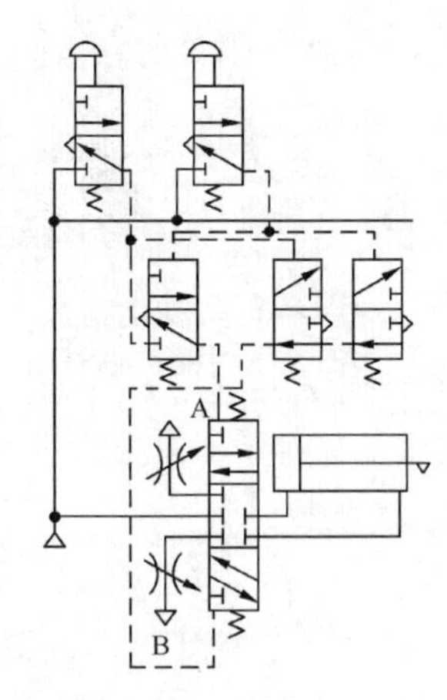

图 7-91

7-20　试分析图 7-92 所示的在三个不同场合均可操作气缸的气动回路工作情况。

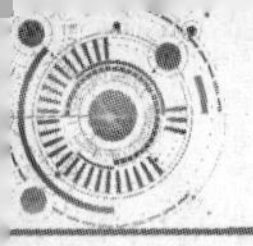

7-21　图 7-93 所示为一气液动力滑台的原理图，说明气液动力滑台实现“快进—工进—慢进—快退—停止”的工作过程。

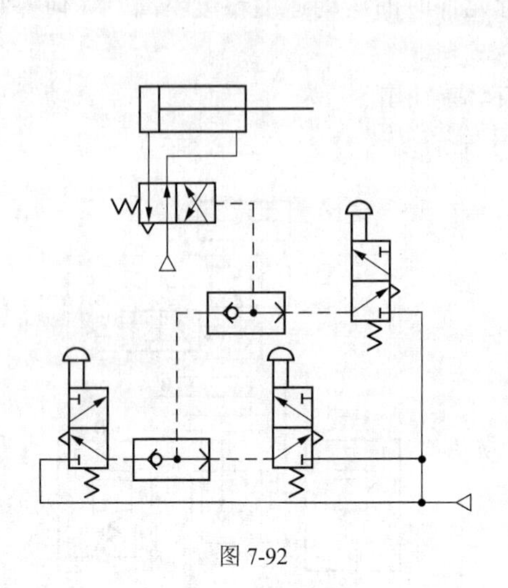

图 7-92

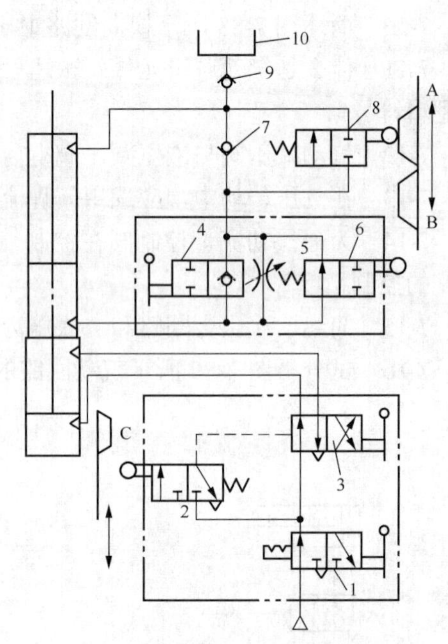

1、3、4—手动阀　2、6、8—机控阀　5—节流阀
7、9—单向阀　10—油箱

图 7-93

常用液压图形符号

（摘自 GB/T 786.1—2009）

（1）液压泵、液压马达和液压缸

名称		符号	说明
液压泵	液压泵		一般符号
	双向定量液压泵		双向旋转，双向流动，定排量
	双向变量液压泵		双向旋转，双向流动，变排量
液压马达	液压马达		一般符号
	单向定量液压马达		单向流动，单向旋转
	单向变量液压马达		单向流动，单向旋转，变排量
	双向变量液压马达		双向流动，双向旋转，变排量
泵-马达	定量液压泵马达		单向流动，单向旋转，定排量

名称		符号	说明
泵-马达	双向变盘泵或马达单元		双向流动，带外泄油路，双向旋转
	静液传动（简化表达）驱动单元		由一个能反转、带单输入旋转方向的变量泵和一个带双输出旋转方向的定量马达组成
单作用缸	单活塞杆缸		详细符号
			简化符号
	单活塞杆缸（带弹簧复位）		弹簧腔室有连接口
	活塞杆终端带缓冲的单作用膜片缸		排气口不连接
	柱塞缸		
	伸缩缸		

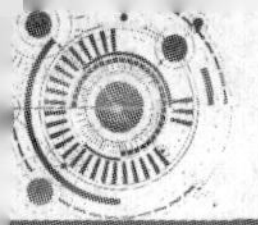

续表

	名称	符号	说明
双作用缸	单活塞杆缸		详细符号
			简化符号
	双活塞杆缸		详细符号
			简化符号
	不可调单向缓冲缸		详细符号
	可调单向缓冲缸		详细符号
	不可调双向缓冲缸		详细符号
	右侧可调双侧缓冲缸		简化符号
	可调双向缓冲缸		详细符号
	单作用伸缩缸		
压力转换器	气-液转换器		单程作用
	增压器	P1 P2	单程作用

	名称	符号	说明
压力转换器	增压器	P1 P2	连续作用
蓄能器	蓄能器		一般符号
	隔膜式充气		
	囊隔式充气		
	活塞式充气		
	气瓶		
	气罐		
能量源	液压源		一般符号
	气压源		一般符号
	电动机		
	原动机		电动机除外

（2）机械控制装置和控制方法

	名称	符号	说明
机械控制件	直线运动的杆		箭头可省略
	旋转运动的轴		箭头可省略
	定位装置		
	锁定装置		* 为开锁的控制方法
	弹跳机构		

	名称	符号	说明
机械控制件	顶杆式		
	可变行程控制式		
	弹簧控制式		
	滚轮式		两个方向操作
	单向滚轮式		仅在一个方向上操作，箭头可省略

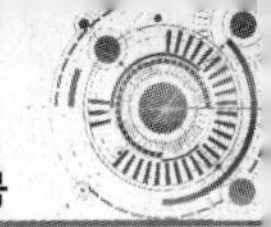

续表

	名称	符号	说明
机械控制方法	人力控制		一般符号
	按钮式		
人力控制方法	拉钮式		
	按-拉式		
	手柄式		
	单向踏板式		
	双向踏板式		
直接压力控制方法	加压或卸压控制		
	差动控制		
先导压力控制方法	液压先导加压控制		内部压力控制
	液压先导加压控制		外部压力控制
	液压二级先导加压控制		内部压力控制，内部泄油
	气-液先导加压控制		气压外部控制，液压内部控制，外部泄油
	电-液先导加压控制		液压外部控制，内部泄油

	名称	符号	说明
先导压力控制方法	液压先导卸压控制		内部压力控制，内部泄油
			外部压力控制（带遥控泄放口）
	电-液先导控制		电磁铁控制、外部压力控制，外部泄油
	先导型压力控制阀		带压力调节弹簧，外部泄油，带遥控泄放口
	先导型比例电磁式压力控制阀		先导级由比例电磁铁控制，内部泄油
电气控制方法	单作用电磁铁		电气引线可省略，斜线也可向右下方
	双作用电磁铁		
	单作用可调电磁操作（比例电磁铁，力矩电机等）		
	双作用可调电磁操作（力矩电机等）		
	旋转运动电气控制装置		
反馈控制方法	反馈控制		一般符号
	电反馈		由电位器、差动变压器等检测位置
	内部机械反馈		如随动阀仿形控制回路等

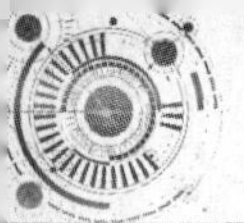

续表

（3）压力控制阀

名称		符号	说明	名称		符号	说明
溢流阀	溢流阀		一般符号或直动型溢流阀	减压阀	先导型比例电磁式溢流减压阀		
	先导型溢流阀				定比减压阀	3 1	减压比 1/3
	先导型电磁溢流阀		（常闭）		定差减压阀		
	直动式比例溢流阀			顺序阀	顺序阀		一般符号或直动型顺序阀
	先导比例溢流阀				先导型顺序阀		
	卸荷溢流阀	p_2 p_1	$p_2 > p_1$ 时卸荷		单向顺序阀（平衡阀）		
	双向溢流阀		直动式，外部泄油	卸荷阀	卸荷阀		一般符号或直动型卸荷阀
减压阀	减压阀		一般符号或直动型减压阀		先导型电磁卸荷阀	p_1 p_2	$p_1 > p_2$
	先导型减压阀			制动阀	双溢流制动阀		
	溢流减压阀				溢流油桥制动阀		

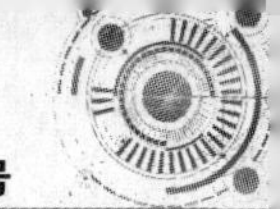

续表

（4）方向控制阀

名称		符号	说明
单向阀	单向阀		详细符号
			简化符号（弹簧可省略）
液压单向阀	液控单向阀		详细符号（控制压力关闭阀）
			简化符号
			详细符号（控制压力打开阀）
			简化符号（弹簧可省略）
	双液控单向阀		
梭阀	或门型		详细符号
			简化符号
换向阀	二位二通电磁阀		常断
			常通
	二位三通电磁阀		
	二位三通电磁球阀		
	二位四通电磁阀		

名称		符号	说明
换向阀	二位四通机动阀		
	二位五通液动阀		
	三位四通电磁阀		
	三位四通电液阀		简化符号（内控外泄）
	三位六通手动阀		
	三位五通电磁阀		
	三位四通电液阀		外控内泄（带手动应急控制装置）
	三位四通比例阀		节流型，中位正遮盖
	三位四通比例阀		中位负遮盖
	二位四通比例阀		
	四通伺服阀		
	四通电液伺服阀		二级
			带电反馈三级

续表

(5）流量控制阀

	名称	符号	说明		名称	符号	说明
节流阀	可调节流阀		详细符号	调速阀	调速阀		简化符号
			简化符号		旁通型调速阀		简化符号
	不可调节流阀		一般符号		温度补偿型调速阀		简化符号
	单向节流阀				单向调速阀		简化符号
	双单向节流阀			同步阀	分流阀		
	截止阀				单向分流阀		
	滚轮控制节流阀（减速阀）				集流阀		
调速阀	调速阀		详细符号		分流集流阀		

(6）油箱

	名称	符号	说明		名称	符号	说明
通大气式	管端在液面上			油箱	管端在油箱底部		
	管端在液面下		带空气过滤器		局部泄油或回油		
					加压油箱或密闭油箱		三条油路

续表

（7）流体调节器

类别	名称	符号	说明	类别	名称	符号	说明
过滤器	过滤器		一般符号		空气过滤器		
过滤器	带污染指示器的过滤器				温度调节器		
过滤器	磁性过滤器			冷却器	冷却器		一般符号
过滤器	带旁通阀的过滤器			冷却器	带冷却剂管路的冷却器		
过滤器	双筒过滤器	P_2　P_1	P_1：进油 P_2：回油		加热器		一般符号

（8）检测器、指示器

类别	名称	符号	说明	类别	名称	符号	说明
压力检测器	压力指示器			流量检测器	检流计（液流指示器）		
压力检测器	压力表（计）			流量检测器	流量计		
压力检测器	电接点压力表（压力显控器）			流量检测器	累计流量计		
压力检测器	压差控制表				温度计		
	液位计				转速仪		
					转矩仪		

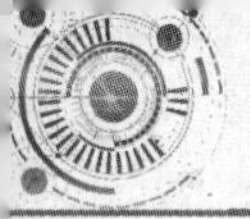

续表

（9）其他辅助元器件

类别	名称	符号	说明	类别	名称	符号	说明
	压力继电器（压力开关）		详细符号		压差开关		
			一般符号	传感器	传感器		一般符号
	行程开关		详细符号	传感器	压力传感器		
			一般符号	传感器	温度传感器		
联轴器	联轴器		一般符号		放大器		
联轴器	弹性联轴器						

（10）管路、管路接口和接头

类别	名称	符号	说明	类别	名称	符号	说明
管路	管路		压力管路回油管路	管路	交叉管路		两管路交叉不连接
管路	连接管路		两管路相交连接	管路	柔性管路		
管路	控制管路		可表示泄油管路	管路	单向放气装置（测压接头）		
快换接头	不带单向阀的快换接头			旋转接头	单通路旋转接头		
快换接头	带单向阀的快换接头			旋转接头	三通路旋转接头		